全栈开发技术丛书

Spring Boot

从入门到实战 第2版·微课视频版

陈 恒 主编

贾慧敏 楼偶俊 李 敏 副主编

清华大学出版社

北京

<h1 style="text-align:center">内 容 简 介</h1>

本书从 Spring 和 Spring MVC 的基础知识讲起，从而让读者无难度地学习 Spring Boot 3。为了更好地帮助读者学习，本书以大量实例介绍了 Spring Boot 3 的基本思想、方法和技术。

全书共 12 章，内容涵盖 Spring 基础、Spring MVC 基础、Spring Boot 入门、Spring Boot 核心、Web 开发、数据访问、MyBatis 与 MyBatis-Plus 框架基础、安全控制、异步消息、单元测试、电子商务平台的设计与实现（Spring Boot+MyBatis+Thymeleaf）、名片系统的设计与实现（Spring Boot+Vue.js 3+MyBatis-Plus）等。书中实例通俗易懂、侧重实用性，使读者能够快速掌握 Spring Boot 3 的基础知识、编程技巧以及完整的开发体系，为进行大型项目开发打下坚实的基础。

本书可作为高等院校计算机及相关专业的教材或教学参考书，也可作为 Java 技术的培训教材，适合具有 Java 和 Java Web 编程基础的读者，尤其适合广大 Java EE 应用开发人员阅读与使用。

图书在版编目（CIP）数据

Spring Boot 从入门到实战：微课视频版/陈恒主编. —2 版. —北京：清华大学出版社，2024.7
（全栈开发技术丛书）
ISBN 978-7-302-66340-9

Ⅰ.①S… Ⅱ.①陈… Ⅲ.①JAVA 语言－程序设计 Ⅳ.①TP312.8

中国国家版本馆 CIP 数据核字（2024）第 105904 号

策划编辑：魏江江
责任编辑：王冰飞
封面设计：刘 键
责任校对：时翠兰
责任印制：沈 露

出版发行：清华大学出版社
  网 址：https://www.tup.com.cn,https://www.wqxuetang.com
  地 址：北京清华大学学研大厦 A 座   邮 编：100084
  社 总 机：010-83470000   邮 购：010-62786544
  投稿与读者服务：010-62776969, c-service@tup.tsinghua.edu.cn
  质量反馈：010-62772015, zhiliang@tup.tsinghua.edu.cn
  课件下载：https://www.tup.com.cn,010-83470236
印 装 者：三河市龙大印装有限公司
经 销：全国新华书店
开 本：185mm×260mm 印 张：21.75 字 数：556 千字
版 次：2020 年 6 月第 1 版 2024 年 8 月第 2 版 印 次：2024 年 8 月第 1 次印刷
印 数：18501～20000
定 价：59.80 元

产品编号：101612-01

前言

党的二十大报告指出：教育、科技、人才是全面建设社会主义现代化国家的基础性、战略性支撑。必须坚持科技是第一生产力、人才是第一资源、创新是第一动力，深入实施科教兴国战略、人才强国战略、创新驱动发展战略，开辟发展新领域新赛道，不断塑造发展新动能新优势。高等教育与经济社会发展紧密相连，对促进就业创业、助力经济社会发展、增进人民福祉具有重要意义。

时至今日，脚本语言和敏捷开发大行其道，基于 Spring 框架的 Java EE 开发显得烦琐许多，开发者经常遇到两个非常头疼的问题：①大量的配置文件；②与第三方框架整合。Spring Boot 的出现颠覆了 Java EE 开发，可以说具有划时代意义。Spring Boot 的目标是帮助开发者通过编写更少的代码实现所需的功能，遵循"约定优于配置"原则，从而使开发者只需要很少的配置或者使用默认配置，就可以快速搭建项目。虽然 Spring Boot 给开发者带来了开发效率，但是 Spring Boot 并不是新技术，而是一个基于 Spring 的应用，所以读者在学习 Spring Boot 之前最好快速地学习 Spring 与 Spring MVC 的基础知识。

本书系统地介绍了 Spring Boot 3 的主要技术，包括三方面内容：快速开发一个 Web 应用系统（Spring 与 Spring MVC 基础、Thymeleaf 与 Vue.js 3 视图技术、MyBatis 与 MyBatis-Plus 数据访问技术）、Spring Boot 的高级特性（自动配置、部署、单元测试以及安全机制）和分布式架构技术（REST、MongoDB、Redis、Cache 以及异步消息）。本书不仅介绍了基础知识，而且精心设计了大量实例。读者通过本书可以快速地掌握 Spring Boot 3 的实践应用，提高对 Java EE 应用的开发能力。

全书共 12 章，具体内容如下。

第 1 章介绍 Spring 的基础知识，包括 Spring 开发环境的构建、Spring IoC、Spring AOP、Spring Bean 以及 Spring 的数据库编程等内容。

第 2 章介绍 Spring MVC 的基础知识，包括 Spring MVC 的工作原理、Spring MVC 的工作环境、基于注解的控制器、JSON 数据交互以及 Spring MVC 的基本配置等内容。

第 3 章主要介绍如何快速地构建第一个 Spring Boot 应用，包括 IntelliJ IDEA 快速构建以及 Spring Tool Suite(STS)快速构建等方式。

第 4 章介绍 Spring Boot 的核心，包括基本配置、自动配置原理、条件注解以及自定义 Starters 等内容。

第 5 章介绍 Spring Boot 的 Web 开发相关技术，包括 Spring Boot 的 Web 开发支持、Thymeleaf 视图模板引擎技术、JSON 数据交互、文件的上传与下载、异常统一处理以及对 JSP 的支持。

第 6 章主要讲解 Spring Boot 访问数据库的解决方案，包括 Spring Data JPA、Spring Boot 整合 REST、Spring Boot 整合 MongoDB、Spring Boot 整合 Redis、数据缓存（Cache）技术等内容。

第7章重点介绍 MyBatis 与 MyBatis-Plus 的基础知识,并详细介绍 Spring Boot 如何整合 MyBatis 与 MyBatis-Plus。

第8章介绍 Spring Boot 的安全控制,包括 Spring Security 快速入门、基于 Spring Data JPA 的 Spring Security 操作实例等内容。

第9章介绍企业级系统间的异步消息通信,包括消息模型、JMS 与 AMQP 企业级消息代理、Spring Boot 对异步消息的支持以及异步消息通信实例等内容。

第10章主要介绍 Spring Boot 单元测试的相关内容,包括 JUnit 5 的注解、断言以及单元测试用例。

第11章以电子商务平台的设计与实现为综合案例,讲述如何使用 Spring Boot+MyBatis+Thymeleaf 开发一个 Spring Boot 应用。

第12章以名片系统的设计与实现为综合案例,讲述如何使用 Spring Boot+Vue.js 3+MyBatis-Plus 开发一个前后端分离的应用。

为方便各类高等院校选用教材和读者自学,本书配有教学大纲、教学课件、电子教案、程序源码、教学日历、实验大纲、在线题库、习题答案、700 分钟的微课视频等配套资源。

资源下载提示

课件等资源:扫描封底的"图书资源"二维码,在公众号"书圈"下载。

素材(源代码)等资源:扫描目录上方的二维码下载。

在线自测题:扫描封底的作业系统二维码,再扫描自测题二维码,可以在线做题及查看答案。

微课视频:扫描封底的文泉云盘防盗码,再扫描书中相应章节的视频讲解二维码,可以在线学习。

本书是辽宁省一流本科课程"工程项目实训"以及辽宁省普通高等学校一流本科教育示范专业"大连外国语大学计算机科学与技术专业"的建设成果。

本书的出版得到清华大学出版社相关人员的大力支持,在此表示衷心的感谢。同时,编者参阅了相关书籍、博客以及其他网站资源,对这些资源的贡献者与分享者深表感谢。由于 Spring Boot 框架技术发展迅速、持续改进与优化,加上编者的水平有限,书中难免会有不足之处,敬请各位专家和读者批评指正。

编 者
2024 年 7 月

目录

第 1 章　Spring 基础

第 2 章　Spring MVC 基础

第6章 Spring Boot 的数据访问

第7章 MyBatis 与 MyBatis-Plus

第8章 Spring Boot 的安全控制📷

第9章 异步消息

第10章 Spring Boot 单元测试

第11章 电子商务平台的设计与实现(Spring Boot＋MyBatis＋Thymeleaf)

第 12 章 名片系统的设计与实现(Spring Boot+Vue.js 3+MyBatis-Plus)

学习目的与要求

本章重点讲解 Spring 的基础知识。通过本章的学习，读者应该了解 Spring 的体系结构，理解 Spring IoC 与 AOP 的基本原理，了解 Spring Bean 的生命周期、实例化以及作用域，掌握 Spring 的事务管理。

本章主要内容

- Spring 开发环境的构建
- Spring IoC
- Spring AOP
- Spring Bean
- Spring 的数据库编程

Spring 是当前主流的 Java 开发框架，为企业级应用开发提供了丰富的功能。现在，掌握 Spring 框架的使用已经是 Java 开发者必备的技能之一。本章将学习如何使用 Eclipse 开发 Spring 程序，不过在此之前需要构建 Spring 的开发环境。

1.1 Spring 概述

▶1.1.1 Spring 的由来

Spring 是一个轻量级 Java 企业级应用程序开发框架，最早由 Rod Johnson 创建，目的是解决企业级应用开发的业务逻辑层和其他各层的耦合问题。它是一个分层的 Java SE/EE full-stack（一站式）轻量级开源框架，为开发 Java 应用程序提供全面的基础架构支持。Spring 负责基础架构，因此 Java 开发者可以专注于应用程序的开发。

Spring Framework 6.0 于 2022 年 11 月正式发布，这是 2023 年及以后新一代框架的开始，包含 OpenJDK 和 Java 生态系统中当前和即将到来的创新。Spring Framework 6.0 作为重大更新，要求使用 Java 17 或更高版本，并且已迁移到 Jakarta EE 9+（在 jakarta 命名空间中取代了以前基于 javax 的 API）。基于这些变化，Spring Framework 6.0 支持最新的 Web 容器，如 Tomcat 10，以及最新的持久性框架 Hibernate ORM 6.1。这些特性仅可用于 Servlet API 和 JPA 的 jakarta 命名空间变体。

在基础架构方面，Spring Framework 6.0 引入了 Ahead-Of-Time(AOT)转换的基础以及对 Spring 应用程序上下文的 AOT 转换和相应的 AOT 处理支持的基础，能够事先将应用程序中或 JDK 中的字节码编译成机器码。在 Spring Framework 6.0 中还有许多新功能和改进可用，例如 HTTP 接口客户端、对 RFC 7807 问题详细信息的支持以及 HTTP 客户端的基于 Micrometer 的可观察性。

▶1.1.2 Spring 的体系结构

Spring 的功能模块被有组织地分散到约 20 个模块中，这些模块分布在核心容器（Core

Container)层、数据访问/集成(Data Access/Integration)层、Web层、面向切面编程(Aspect Oriented Programming,AOP)模块、植入(Instrumentation)模块、消息传输(Messaging)和测试(Test)模块中,如图1.1所示。

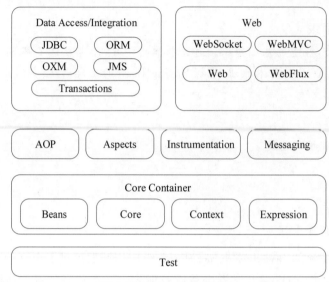

图 1.1 Spring 的体系结构

❶ Core Container

Spring 的 Core Container 是其他模块建立的基础,由 Beans(spring-beans)、Core(spring-core)、Context(spring-context)和 Expression(spring-expression,Spring 表达式语言)等模块组成。

spring-beans 模块:提供了 BeanFactory,是工厂模式的一个经典实现,Spring 将管理对象称为 Bean。

spring-core 模块:提供了框架的基本组成部分,包括控制反转(Inversion of Control,IoC)和依赖注入(Dependency Injection,DI)功能。

spring-context 模块:建立在 spring-beans 和 spring-core 模块的基础上,提供一个框架式的对象访问方式,是访问定义和配置的任何对象媒介。

spring-expression 模块:提供了强大的表达式语言去支持运行时查询和操作对象图。这是对 JSP 2.1 规范中规定的统一表达式语言(Unified EL)的扩展。该语言支持设置和获取属性值、属性分配、方法调用、访问数组、集合和索引器的内容、逻辑和算术运算、变量命名以及从 Spring 的 IoC 容器中以名称检索对象,同时还支持列表投影、选择以及常见的列表聚合。

❷ AOP 和 Instrumentation

Spring 框架中与 AOP 和 Instrumentation 相关的模块有 AOP(spring-aop)模块、Aspects(spring-aspects)模块以及 Instrumentation(spring-instrument)模块。

spring-aop 模块:提供了符合 AOP 要求的面向切面编程的实现,允许定义方法拦截器和切入点,将代码按照功能进行分离,以便干净地解耦。

spring-aspects 模块:提供了与 AspectJ 的集成功能,AspectJ 是一个功能强大且成熟的 AOP 框架。

spring-instrument 模块:提供了类植入(Instrumentation)支持和类加载器的实现,可以在特定的应用服务器中使用。Instrumentation 提供了一种虚拟机级别支持的 AOP 实现方式,使得开发者无须对 JDK 做任何升级和改动就可以实现某些 AOP 的功能。

❸ **Messaging**

Spring 4.0 以后新增了 Messaging(spring-messaging)模块,该模块提供了对消息传递体系结构和协议的支持。

❹ **Data Access/Integration**

Data Access/Integration(数据访问/集成)层由 JDBC(spring-jdbc)、ORM(spring-orm)、OXM(spring-oxm)、JMS(spring-jms)和 Transactions(spring-tx)模块组成。

spring-jdbc 模块:提供了一个 JDBC 的抽象层,消除了烦琐的 JDBC 编码和数据库厂商特有的错误代码解析。

spring-orm 模块:为流行的对象-关系映射(Object-Relational Mapping)API 提供集成层,包括 JPA 和 Hibernate。使用 spring-orm 模块,可以将这些 O-R 映射框架与 Spring 提供的所有其他功能结合使用,例如声明式事务管理功能。

spring-oxm 模块:提供了一个支持对象-XML 映射的抽象层实现,如 JAXB、Castor、JiBX 和 XStream。

spring-jms 模块(Java Messaging Service):指 Java 消息传递服务,包含用于生产和使用消息的功能。自 Spring 4.1 以后,提供了与 spring-messaging 模块的集成。

spring-tx 模块(事务模块):支持用于实现特殊接口和所有 POJO(普通 Java 对象)类的编程和声明式事务管理。

❺ **Web**

Web 层由 Web(spring-web)、WebMVC(spring-webmvc)、WebSocket(spring-websocket)和 WebFlux(spring-webflux)模块组成。

spring-web 模块:提供了基本的 Web 开发集成功能,例如多文件上传功能、使用 Servlet 监听器初始化一个 IoC 容器以及 Web 应用上下文。

spring-webmvc 模块:也称为 Web-Servlet 模块,包含用于 Web 应用程序的 Spring MVC 和 REST Web Services 实现。Spring MVC 框架提供了领域模型代码和 Web 表单之间的清晰分离,并与 Spring Framework 的所有其他功能集成。本书的后续章节将会详细讲解 Spring MVC 框架。

spring-websocket 模块:Spring 4.0 后新增的模块,它提供了 WebSocket 和 SockJS 的实现,主要是与 Web 前端的全双工通信的协议。

spring-webflux 模块:一个新的非堵塞函数式 Reactive Web 框架,可以用来建立异步的、非阻塞、事件驱动的服务,并且扩展性非常好(该模块是 Spring 5 新增的模块)。

❻ **Test**

Test(spring-test)模块:支持使用 JUnit 或 TestNG 对 Spring 组件进行单元测试和集成测试。

1.2　Spring 开发环境的构建

在使用 Spring 框架开发应用前,应该先搭建其开发环境。本书前两章(Spring、Spring MVC)的开发环境都是基于 Eclipse 平台的 Java Web 应用的开发环境。

扫一扫

视频讲解

▶1.2.1 使用 Eclipse 开发 Java Web 应用

为了提高开发效率,通常需要安装 IDE(集成开发环境)工具。Eclipse 是一个可用于开发 Web 应用的 IDE 工具。登录"http://www.eclipse.org/ide",选择 Java EE,根据操作系统的位数下载相应的 Eclipse。本书使用的是"eclipse-jee-2022-09-M2-win32-x86_64.zip"。

在使用 Eclipse 之前,需要对 JDK、Web 服务器和 Eclipse 进行一些必要的配置。因此,在安装 Eclipse 之前,应该事先安装 JDK 和 Web 服务器。

❶ 安装 JDK

安装并配置 JDK(本书使用的 JDK 是 jdk-18_windows-x64_bin.exe),在按照提示安装完成 JDK 后,需要配置"环境变量"的"系统变量"Java_Home 和 Path。在 Windows 10 系统下,系统变量示例如图 1.2 和图 1.3 所示。

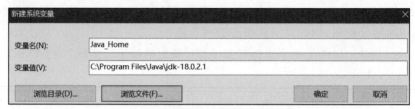

图 1.2　新建系统变量 Java_Home

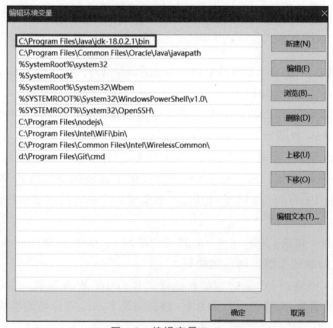

图 1.3　编辑变量 Path

❷ Web 服务器

目前,比较常用的 Web 服务器包括 Tomcat、JRun、Resin、WebSphere、WebLogic 等,本书使用的是 Tomcat 10.0。

登录 Apache 软件基金会的官方网站"http://jakarta.Apache.org/tomcat",下载 Tomcat 10.0 的免安装版(本书使用 apache-tomcat-10.0.23-windows-x64.zip)。登录网站后,首先在 Download 中选择 Tomcat10,然后在 Binary Distributions 的 Core 中选择相应版本即可。

在安装 Tomcat 之前需要事先安装 JDK 并配置系统变量 Java_Home。将下载的 apache-tomcat-10.0.23-windows-x64.zip 解压到某个目录下,解压缩后将出现如图 1.4 所示的目录结构。

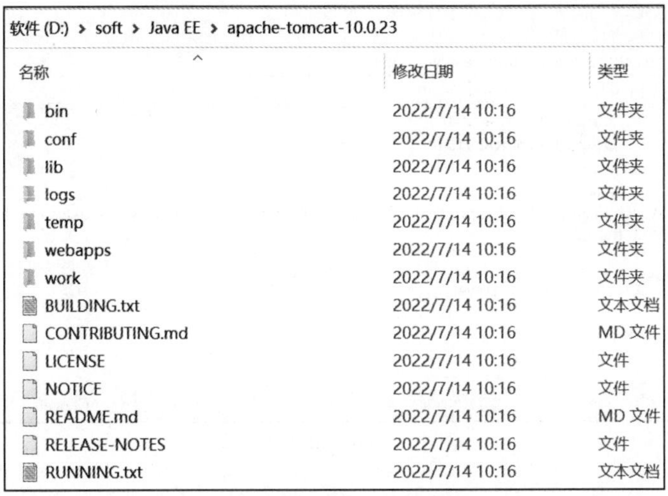

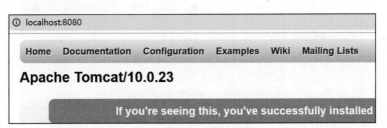

图 1.4　Tomcat 目录结构

执行 Tomcat 根目录下 bin 文件夹中的 startup.bat 启动 Tomcat 服务器。这个操作会占用一个 MS-DOS 窗口,如果关闭当前 MS-DOS 窗口,将关闭 Tomcat 服务器。

Tomcat 服务器启动后,在浏览器的地址栏中输入"http://localhost:8080",将出现如图 1.5 所示的 Tomcat 测试页面。

图 1.5　Tomcat 测试页面

❸ 安装 Eclipse

在 Eclipse 下载完成后,解压到自己设置的路径下,即可完成安装。在 Eclipse 安装后,双击 Eclipse 安装目录下的 eclipse.exe 文件,启动 Eclipse。

❹ 集成 Tomcat

启动 Eclipse,选择 Window→Preferences 命令,在弹出的对话框中选择 Server→Runtime Environments 选项,然后在右侧单击 Add 按钮,进入 如图 1.6 所示的 New Server Runtime Environment 界面,在此可以配置各种版本的 Web 服务器。

在图 1.6 中选择 Apache Tomcat v10.0 服务器版本,单击 Next 按钮,进入如图 1.7 所示的界面。

在图 1.7 中单击 Browse 按钮,选择 Tomcat 的安装目录,单击 Finish 按钮,即可完成 Tomcat 配置。

至此,可以使用 Eclipse 创建 Dynamic Web Project,并在 Tomcat 下运行。

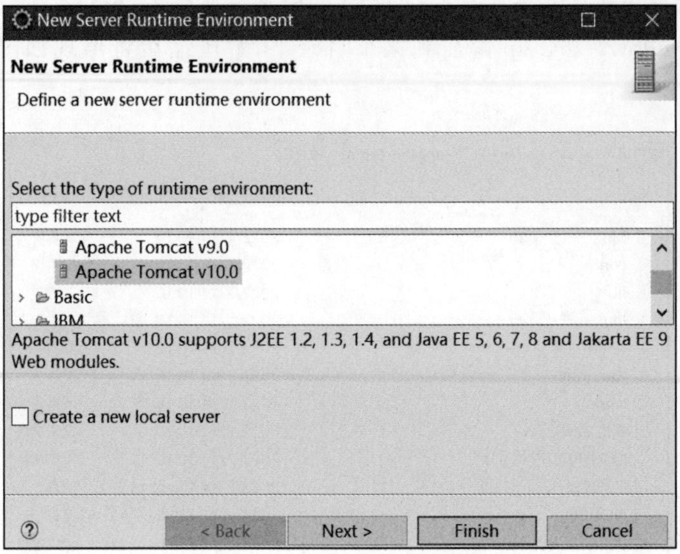

图 1.6　Tomcat 配置界面

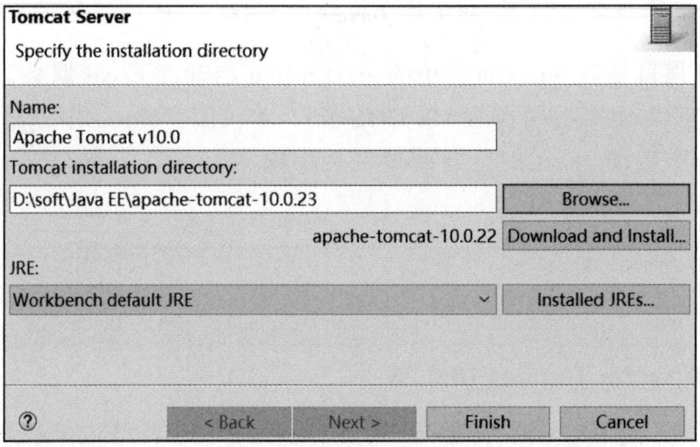

图 1.7　选择 Tomcat 目录

▶1.2.2　Spring 的下载

在使用 Spring 框架开发应用程序时，需要引用 Spring 框架自身的 JAR 包。Spring Framework 6.0.0 的 JAR 包可以从 Maven 中央库获得。

在 Spring 的 JAR 包中有 4 个基础包：spring-core-6.0.0.jar、spring-beans-6.0.0.jar、spring-context-6.0.0.jar 和 spring-expression-6.0.0.jar，分别对应 Spring 核心容器的 4 个模块：spring-core 模块、spring-beans 模块、spring-context 模块和 spring-expression 模块。

对于 Spring 框架的初学者，在开发 Spring 应用时，只需要将 Spring 的 4 个基础包和 Spring Commons Logging Bridge 对应的 JAR 包 spring-jcl-6.0.0.jar 复制到 Web 应用的 WEB-INF/lib 目录下即可。

▶1.2.3　第一个 Spring 入门程序

本节通过一个简单的入门程序向读者演示 Spring 框架的使用过程。

【例 1-1】 Spring 框架的使用过程。

其具体实现步骤如下。

❶ 使用 Eclipse 创建 Web 应用并导入 JAR 包

使用 Eclipse 创建一个名为 ch1_1 的 Dynamic Web Project 应用，并将 Spring 的 4 个基础 JAR 包和 Spring Commons Logging Bridge 对应的 JAR 包 spring-jcl-6.0.0.jar 复制到 ch1_1 的 WEB-INF/lib 目录中，如图 1.8 所示。

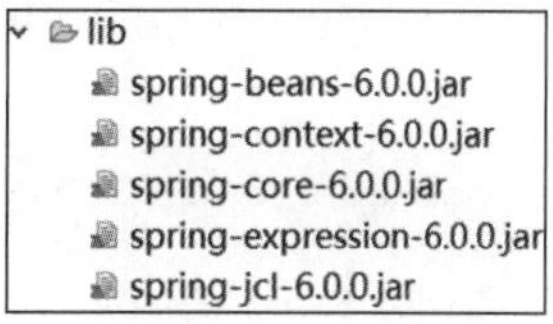

图 1.8　导入 JAR 包

> **注意**：在讲解 Spring MVC 框架前，本书的实例并没有真正运行 Web 应用。创建 Web 应用的目的是方便添加相关 JAR 包。

❷ 创建接口 TestDao

Spring 解决的是业务逻辑层和其他各层的耦合问题，因此它将面向接口的编程思想贯穿于整个应用系统。

在 ch1_1 的 src/main/java 目录下创建一个名为 dao 的包，并在 dao 包中创建接口 TestDao，在该接口中定义一个 sayHello 方法，代码如下：

```
package dao;
public interface TestDao {
    public void sayHello();
}
```

❸ 创建接口 TestDao 的实现类 TestDaoImpl

在 dao 包下创建 TestDao 的实现类 TestDaoImpl，代码如下：

```
package dao;
public class TestDaoImpl implements TestDao{
    @Override
    public void sayHello() {
        System.out.println("Hello, Study hard!");
    }
}
```

❹ 创建配置文件 applicationContext.xml

在 ch1_1 的 src/main/java 目录下创建 Spring 的配置文件 applicationContext.xml，并在该文件中使用实现类 TestDaoImpl 创建一个 id 为 test 的 Bean，代码如下：

```
<?xml version="1.0" encoding="UTF-8"?>
<beans xmlns="http://www.springframework.org/schema/beans"
    xmlns:xsi="http://www.w3.org/2001/XMLSchema-instance"
    xsi:schemaLocation="http://www.springframework.org/schema/beans
        http://www.springframework.org/schema/beans/spring-beans.xsd">
    <!-- 将指定类 TestDaoImpl 配置给 Spring，让 Spring 创建其实例 -->
    <bean id="test" class="dao.TestDaoImpl"/>
</beans>
```

> **注意**：配置文件的名称可以自定义，但习惯上命名为 applicationContext.xml，有时候也命名为 beans.xml。有关 Bean 的创建将在本书的后续章节详细讲解，这里读者只需要了解即可。另外，配置文件的信息不需要读者手写，可以从 Spring 的帮助文档中复制（使用浏览器打开"https://docs.spring.io/spring-framework/docs/current/reference/html/core.html#spring-core"，在 1.2.1 Configuration Metadata 下即可找到配置文件的约束信息）。

❺ 创建测试类

在 ch1_1 的 src/main/java 目录下创建一个名为 test 的包,并在 test 包中创建 Test 类,代码如下:

```
package test;
import org.springframework.context.ApplicationContext;
import org.springframework.context.support.ClassPathXmlApplicationContext;
import dao.TestDao;
public class Test {
    private static ApplicationContext appCon;
    public static void main(String[] args) {
        appCon = new ClassPathXmlApplicationContext("applicationContext.xml");
        //从容器中获取 test 实例
        TestDao tt = appCon.getBean("test", TestDao.class);  //test 为配置文件中的 id
        tt.sayHello();
    }
}
```

在执行上述 main 方法后,将在控制台输出"Hello,Study hard!"。在上述 main 方法中并没有使用 new 运算符创建 TestDaoImpl 类的对象,而是通过 Spring IoC 容器获取类对象,这就是 Spring IoC 的工作机制。Spring IoC 的工作机制将在 1.3 节详细讲解。

扫一扫

视频讲解

1.3 Spring IoC

▶1.3.1 Spring IoC 的基本概念

控制反转(Inversion of Control,IoC)是一个比较抽象的概念,是 Spring 框架的核心,用来消减计算机程序的耦合问题。依赖注入(Dependency Injection,DI)是 IoC 的另一种说法,只是从不同的角度描述相同的概念。下面通过实际生活中的一个例子解释 IoC 和 DI。

当人们需要一件东西时,第一反应就是找东西,例如想吃面包。在没有面包店和有面包店两种情况下,人们会有不同的做法。在没有面包店时,最直观的做法可能是按照自己的口味制作面包,也就是面包需要主动制作。然而,时至今日,各种网店、实体店盛行,如果想吃面包了,可以去网店或实体店,选择自己喜欢的口味的面包。注意,后者并没有制作面包,而是由店家制作,但是完全符合自己的口味。

上面只是列举了一个非常简单的例子,但包含了控制反转的思想,即把制作面包的主动权交给店家。下面通过面向对象编程思想继续探讨这两个概念。

当某个 Java 对象(调用者,比如想吃面包的人)需要调用另一个 Java 对象(被调用者,即被依赖对象,比如面包)时,在传统编程模式下,调用者通常会使用"new 被调用者"的代码方式来创建对象(比如自己制作面包)。这种方式会增加调用者与被调用者之间的耦合性,不利于后期代码的升级与维护。

当 Spring 框架出现后,对象的实例不再由调用者来创建,而是由 Spring 容器(比如面包店)来创建。Spring 容器负责控制程序之间的关系(比如面包店负责控制想吃面包的人与面包的关系),而不是由调用者的程序代码直接控制。这样,控制权由调用者转移到 Spring 容器,控制权发生了反转,这就是 Spring 的控制反转。

从 Spring 容器的角度来看,Spring 容器负责将被依赖对象赋值给调用者的成员变量,相当于为调用者注入它所依赖的实例,这就是 Spring 的依赖注入,主要目的是解耦,体现一种"组合"的理念。

综上所述,控制反转是一种通过描述(在 Spring 中可以是 XML 或注解)并通过第三方产生或获取特定对象的方式。在 Spring 中实现控制反转的是 IoC 容器,其实现方法是依赖注入。

▶1.3.2　Spring 的常用注解

在 Spring 框架中,尽管使用 XML 配置文件可以很简单地装配 Bean,但是如果应用中有大量的 Bean 需要装配,会导致 XML 配置文件过于庞大,不方便以后的升级与维护。因此,更多的时候推荐开发者使用注解(annotation)的方式去装配 Bean。

需要注意的是,基于注解的装配需要使用<context:component-scan>元素或@ComponentScan 注解定义包(注解所在的包)扫描的规则,然后根据定义的规则找出哪些类(Bean)需要自动装配到 Spring 容器中,并交由 Spring 进行统一管理。

Spring 框架基于 AOP 编程(面向切面编程)实现注解解析,因此在使用注解编程时需要导入 spring-aop-6.0.0.jar 包。

在 Spring 框架中定义了一系列的注解,常用注解如下。

❶ 声明 Bean 的注解

1)@Component

该注解是一个泛化的概念,仅表示一个组件对象(Bean),可以作用在任何层次上,没有明确的角色。

2)@Repository

该注解用于将数据访问层(DAO)的类标识为 Bean,即注解数据访问层 Bean,其功能与@Component 相同。

3)@Service

该注解用于标注一个业务逻辑组件类(Service 层),其功能与@Component 相同。

4)@Controller

该注解用于标注一个控制器组件类(Spring MVC 的 Controller),其功能与@Component 相同。

❷ 注入 Bean 的注解

1)@Autowired

该注解可以对类成员变量、方法及构造方法进行标注,完成自动装配的工作。通过使用@Autowired 来消除 setter 和 getter 方法。默认按照 Bean 的类型进行装配。

2)@Resource

该注解与@Autowired 的功能一样,区别在于该注解默认按照名称来装配注入,只有在找不到与名称匹配的 Bean 时才会按照类型来装配注入;而@Autowired 默认按照 Bean 的类型进行装配,如果想按照名称来装配注入,则需要结合@Qualifier 注解一起使用。

@Resource 注解有两个属性:name 和 type。name 属性指定 Bean 的实例名称,即按照名称来装配注入;type 属性指定 Bean 的类型,即按照 Bean 的类型进行装配。

3)@Qualifier

该注解与@Autowired 注解配合使用。若@Autowired 注解需要按照名称来装配注入,则需要和该注解一起使用,Bean 的实例名称由@Qualifier 注解的参数指定。

在上面几个注解中,虽然@Repository、@Service 和@Controller 等注解的功能与

@Component 相同,但是为了使标注类的用途更加清晰(层次化),在实际开发中推荐使用@Repository标注数据访问层(DAO 层)、使用@Service 标注业务逻辑层(Service 层)、使用@Controller 标注控制器层(控制层)。

▶ 1.3.3　基于注解的依赖注入

Spring IoC 容器(ApplicationContext)负责创建和注入 Bean。Spring 提供了使用 XML 配置、注解、Java 配置以及 Groovy 配置实现 Bean 的创建和注入。本书尽量使用注解(@Component、@Repository、@Service 以及@Controller 等业务 Bean 的配置)和 Java 配置(全局配置,如数据库、MVC 等相关配置)完全代替 XML 配置,这也是 Spring Boot 推荐的配置方式。

下面通过一个简单的实例向读者演示基于注解的依赖注入的使用过程。

【例 1-2】　基于注解的依赖注入的使用过程。

其具体实现步骤如下。

❶ 使用 Eclipse 创建 Web 应用并导入 JAR 包

使用 Eclipse 创建一个名为 ch1_2 的 Dynamic Web Project,并将 Spring 的 4 个基础 JAR 包、Spring Commons Logging Bridge 对应的 JAR 包 spring-jcl-6.0.0.jar 以及 AOP 实现 JAR 包 spring-aop-6.0.0.jar(本节扫描注解,需要事先导入 Spring AOP 的 JAR 包)复制到 ch1_2 的 WEB-INF/lib 目录中。

❷ 创建 DAO 层

在 ch1_2 应用的 src/main/java 中创建 annotation.dao 包,然后在该包下创建 TestDao 接口和 TestDaoImpl 实现类,并将实现类 TestDaoImpl 使用@Repository 注解标注为数据访问层。

TestDao 的代码如下:

```
package annotation.dao;
public interface TestDao {
    public void save();
}
```

TestDaoImpl 的代码如下:

```
package annotation.dao;
import org.springframework.stereotype.Repository;
@Repository("testDaoImpl")
/**相当于@Repository,但是如果在 service 层使用@Resource(name="testDaoImpl"),
testDaoImpl 不能省略。**/
public class TestDaoImpl implements TestDao{
    @Override
    public void save() {
        System.out.println("testDao save");
    }
}
```

❸ 创建 Service 层

在 ch1_2 应用的 src/main/java 中创建 annotation.service 包,然后在该包下创建 TestService 接口和 TestServiceImpl 实现类,并将实现类 TestServiceImpl 使用@Service 注解标注为业务逻辑层。

TestService 的代码如下:

```
package annotation.service;
public interface TestService {
    public void save();
}
```

TestServiceImpl 的代码如下：

```
package annotation.service;
import jakarta.annotation.Resource;
import org.springframework.stereotype.Service;
import annotation.dao.TestDao;
@Service("testServiceImpl")    //相当于@Service
public class TestServiceImpl implements TestService{
    @Resource(name="testDaoImpl")
    /**相当于@Autowired,@Autowired 默认按照 Bean 的类型注入**/
    private TestDao testDao;
    @Override
    public void save() {
        testDao.save();
        System.out.println("testService save");
    }
}
```

❹ 创建 Controller 层

在 ch1_2 应用的 src/main/java 中创建 annotation.controller 包，然后在该包下创建 TestController 类，并将 TestController 类使用@Controller 注解标注为控制器层。

TestController 的代码如下：

```
package annotation.controller;
import org.springframework.beans.factory.annotation.Autowired;
import org.springframework.stereotype.Controller;
import annotation.service.TestService;
@Controller
public class TestController {
    @Autowired
    private TestService testService;
    public void save() {
        testService.save();
        System.out.println("testController save");
    }
}
```

❺ 创建配置类

本书尽量不使用 Spring 的 XML 配置文件，而是使用注解和 Java 配置。因此，在此需要使用@Configuration 创建一个 Java 配置类（相当于一个 Spring 的 XML 配置文件），并通过@ComponentScan扫描使用注解的包（相当于在 Spring 的 XML 配置文件中使用<context：component-scan base-package＝"Bean 所在的包路径"/>语句）。

在 ch1_2 应用的 annotation 包下创建名为 ConfigAnnotation 的配置类。

ConfigAnnotation 的代码如下：

```
package annotation;
import org.springframework.context.annotation.ComponentScan;
import org.springframework.context.annotation.Configuration;
@Configuration    //声明当前类是一个配置类(见 1.3.4 节),相当于一个 Spring 的 XML 配置文件
@ComponentScan("annotation")
//自动扫描 annotation 包下使用的注解,并注册为 Bean
```

```
/*相当于在 Spring 的 XML 配置文件中使用<context:component-scan base-package="Bean
  所在的包路径"/> 语句。*/
public class ConfigAnnotation {
}
```

❻ 创建测试类

在 ch1_2 应用的 annotation 包下创建测试类 TestAnnotation,具体代码如下:

```
package annotation;
import org.springframework.context.annotation.AnnotationConfigApplicationContext;
import annotation.controller.TestController;
public class TestAnnotation {
    public static void main(String[] args) {
        //初始化 Spring 容器 ApplicationContext
        AnnotationConfigApplicationContext appCon =
                new AnnotationConfigApplicationContext(ConfigAnnotation.class);
        TestController tc = appCon.getBean(TestController.class);
        tc.save();
        appCon.close();
    }
}
```

❼ 运行

运行测试类 TestAnnotation 的 main 方法,运行结果如图 1.9 所示。

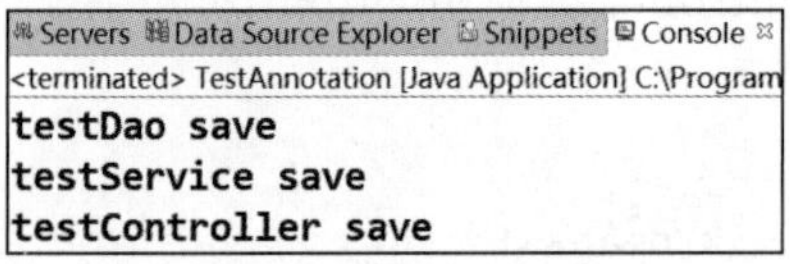

```
Servers  Data Source Explorer  Snippets  Console
<terminated> TestAnnotation [Java Application] C:\Program
testDao save
testService save
testController save
```

图 1.9 ch1_2 的运行结果

▶1.3.4 Java 配置

Java 配置是 Spring 4.x 推荐的配置方式,它是通过@Configuration 和@Bean 实现的。@Configuration声明当前类是一个配置类,相当于一个 Spring 的 XML 配置文件。@Bean 注解在方法上,声明当前方法的返回值为一个 Bean。下面通过实例演示 Java 配置的使用过程。

【例 1-3】 Java 配置的使用过程。

其具体实现步骤如下。

❶ 使用 Eclipse 创建 Web 应用并导入 JAR 包

使用 Eclipse 创建一个名为 ch1_3 的 Dynamic Web Project,并导入与 ch1_2 相同的 JAR 包到 WEB-INF/lib 目录中。

❷ 创建 DAO 层

在 ch1_3 应用的 src/main/java 中创建 dao 包,然后在该包下创建 TestDao 类。在此类中没有使用@Repository 注解为数据访问层。具体代码如下:

```
package dao;
//此处没有使用@Repository声明 Bean
public class TestDao {
    public void save() {
        System.out.println("TestDao save");
    }
}
```

❸ 创建 Service 层

在 ch1_3 应用的 src/main/java 中创建 service 包,然后在该包下创建 TestService 类。在此类中没有使用@Service 注解为业务逻辑层。具体代码如下:

```
package service;
import dao.TestDao;
//此处没有使用@Service 声明 Bean
public class TestService {
    //此处没有使用@Autowired 注入 testDao
    TestDao testDao;
    public void setTestDao(TestDao testDao) {
        this.testDao = testDao;
    }
    public void save() {
        testDao.save();
    }
}
```

❹ 创建 Controller 层

在 ch1_3 应用的 src/main/java 中创建 controller 包,然后在该包下创建 TestController 类。在此类中没有使用@Controller 注解为控制器层。具体代码如下:

```
package controller;
import service.TestService;
//此处没有使用@Controller 声明 Bean
public class TestController {
    //此处没有使用@Autowired 注入 testService
    TestService testService;
    public void setTestService(TestService testService) {
        this.testService = testService;
    }
    public void save() {
        testService.save();
    }
}
```

❺ 创建配置类

在 ch1_3 应用的 src/main/java 中创建 javaConfig 包,然后在该包下创建 JavaConfig 配置类。在此类中使用@Configuration 注解该类为一个配置类,相当于一个 Spring 的 XML 配置文件。在配置类中使用@Bean 注解定义 0 个或多个 Bean。具体代码如下:

```
package javaConfig;
import org.springframework.context.annotation.Bean;
import org.springframework.context.annotation.Configuration;
import controller.TestController;
import dao.TestDao;
import service.TestService;
@Configuration
//一个配置类相当于一个 Spring 的 XML 配置文件
//此处没有使用包扫描,是因为所有 Bean 都在此类中定义了
public class JavaConfig {
    @Bean
    public TestDao getTestDao() {
        return new TestDao();
    }
    @Bean
    public TestService getTestService() {
        TestService ts = new TestService();
```

```
                //使用 set 方法注入 testDao
                ts.setTestDao(getTestDao());
                return ts;
        }
        @Bean
        public TestController getTestController() {
                TestController tc = new TestController();
                //使用 set 方法注入 testService
                tc.setTestService(getTestService());
                return tc;
        }
}
```

❻ 创建测试类

在 ch1_3 应用的 javaConfig 包下创建测试类 TestConfig，具体代码如下：

```
package javaConfig;
import org.springframework.context.annotation.AnnotationConfigApplicationContext;
import controller.TestController;
public class TestConfig {
    public static void main(String[] args) {
        //初始化 Spring 容器 ApplicationContext
        AnnotationConfigApplicationContext appCon =
            new AnnotationConfigApplicationContext(JavaConfig.class);
        TestController tc = appCon.getBean(TestController.class);
        tc.save();
        appCon.close();
    }
}
```

❼ 运行

运行测试类 TestConfig 的 main 方法，运行结果如图 1.10 所示。

```
🗱 Servers 🗱 Data Source
<terminated> TestConfig
TestDao save
```

图 1.10　ch1_3 的运行结果

从 ch1_2 应用与 ch1_3 应用对比可以看出，有时使用 Java 配置反而更加烦琐。那么，何时使用 Java 配置？何时使用注解配置？编者的观点是：全局配置尽量使用 Java 配置，如数据库等相关配置；业务 Bean 的配置尽量使用注解配置，如数据访问层、业务逻辑层、控制器层等相关配置。

扫一扫

视频讲解

1.4　Spring AOP

Spring AOP 是 Spring 框架体系结构中非常重要的功能模块，该模块提供了面向切面编程的实现。面向切面编程在事务处理、日志记录、安全控制等操作中被广泛使用。

▶1.4.1　Spring AOP 的基本概念

❶ AOP 的概念

AOP（Aspect Oriented Programming）即面向切面编程。它与 OOP（Object Oriented Programming，面向对象编程）相辅相成，提供了与 OOP 不同的抽象软件结构的视角。在 OOP 中，以类作为程序的基本单元，而在 AOP 中基本单元是 Aspect（切面）。Struts 2 中拦截器的设计就是基于 AOP 的思想，是比较经典的应用。

在业务处理代码中，通常都有日志记录、性能统计、安全控制、事务处理、异常处理等操作。

尽管使用 OOP 可以通过封装或继承的方式进行代码的重用,但仍然存在同样的代码分散到各个方法中的情况。因此,使用 OOP 处理日志记录等操作不仅增加了开发者的工作量,而且提高了升级与维护的困难。为了解决此类问题,AOP 思想应运而生。AOP 采取横向抽取机制,即将分散在各个方法中的重复代码提取出来,然后在程序编译或运行阶段将这些抽取出来的代码应用到需要执行的地方。这种横向抽取机制使用传统的 OOP 是无法办到的,因为 OOP 实现的是父子关系的纵向重用。AOP 不是 OOP 的替代品,而是 OOP 的补充。

在 AOP 中,横向抽取机制的类与切面的关系如图 1.11 所示。

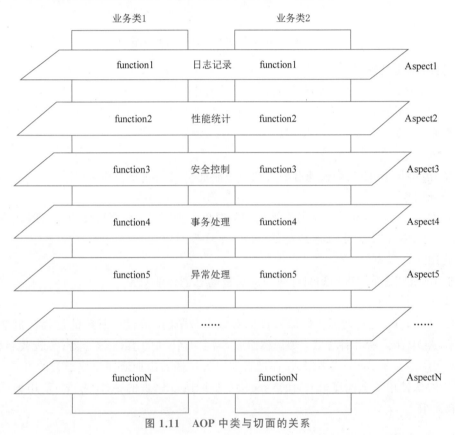

图 1.11　AOP 中类与切面的关系

从图 1.11 可以看出,通过切面 Aspect 分别在业务类 1 和业务类 2 中加入了日志记录、性能统计、安全控制、事务处理、异常处理等操作。

❷ AOP 的术语

Spring AOP 框架涉及以下常用术语。

1）切面

切面(Aspect)指封装横切到系统功能(如事务处理)的类。

2）连接点

连接点(Joinpoint)指程序运行中的一些时间点,如方法的调用或异常的抛出。

3）切入点

切入点(Pointcut)指需要处理的连接点。在 Spring AOP 中,所有的方法执行都是连接点,而切入点是一个描述信息,它修饰的是连接点,通过切入点确定哪些连接点需要被处理。

切面、连接点和切入点的关系如图 1.12 所示。

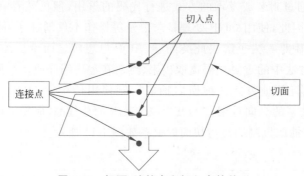

图 1.12　切面、连接点和切入点的关系

4）通知（增强处理）

通知（Advice）是由切面添加到特定的连接点（满足切入点规则）的一段代码，即在定义好的切入点处所要执行的程序代码，可以将其理解为切面开启后切面的方法。因此，通知是切面的具体实现。

5）引入

引入（Introduction）允许在现有的实现类中添加自定义的方法和属性。

6）目标对象

目标对象（Target Object）指所有被通知的对象。如果 AOP 框架使用运行时代理的方式（动态的 AOP）实现切面，那么通知对象总是一个代理对象。

7）代理

代理（Proxy）是通知应用到目标对象之后被动态创建的对象。

8）组入

组入（Weaving）是将切面代码插入目标对象上，从而生成代理对象的过程。根据不同的实现技术，AOP 组入有 3 种方式：编译器组入，需要有特殊的 Java 编译器；类装载器组入，需要有特殊的类装载器；动态代理组入，在运行期间为目标类添加通知生成子类的方式。Spring AOP 框架默认使用动态代理组入，而 AspectJ（基于 Java 语言的 AOP 框架）使用编译器组入和类装载器组入。

▶1.4.2　基于注解开发 AspectJ

基于注解开发 AspectJ 要比基于 XML 配置开发 AspectJ 便捷许多，所以在实际开发中推荐使用注解方式。在讲解 AspectJ 之前，先了解一下 Spring 的通知的类型。Spring 的通知根据在目标类方法中的连接点的位置可以分为以下 6 种类型。

1）环绕通知

环绕通知是在目标方法执行前和执行后实施增强，可以应用于日志记录、事务处理等功能。

2）前置通知

前置通知是在目标方法执行前实施增强，可以应用于权限管理等功能。

3）后置返回通知

后置返回通知是在目标方法成功执行后实施增强，可以应用于关闭流、删除临时文件等功能。

4）后置（最终）通知

后置通知是在目标方法执行后实施增强，与后置返回通知不同的是，不管是否发生异常都要执行该通知，可以应用于释放资源功能。

5）异常通知

异常通知是在方法抛出异常后实施增强，可以应用于处理异常、记录日志等功能。

6）引入通知

引入通知是在目标类中添加一些新的方法和属性，可以应用于修改目标类（增强类）功能。

有关 AspectJ 注解如表 1.1 所示。

表 1.1　AspectJ 注解

注 解 名 称	描　　　述
@Aspect	用于定义一个切面，注解在切面类上
@Pointcut	用于定义切入点表达式。在使用时，需要定义一个切入点方法。该方法是一个返回值为 void，且方法体为空的普通方法
@Before	用于定义前置通知。在使用时，通常为其指定 value 属性值，该值可以是已有的切入点，也可以直接定义切入点表达式
@AfterReturning	用于定义后置返回通知。在使用时，通常为其指定 value 属性值，该值可以是已有的切入点，也可以直接定义切入点表达式
@Around	用于定义环绕通知。在使用时，通常为其指定 value 属性值，该值可以是已有的切入点，也可以直接定义切入点表达式
@AfterThrowing	用于定义异常通知。在使用时，通常为其指定 value 属性值，该值可以是已有的切入点，也可以直接定义切入点表达式。另外，还有一个 throwing 属性用于访问目标方法抛出的异常，该属性值与异常通知方法中同名的形参一致
@After	用于定义后置（最终）通知。在使用时，通常为其指定 value 属性值，该值可以是已有的切入点，也可以直接定义切入点表达式

下面通过一个实例讲解基于注解开发 AspectJ 的过程。

【例 1-4】　基于注解开发 AspectJ 的过程。

其具体实现步骤如下。

❶ 使用 Eclipse 创建 Web 应用并导入 JAR 包

创建一个名为 ch1_4 的 Dynamic Web Project，并将 Spring 的 4 个基础 JAR 包、Spring Commons Logging Bridge 对应的 JAR 包 spring-jcl-6.0.0.jar、AOP 实现 JAR 包 spring-aop-6.0.0.jar、spring-aspects-6.0.0.jar（Spring 为 AspectJ 提供的实现）以及 AspectJ 框架所提供的规范包 aspectjweaver-1.9.9.1.jar 复制到 ch1_4 的 WEB-INF/lib 目录中。

❷ 创建接口及实现类

在 ch1_4 的 src/main/java 目录下创建一个名为 aspectj.dao 的包，并在该包中创建接口 TestDao 和接口实现类 TestDaoImpl。该实现类作为目标类，在切面类中对其方法进行增强处理。使用 @Repository 注解将目标类 aspectj.dao.TestDaoImpl 注解为目标对象。

TestDao 的代码如下：

```
package aspectj.dao;
public interface TestDao {
    public void save();
```

```
    public void modify();
    public void delete();
}
```

TestDaoImpl 的代码如下：

```
package aspectj.dao;
import org.springframework.stereotype.Repository;
@Repository("testDao")
public class TestDaoImpl implements TestDao{
    @Override
    public void save() {
        System.out.println("保存");
    }
    @Override
    public void modify() {
        System.out.println("修改");
    }
    @Override
    public void delete() {
        System.out.println("删除");
    }
}
```

❸ 创建切面类

在 ch1_4 应用的 src/main/java 目录下创建 aspectj.annotation 包,并在该包中创建切面类 MyAspect。在该类中,首先使用@Aspect 注解定义一个切面类,由于该类在 Spring 中是作为组件使用的,所以还需要使用@Component 注解;然后使用@Pointcut 注解定义切入点表达式,并通过定义方法表示切入点名称;最后在每个通知方法上添加相应的注解,并将切入点名称作为参数传递给需要执行增强的通知方法。

MyAspect 的代码如下：

```
package aspectj.annotation;
import org.aspectj.lang.JoinPoint;
import org.aspectj.lang.ProceedingJoinPoint;
import org.aspectj.lang.annotation.After;
import org.aspectj.lang.annotation.AfterReturning;
import org.aspectj.lang.annotation.AfterThrowing;
import org.aspectj.lang.annotation.Around;
import org.aspectj.lang.annotation.Aspect;
import org.aspectj.lang.annotation.Before;
import org.aspectj.lang.annotation.Pointcut;
import org.springframework.stereotype.Component;
/**
 * 切面类,在此类中编写各种类型的通知
 */
@Aspect               //@Aspect 声明一个切面
@Component            //@Component 让此切面成为 Spring 容器管理的 Bean
public class MyAspect {
    /**
     * 定义切入点,通知增强哪些方法。
"execution(* aspectj.dao.*.*(..))" 是定义切入点表达式,该切入点表达式用于匹配
aspectj.dao 包中任意类的任意方法的执行。
其中,execution()是表达式的主体,第一个 * 表示返回类型,使用 * 代表所有类型;
aspectj.dao 表示需要匹配的包名,第二个 * 表示类名,使用 * 代表匹配包中所有的类;
第三个 * 表示方法名,使用 * 表示所有方法;(..)表示方法的参数,其中".."表示任意参数。
另外,注意第一个 * 与包名之间有一个空格。
```

```
     */
    @Pointcut("execution(* aspectj.dao.*.*(..))")
    private void myPointCut() {
    }
    /**
     * 前置通知,使用 JoinPoint 接口作为参数获得目标对象信息
     */
    @Before("myPointCut()")        //myPointCut()是切入点的定义方法
    public void before(JoinPoint jp) {
        System.out.print("前置通知:模拟权限控制");
        System.out.println(",目标类对象: " + jp.getTarget()
        + ",被增强处理的方法: " + jp.getSignature().getName());
    }
    /**
     * 后置返回通知
     */
    @AfterReturning("myPointCut()")
    public void afterReturning(JoinPoint jp) {
        System.out.print("后置返回通知: " + "模拟删除临时文件");
        System.out.println(",被增强处理的方法: " + jp.getSignature().getName());
    }
    /**
     * 环绕通知
     * ProceedingJoinPoint 是 JoinPoint 的子接口,代表可以执行的目标方法
     * 返回值的类型必须是 Object
     * 必须有一个参数是 ProceedingJoinPoint 类型
     * 必须抛出 Throwable
     */
    @Around("myPointCut()")
    public Object around(ProceedingJoinPoint pjp) throws Throwable{
        //开始
        System.out.println("环绕开始: 执行目标方法前,模拟开启事务");
        //执行当前目标方法
        Object obj = pjp.proceed();
        //结束
        System.out.println("环绕结束: 执行目标方法后,模拟关闭事务");
        return obj;
    }
    /**
     * 异常通知
     */
    @AfterThrowing(value="myPointCut()",throwing="e")
    public void except(Throwable e) {
        System.out.println("异常通知: " + "程序执行异常" + e.getMessage());
    }
    /**
     * 后置(最终)通知
     */
    @After("myPointCut()")
    public void after() {
        System.out.println("最终通知:模拟释放资源");
    }
}
```

❹ 创建配置类

在 ch1_4 应用的 src/main/java 目录下创建 aspectj.config 包,并在该包中创建配置类 AspectjAOPConfig。在该类中使用@Configuration 注解声明此类为配置类;使用@ComponentScan ("aspectj")注解自动扫描 aspectj 包下使用的注解;使用@EnableAspectJAutoProxy 注解开

启 Spring 对 AspectJ 的支持。

AspectjAOPConfig 的代码如下：

```
package aspectj.config;
import org.springframework.context.annotation.ComponentScan;
import org.springframework.context.annotation.Configuration;
import org.springframework.context.annotation.EnableAspectJAutoProxy;
@Configuration                    //声明一个配置类
@ComponentScan("aspectj")    //自动扫描 aspectj 包下使用的注解
@EnableAspectJAutoProxy        //开启 Spring 对 AspectJ 的支持
public class AspectjAOPConfig {
}
```

❺ 创建测试类

在 ch1_4 应用的 aspectj.config 包中创建测试类 AOPTest。

AOPTest 的代码如下：

```
package aspectj.config;
import org.springframework.context.annotation.AnnotationConfigApplicationContext;
import aspectj.dao.TestDao;
public class AOPTest {
    public static void main(String[] args) {
        //初始化 Spring 容器 ApplicationContext
        AnnotationConfigApplicationContext appCon =
            new AnnotationConfigApplicationContext(AspectjAOPConfig.class);
        //从容器中获取增强后的目标对象
        TestDao testDaoAdvice = appCon.getBean(TestDao.class);
        //执行方法
        testDaoAdvice.save();
        System.out.println("=================");
        testDaoAdvice.modify();
        System.out.println("=================");
        testDaoAdvice.delete();
        appCon.close();
    }
}
```

❻ 运行

运行测试类 AOPTest 的 main 方法,运行结果如图 1.13 所示。

```
环绕开始：执行目标方法前，模拟开启事务
前置通知：模拟权限控制，目标类对象：aspectj.dao.TestDaoImpl@176b3f44，被增强处理的方法：save
保存
后置返回通知：模拟删除临时文件，被增强处理的方法：save
最终通知：模拟释放资源
环绕结束：执行目标方法后，模拟关闭事务
=================
环绕开始：执行目标方法前，模拟开启事务
前置通知：模拟权限控制，目标类对象：aspectj.dao.TestDaoImpl@176b3f44，被增强处理的方法：modify
修改
后置返回通知：模拟删除临时文件，被增强处理的方法：modify
最终通知：模拟释放资源
环绕结束：执行目标方法后，模拟关闭事务
=================
环绕开始：执行目标方法前，模拟开启事务
前置通知：模拟权限控制，目标类对象：aspectj.dao.TestDaoImpl@176b3f44，被增强处理的方法：delete
删除
后置返回通知：模拟删除临时文件，被增强处理的方法：delete
最终通知：模拟释放资源
环绕结束：执行目标方法后，模拟关闭事务
```

图 1.13　ch1_4 应用的运行结果

1.5　Spring Bean

在 Spring 的应用中,Spring IoC 容器可以创建、装配和配置应用组件对象,这里的组件对象称为 Bean。

▶1.5.1　Bean 的实例化

在面向对象编程中,如果想使用某个对象,需要事先实例化该对象。同样,在 Spring 框架中,如果想使用 Spring 容器中的 Bean,也需要实例化 Bean。Spring 框架实例化 Bean 有 3 种方式:构造方法实例化、静态工厂实例化和实例工厂实例化(其中,最常用的是构造方法实例化)。

下面通过一个实例演示 Bean 的实例化过程。

【例 1-5】　Bean 的实例化过程。

其具体实现步骤如下。

❶ 使用 Eclipse 创建 Web 应用并导入 JAR 包

使用 Eclipse 创建一个名为 ch1_5 的 Dynamic Web Project,并导入与 ch1_2 相同的 JAR 包到 WEB-INF/lib 目录中。

❷ 创建实例化 Bean 的类

在 ch1_5 应用的 src/main/java 目录下创建 instance 包,并在该包中创建 BeanClass、BeanInstanceFactory 以及 BeanStaticFactory 等实例化 Bean 的类。

BeanClass 的代码如下:

```
package instance;
public class BeanClass {
    public String message;
    public BeanClass() {
        message = "构造方法实例化 Bean";
    }
    public BeanClass(String s) {
        message = s;
    }
}
```

BeanInstanceFactory 的代码如下:

```
package instance;
public class BeanInstanceFactory {
    public BeanClass createBeanClassInstance() {
        return new BeanClass("调用实例工厂方法实例化 Bean");
    }
}
```

BeanStaticFactory 的代码如下:

```
package instance;
public class BeanStaticFactory {
    private static BeanClass beanInstance = new BeanClass("调用静态工厂方法实例化
Bean");
    public static BeanClass createInstance() {
        return beanInstance;
    }
}
```

❸ 创建配置类

在 ch1_5 应用的 src/main/java 目录下创建 config 包,并在该包中创建配置类 JavaConfig。在该配置类中使用@Bean 注解定义 3 个 Bean。具体代码如下:

```java
package config;
import org.springframework.context.annotation.Bean;
import org.springframework.context.annotation.Configuration;
import instance.BeanClass;
import instance.BeanInstanceFactory;
import instance.BeanStaticFactory;
@Configuration
public class JavaConfig {
    /**
     * 构造方法实例化
     */
    @Bean(value="beanClass")          //value 可以省略
    public BeanClass getBeanClass() {
        return new BeanClass();
    }
    /**
     * 静态工厂实例化
     */
    @Bean(value="beanStaticFactory")
    public BeanClass getBeanStaticFactory() {
        return BeanStaticFactory.createInstance();
    }
    /**
     * 实例工厂实例化
     */
    @Bean(value="beanInstanceFactory")
    public BeanClass getBeanInstanceFactory() {
        BeanInstanceFactory bi = new BeanInstanceFactory();
        return bi.createBeanClassInstance();
    }
}
```

❹ 创建测试类

在 ch1_5 应用的 config 包中创建测试类 TestBean,并在该类中测试配置类定义的 Bean,具体代码如下:

```java
package config;
import org.springframework.context.annotation.AnnotationConfigApplicationContext;
import instance.BeanClass;
public class TestBean {
    public static void main(String[] args) {
        //初始化 Spring 容器 ApplicationContext
        AnnotationConfigApplicationContext appCon =
            new AnnotationConfigApplicationContext(JavaConfig.class);
        BeanClass b1 = (BeanClass) appCon.getBean("beanClass");
        System.out.println(b1+ b1.message);
        BeanClass b2 = (BeanClass) appCon.getBean("beanStaticFactory");
        System.out.println(b2+ b2.message);
        BeanClass b3 = (BeanClass) appCon.getBean("beanInstanceFactory");
        System.out.println(b3+ b3.message);
        appCon.close();
    }
}
```

❺ 运行

运行测试类 TestBean 的 main 方法,运行结果如图 1.14 所示。

```
⌗ Servers ⊞ Data Source Explorer 🗁 Snippets ☞ Terminal ⬜ Console × ● Coverage
<terminated> TestBean [Java Application] D:\soft\Java EE\eclipse\plugins\org.eclipse.justj.
instance.BeanClass@3646a422构造方法实例化Bean
instance.BeanClass@750e2b97调用静态工厂方法实例化Bean
instance.BeanClass@3e27aa33调用实例工厂方法实例化Bean
```

图 1.14　ch1_5 应用的运行结果

▶1.5.2　Bean 的作用域

在 Spring 中,不仅可以完成 Bean 的实例化,而且可以为 Bean 指定作用域。在 Spring 中为 Bean 的实例定义了如表 1.2 所示的作用域,通过@Scope 注解实现。

表 1.2　Bean 的作用域

作用域名称	描　　　述
singleton	默认的作用域,使用 singleton 定义的 Bean 在 Spring 容器中只有一个 Bean 实例
prototype	Spring 容器每次获取 prototype 定义的 Bean,容器都将创建一个新的 Bean 实例
request	在一次 HTTP 请求中,容器将返回一个 Bean 实例,不同的 HTTP 请求返回不同的 Bean 实例。其仅在 Web Spring 应用程序上下文中使用
session	在一个 HTTP Session 中,容器将返回同一个 Bean 实例。其仅在 Web Spring 应用程序上下文中使用
application	为每个 ServletContext 对象创建一个 Bean 实例,即同一个应用共享一个 Bean 实例。其仅在 Web Spring 应用程序上下文中使用
websocket	为每个 WebSocket 对象创建一个 Bean 实例。其仅在 Web Spring 应用程序上下文中使用

在表 1.2 所示的 6 种作用域中,singleton 和 prototype 是最常用的两种,后面 4 种作用域仅用在 Web Spring 应用程序上下文中。下面通过一个实例演示 Bean 的作用域。

【例 1-6】　Bean 的作用域。

其具体实现步骤如下。

❶ 使用 Eclipse 创建 Web 应用并导入 JAR 包

使用 Eclipse 创建一个名为 ch1_6 的 Dynamic Web Project,并导入与 ch1_5 相同的 JAR 包到 WEB-INF/lib 目录中。

❷ 编写不同作用域的 Bean

在 ch1_6 应用的 src/main/java 目录下创建 service 包,并在该包中创建 SingletonService 和 PrototypeService 类。在 SingletonService 类中,Bean 的作用域为默认作用域 singleton;在 PrototypeService 类中,Bean 的作用域为 prototype。

SingletonService 的代码如下:

```
package service;
import org.springframework.stereotype.Service;
@Service        //默认为 singleton,相当于@Scope("singleton")
public class SingletonService {
}
```

PrototypeService 的代码如下:

```
package service;
import org.springframework.context.annotation.Scope;
```

```
import org.springframework.stereotype.Service;
@Service
@Scope("prototype")
public class PrototypeService {
}
```

❸ 创建配置类

在 ch1_6 应用的 src/main/java 目录下创建 config 包,并在该包中创建配置类 ScopeConfig,
具体代码如下:

```
package config;
import org.springframework.context.annotation.ComponentScan;
import org.springframework.context.annotation.Configuration;
@Configuration
@ComponentScan("service")
public class ScopeConfig {
}
```

❹ 创建测试类

在 ch1_6 应用的 config 包中创建测试类 TestScope,并在该测试类中分别获取 SingletonService
和 PrototypeService 的两个 Bean 实例,具体代码如下:

```
package config;
import org.springframework.context.annotation.AnnotationConfigApplicationContext;
import service.PrototypeService;
import service.SingletonService;
public class TestScope {
    public static void main(String[] args) {
        //初始化 Spring 容器 ApplicationContext
        AnnotationConfigApplicationContext appCon =
            new AnnotationConfigApplicationContext(ScopeConfig.class);
        SingletonService ss1 = appCon.getBean(SingletonService.class);
        SingletonService ss2 = appCon.getBean(SingletonService.class);
        System.out.println(ss1);
        System.out.println(ss2);
        PrototypeService ps1 = appCon.getBean(PrototypeService.class);
        PrototypeService ps2 = appCon.getBean(PrototypeService.class);
        System.out.println(ps1);
        System.out.println(ps2);
        appCon.close();
    }
}
```

图 1.15 ch1_6 应用的运行结果

❺ 运行

运行测试类 TestScope 的 main 方法,运行结果
如图 1.15 所示。

从图 1.15 所示的运行结果可以得知,两次获取
SingletonService 的 Bean 实例时,IoC 容器返回两个
相同的 Bean 实例;而两次获取 PrototypeService 的
Bean 实例时,IoC 容器返回两个不同的 Bean 实例。

▶1.5.3 Bean 的初始化和销毁

在实际工程应用中,经常需要在 Bean 使用之前或之后做一些必要的操作,Spring 对 Bean

的生命周期的操作提供了支持。用户可以使用@Bean 注解的 initMethod 和 destroyMethod
属性(相当于 XML 配置的 init-method 和 destroy-method)对 Bean 进行初始化和销毁。下面
通过一个实例演示 Bean 的初始化和销毁。

【例 1-7】 Bean 的初始化和销毁。

其具体实现步骤如下。

❶ **使用 Eclipse 创建 Web 应用并导入 JAR 包**

使用 Eclipse 创建一个名为 ch1_7 的 Dynamic Web Project,并导入与 ch1_6 相同的 JAR
包到 WEB-INF/lib 目录中。

❷ **创建 Bean 的类**

在 ch1_7 应用的 src/main/java 目录下创建 service 包,并在该包中创建 MyService 类,具
体代码如下:

```
package service;
public class MyService {
    public void initService() {
        System.out.println(this.getClass().getName() + "执行自定义的初始化方法");
    }
    public MyService() {
        System.out.println("执行构造方法,创建对象。");
    }
    public void destroyService() {
        System.out.println(this.getClass().getName() +"执行自定义的销毁方法");
    }
}
```

❸ **创建配置类**

在 ch1_7 应用的 src/main/java 目录下创建 config 包,并在该包中创建配置类 JavaConfig,具
体代码如下:

```
package config;
import org.springframework.context.annotation.Bean;
import org.springframework.context.annotation.Configuration;
import service.MyService;
@Configuration
public class JavaConfig {
    //initMethod 和 destroyMethod 指定 MyService 类的 initService 和 destroyService
    //方法
    //初始化方法在构造方法之后、销毁之前执行
    @Bean(initMethod="initService",destroyMethod="destroyService")
    public MyService getMyService() {
        return new MyService();
    }
}
```

❹ **创建测试类**

在 ch1_7 应用的 config 包中创建测试类 TestInitAndDestroy,具体代码如下:

```
package config;
import org.springframework.context.annotation.AnnotationConfigApplicationContext;
import service.MyService;
public class TestInitAndDestroy {
    public static void main(String[] args) {
        //初始化 Spring 容器 ApplicationContext
        AnnotationConfigApplicationContext appCon =
```

```
            new AnnotationConfigApplicationContext(JavaConfig.class);
        System.out.println("获得对象前");
        MyService ms = appCon.getBean(MyService.class);
        System.out.println("获得对象后" + ms);
        appCon.close();
    }
}
```

❺ 运行

运行测试类 TestInitAndDestroy 的 main 方法,运行结果如图 1.16 所示。

```
🖿 Servers 🖾 Data Source Explorer 🖾 Snippets  💜 Terminal  🖾 Con
<terminated> TestInitAndDestroy [Java Application] D:\soft\Java
执行构造方法,创建对象。
service.MyService执行自定义的初始化方法
获得对象前
获得对象后service.MyService@4686afc2
service.MyService执行自定义的销毁方法
```

图 1.16   ch1_7 应用的运行结果

扫一扫

视频讲解

1.6   Spring 的数据库编程

数据库编程是互联网编程的基础,Spring 框架为开发者提供了 JDBC 模板模式,即 jdbcTemplate,它可以简化许多代码,但在实际应用中 jdbcTemplate 并不常用。人们使用得更多的是 Hibernate 框架和 MyBatis 框架。本节仅简要介绍 Spring jdbcTemplate 的使用方法,MyBatis 框架的相关内容将在第 7 章讲解,Hibernate 框架的相关内容请读者自行学习。

▶1.6.1   Spring JDBC 的 XML 配置

本节的 Spring 数据库编程主要使用 Spring JDBC 模块的 core 和 dataSource 包。core 包是 JDBC 的核心功能包,包括常用的 JdbcTemplate 类;dataSource 包是访问数据源的工具类包。使用 Spring JDBC 操作数据库需要对这两个包进行配置。XML 配置文件的示例代码如下:

```xml
<!-- 配置数据源 -->
<bean id="dataSource" class="org.springframework.jdbc.datasource.
    DriverManagerDataSource">
    <!-- MySQL 数据库驱动 -->
    <property name="driverClassName" value="com.mysql.cj.jdbc.Driver"/>
    <!-- 连接数据库的 URL -->
    <property name="url" value="jdbc:mysql://127.0.0.1:3306/springtest?
useUnicode= true&amp; characterEncoding=UTF-8&amp; allowMultiQueries=true&amp;
serverTimezone=GMT%2B8"/>
    <!-- 连接数据库的用户名 -->
    <property name="username" value="root"/>
    <!-- 连接数据库的密码 -->
    <property name="password" value="root"/>
</bean>
<!-- 配置 JDBC 模板 -->
<bean id="jdbcTemplate" class="org.springframework.jdbc.core.JdbcTemplate">
    <property name="dataSource" ref="dataSource"/>
</bean>
```

在上述示例代码中,配置 JDBC 模板时,需要将 dataSource 注入 jdbcTemplate 中,而在数据访问层(如 Dao 类)使用 jdbcTemplate 时,也需要将 jdbcTemplate 注入对应的 Bean 中。示例代码如下:

```
...
@Repository
public class TestDaoImpl implements TestDao{
    @Autowired
    //使用配置文件中的 JDBC 模板
    private JdbcTemplate jdbcTemplate;
    ...
}
```

▶ 1.6.2　Spring JDBC 的 Java 配置

与 1.6.1 节中 XML 配置文件的内容等价的 Java 配置示例如下：

```
package config;
import org.springframework.beans.factory.annotation.Value;
import org.springframework.context.annotation.Bean;
import org.springframework.context.annotation.ComponentScan;
import org.springframework.context.annotation.Configuration;
import org.springframework.context.annotation.PropertySource;
import org.springframework.jdbc.core.JdbcTemplate;
import org.springframework.jdbc.datasource.DriverManagerDataSource;
@Configuration      //通过该注解表明该类是一个 Spring 的配置,相当于一个 XML 文件
@ComponentScan(basePackages = "dao")      //配置扫描包
@PropertySource(value={"classpath:jdbc.properties"},ignoreResourceNotFound=
true)
//配置多个属性文件,value={"classpath:jdbc.properties","xx","xxx"}
public class SpringJDBCConfig {
    @Value("${jdbc.url}")      //注入属性文件 jdbc.properties 中的 jdbc.url
    private String jdbcUrl;
    @Value("${jdbc.driverClassName}")
    private String jdbcDriverClassName;
    @Value("${jdbc.username}")
    private String jdbcUsername;
    @Value("${jdbc.password}")
    private String jdbcPassword;
    /**
     * 配置数据源
     */
    @Bean
    public DriverManagerDataSource dataSource() {
        DriverManagerDataSource myDataSource = new DriverManagerDataSource();
        //数据库驱动
        myDataSource.setDriverClassName(jdbcDriverClassName);;
        //相应驱动的 jdbcUrl
        myDataSource.setUrl(jdbcUrl);
        //数据库的用户名
        myDataSource.setUsername(jdbcUsername);
        //数据库的密码
        myDataSource.setPassword(jdbcUsername);
        return myDataSource;
    }
    /**
     * 配置 JdbcTemplate
     */
    @Bean(value="jdbcTemplate")
    public JdbcTemplate getJdbcTemplate() {
        return new JdbcTemplate(dataSource());
    }
}
```

在上述 Java 配置示例中,需要事先在 classpath 目录(如应用的 src/main/java 目录)下创建属性文件,示例代码如下:

```
jdbc.driverClassName=com.mysql.cj.jdbc.Driver
jdbc.url=jdbc:mysql://127.0.0.1:3306/springtest?useUnicode=
true&characterEncoding=UTF-8&allowMultiQueries=true&serverTimezone=GMT%2B8
jdbc.username=root
jdbc.password=root
```

另外,在数据访问层(如 Dao 类)使用 jdbcTemplate 时,也需要将 jdbcTemplate 注入对应的 Bean 中。示例代码如下:

```
...
@Repository
public class TestDaoImpl implements TestDao{
    @Autowired
    //使用配置文件中的 JDBC 模板
    private JdbcTemplate jdbcTemplate;
    ...
}
```

▶1.6.3 Spring JdbcTemplate 的常用方法

在获取 JDBC 模板后,如何使用它是本节将要讲述的内容。首先需要了解 JdbcTemplate 类的常用方法,该类的常用方法有两种:update()和 query()。

1) public int update(String sql,Object args [])

该方法可以对数据表进行增加、修改、删除等操作。使用 args[]设置 SQL 语句中的参数,并返回更新的行数。示例代码如下:

```
String insertSql = "insert into user values(null,?,?)";
Object param1[] = {"chenheng1", "男"};
jdbcTemplate.update(sql, param1);
```

2) public List<T> query(String sql,RowMapper<T> rowMapper,Object args [])

该方法可以对数据表进行查询操作。rowMapper 将结果集映射到用户自定义的类中(前提是自定义类中的属性要与数据表的字段对应)。示例代码如下:

```
String selectSql ="select * from user";
RowMapper<MyUser> rowMapper = new BeanPropertyRowMapper<MyUser>(MyUser.class);
List<MyUser> list = jdbcTemplate.query(sql, rowMapper, null);
```

下面通过一个实例演示 Spring JDBC 的使用过程。

【例 1-8】 Spring JDBC 的使用过程。

其具体实现步骤如下。

❶ 使用 Eclipse 创建 Web 应用并导入 JAR 包

使用 Eclipse 创建一个名为 ch1_8 的 Dynamic Web Project,并将 Spring 的 4 个基础 JAR 包、Spring Commons Logging Bridge 对应的 JAR 包 spring-jcl-6.0.0.jar、AOP 实现 JAR 包 spring-aop-6.0.0.jar、MySQL 数据库的驱动 JAR 包 mysql-connector-java-8.0.29.jar、Spring JDBC 的 JAR 包 spring-jdbc-6.0.0.jar、增强 Java 性能的 lombok 插件的 JAR 包 lombok-1.18.24.jar 以及 Spring 事务处理的 JAR 包 spring-tx-6.0.0.jar 复制到 ch1_8 的 WEB-INF/lib 目录中。

❷ 创建属性文件与配置类

本书使用 MySQL 数据库演示有关数据库访问的内容,因此需要在 ch1_8 应用的 src/

main/java 目录下创建数据库配置的属性文件 jdbc.properties，具体内容如下：

```
jdbc.driverClassName=com.mysql.cj.jdbc.Driver
jdbc.url=jdbc:mysql://127.0.0.1:3306/springtest?useUnicode=
true&characterEncoding=UTF-8&allowMultiQueries=true&serverTimezone=GMT%2B8
jdbc.username=root
jdbc.password=root
```

在 ch1_8 应用的 src/main/java 目录下创建 config 包，并在该包中创建配置类 SpringJDBCConfig。在该配置类中使用 @PropertySource 注解读取属性文件 jdbc.properties，并配置数据源和 JdbcTemplate。具体代码如下：

```java
package config;
import org.springframework.beans.factory.annotation.Value;
import org.springframework.context.annotation.Bean;
import org.springframework.context.annotation.ComponentScan;
import org.springframework.context.annotation.Configuration;
import org.springframework.context.annotation.PropertySource;
import org.springframework.jdbc.core.JdbcTemplate;
import org.springframework.jdbc.datasource.DriverManagerDataSource;
@Configuration        //通过该注解表明该类是一个 Spring 的配置，相当于一个 XML 文件
@ComponentScan(basePackages = {"dao","service"})        //配置扫描包
@PropertySource(value={"classpath:jdbc.properties"},ignoreResourceNotFound=
true)
//配置多个配置文件,value={"classpath:jdbc.properties","xx","xxx"}
public class SpringJDBCConfig {
    @Value("${jdbc.url}")        //注入属性文件 jdbc.properties 中的 jdbc.url
    private String jdbcUrl;
    @Value("${jdbc.driverClassName}")
    private String jdbcDriverClassName;
    @Value("${jdbc.username}")
    private String jdbcUsername;
    @Value("${jdbc.password}")
    private String jdbcPassword;
    /**
     * 配置数据源
     */
    @Bean
    public DriverManagerDataSource dataSource() {
        DriverManagerDataSource myDataSource = new DriverManagerDataSource();
        //数据库驱动
        myDataSource.setDriverClassName(jdbcDriverClassName);;
        //相应驱动的 jdbcUrl
        myDataSource.setUrl(jdbcUrl);
        //数据库的用户名
        myDataSource.setUsername(jdbcUsername);
        //数据库的密码
        myDataSource.setPassword(jdbcUsername);
        return myDataSource;
    }
    /**
     * 配置 JdbcTemplate
     */
    @Bean(value="jdbcTemplate")
    public JdbcTemplate getJdbcTemplate() {
        return new JdbcTemplate(dataSource());
    }
}
```

❸ 创建数据表与实体类

使用 Navicat for MySQL 创建数据库 springtest,并在该数据库中创建数据表 user。数据表 user 的结构如图 1.17 所示。

名	类型	长度	小数点	允许空值(	
▶ uid	int	0	0	☐	🔑1
uname	varchar	20	0	☑	
usex	varchar	10	0	☑	

图 1.17 数据表 user 的结构

在 ch1_8 应用的 src/main/java 目录下创建 entity 包,并在该包中创建实体类 MyUser,具体代码如下:

```java
package entity;
import lombok.Data;
/**
 * 使用@Data注解,实体属性无须 setter 和 getter 方法,需要给 Eclipse 安装 Lombok 插件
 */
@Data
public class MyUser {
    private Integer uid;
    private String uname;
    private String usex;
    public String toString() {
        return "myUser [uid=" + uid +", uname=" + uname + ", usex=" + usex + "]";
    }
}
```

❹ 创建数据访问层

在 ch1_8 应用的 src/main/java 目录下创建 dao 包,并在该包中创建数据访问接口 TestDao 和接口实现类 TestDaoImpl。在实现类 TestDaoImpl 中使用@Repository 注解标注此类为数据访问层,并使用@Autowired 注解依赖注入 JdbcTemplate。

TestDao 的代码如下:

```java
package dao;
import java.util.List;
import entity.MyUser;
public interface TestDao {
    public int update(String sql, Object[] param);
    public List<MyUser> query(String sql, Object[] param);
}
```

TestDaoImpl 的代码如下:

```java
package dao;
import java.util.List;
import org.springframework.beans.factory.annotation.Autowired;
import org.springframework.jdbc.core.BeanPropertyRowMapper;
import org.springframework.jdbc.core.JdbcTemplate;
import org.springframework.jdbc.core.RowMapper;
import org.springframework.stereotype.Repository;
import entity.MyUser;
@Repository
public class TestDaoImpl implements TestDao{
    @Autowired
    //使用配置类中的 JDBC 模板
    private JdbcTemplate jdbcTemplate;
```

```
/**
 * 更新方法,包括添加、修改、删除
 * param 为 SQL 中的参数,如通配符?
 */
@Override
public int update(String sql, Object[] param) {
    return jdbcTemplate.update(sql, param);
}
/**
 * 查询方法
 * param 为 SQL 中的参数,如通配符?
 */
@Override
public List<MyUser> query(String sql, Object[] param) {
    RowMapper<MyUser> rowMapper = new BeanPropertyRowMapper<MyUser>(MyUser.
class);
    return jdbcTemplate.query(sql, rowMapper, param);
}
}
```

❺ 创建业务逻辑层

在 ch1_8 应用的 src/main/java 目录下创建 service 包,并在该包中创建接口 TestService 和接口实现类 TestServiceImpl。在实现类 TestServiceImpl 中使用@Service 注解标注此类为业务逻辑层,并使用@Autowired 注解依赖注入 TestDao。

TestService 的代码如下:

```
package service;
public interface TestService {
    public void testJDBC();
}
```

TestServiceImpl 的代码如下:

```
package service;
import java.util.List;
import org.springframework.beans.factory.annotation.Autowired;
import org.springframework.stereotype.Service;
import dao.TestDao;
import entity.MyUser;
@Service
public class TestServiceImpl implements TestService{
    @Autowired
    public TestDao testDao;
    @Override
    public void testJDBC() {
        String insertSql = "insert into user values(null,?,?)";
        //param 数组的值与 insertSql 语句中的?一一对应
        Object param1[] = {"chenheng1", "男"};
        Object param2[] = {"chenheng2", "女"};
        Object param3[] = {"chenheng3", "男"};
        Object param4[] = {"chenheng4", "女"};
        //添加用户
        testDao.update(insertSql, param1);
        testDao.update(insertSql, param2);
        testDao.update(insertSql, param3);
        testDao.update(insertSql, param4);
        //查询用户
        String selectSql ="select * from user";
```

```
        List<MyUser> list = testDao.query(selectSql, null);
        for(MyUser mu: list) {
            System.out.println(mu);
        }
    }
}
```

❻ 创建测试类

在 ch1_8 应用的 config 包中创建测试类 TestJDBC,具体代码如下:

```
package config;
import org.springframework.context.annotation.AnnotationConfigApplicationContext;
import service.TestService;
public class TestJDBC {
    public static void main(String[] args) {
        //初始化 Spring 容器 ApplicationContext
        AnnotationConfigApplicationContext appCon =
            new AnnotationConfigApplicationContext(SpringJDBCConfig.class);
        TestService ts = appCon.getBean(TestService.class);
        ts.testJDBC();
        appCon.close();
    }
}
```

❼ 运行

运行测试类 TestJDBC 的 main 方法,运行结果如图 1.18 所示。

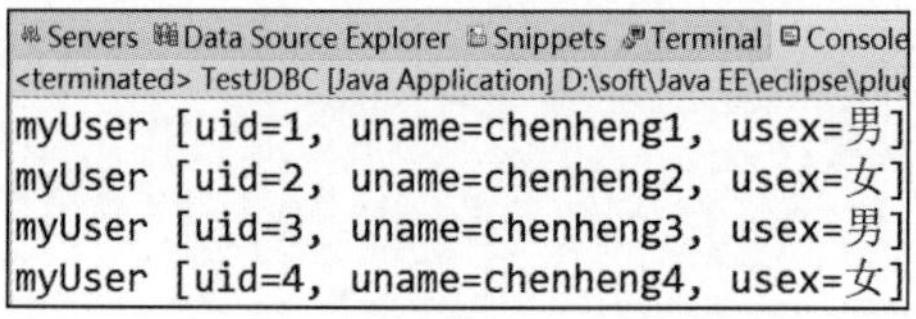

图 1.18　ch1_8 应用的运行结果

▶1.6.4　基于@Transactional 注解的声明式事务管理

Spring 的声明式事务管理是通过 AOP 技术实现的,其本质是对方法前后进行拦截,然后在目标方法开始之前创建或者加入一个事务,在目标方法执行完之后根据执行情况提交或者回滚事务。

声明式事务管理最大的优点是不需要通过编程的方式管理事务,因此不需要在业务逻辑代码中掺杂事务处理的代码,只需要相关的事务规则声明,便可以将事务规则应用到业务逻辑中。通常情况下,在开发中使用声明式事务处理,不仅因为其简单,更主要是因为这样使得纯业务代码不被污染,可以极大地方便后期的代码维护。

和编程式事务管理相比,声明式事务管理唯一的不足是,最细粒度只能作用到方法级别,无法做到像编程式事务管理那样可以作用到代码块级别。如果有这样的需求,也可以通过变通的方法进行解决,例如可以将需要进行事务处理的代码块独立为方法。

Spring 的声明式事务管理可以通过两种方式实现,一种是基于 XML 的方式,另一种是基于@Transactional 注解的方式。

@Transactional 注解可以作用于接口、接口方法、类以及类方法上。当作用于类上时,该类的所有 public 方法都将具有该类型的事务属性,同时也可以在方法级别使用该注解覆盖类级别的定义。虽然@Transactional 注解可以作用于接口、接口方法、类以及类方法上,但是

Spring 小组建议不要在接口或者接口方法上使用该注解,因为只有在使用基于接口的代理时它才会生效。可以使用@Transactional 注解的属性定制事务行为,具体属性如表 1.3 所示。

表 1.3　@Transactional 的属性

属　　性	属性值的含义	默　认　值
propagation	propagation 定义了事务的生命周期,主要有以下值。 ① Propagation.REQUIRED:需要事务支持的方法 A 被调用时,没有事务就新建一个事务。当在方法 A 中调用另一个方法 B 时,方法 B 将使用相同的事务。如果方法 B 发生异常需要数据回滚时,整个事务数据回滚。 ② Propagation.REQUIRES_NEW:对于方法 A 和 B,在方法调用时,无论是否有事务都开启一个新的事务;方法 B 有异常不会导致方法 A 的数据回滚。 ③ Propagation.NESTED:和 Propagation.REQUIRES_NEW 类似,仅支持 JDBC,不支持 JPA 或 Hibernate。 ④ Propagation.SUPPORTS:方法调用时有事务就使用事务,没有事务也不创建事务。 ⑤ Propagation.NOT_SUPPORTED:强制方法在事务中执行,若有事务,在方法调用到结束阶段事务都将被挂起。 ⑥ Propagation.NEVER:强制方法不在事务中执行,若有事务则抛出异常。 ⑦ Propagation.MANDATORY:强制方法在事务中执行,若无事务则抛出异常	propagation.REQUIRED
isolation	isolation(隔离)决定了事务的完整性,是一种相同数据下的多事务处理机制,主要包含以下隔离级别(前提是当前数据库是否支持)。 ① Isolation.READ_UNCOMMITTED:对于在 A 事务中修改了一条记录但没有提交事务,在 B 事务中可以读取到修改后的记录,可能导致脏读、不可重复读以及幻读。 ② Isolation.READ_COMMITTED:只有当在 A 事务中修改了一条记录且提交事务后,B 事务才可以读取到提交后的记录,防止脏读,但可能导致不可重复读和幻读。 ③ Isolation.REPEATABLE_READ:不仅能实现 Isolation.READ_COMMITTED 的功能,还能保证当 A 事务读取了一条记录,B 事务将不允许修改该条记录;阻止脏读和不可重复读,但可能出现幻读。 ④ Isolation.SERIALIZABLE:在此级别下事务是顺序执行的,可以避免上述级别的缺陷,但开销较大。 ⑤ Isolation.DEFAULT:使用当前数据库的默认隔离级别。例如 Oracle 和 SQL Server 是 READ_COMMITTED;MySQL 是 REPEATABLE_READ	Isolation.DEFAULT
timeout	timeout 指定事务过期时间,默认为当前数据库的事务过期时间	
readOnly	指定当前事务是不是只读事务	false
rollbackFor	指定哪个或哪些异常可以引起事务回滚(Class 对象数组,必须继承自 Throwable)	Throwable 的子类

属　　性	属性值的含义	默　认　值
rollbackForClassName	指定哪个或哪些异常可以引起事务回滚(类名数组,必须继承自 Throwable)	Throwable 的子类
noRollbackFor	指定哪个或哪些异常不可以引起事务回滚(Class 对象数组,必须继承自 Throwable)	Throwable 的子类
noRollbackForClassName	指定哪个或哪些异常不可以引起事务回滚(类名数组,必须继承自 Throwable)	Throwable 的子类

下面通过一个实例来演示基于@Transactional 注解的声明式事务管理。

【例 1-9】　基于@Transactional 注解的声明式事务管理,本例是通过修改例 1-8 中的代码实现的。

其具体实现步骤如下。

❶ 修改配置类

在配置类中,使用@EnableTransactionManagement 注解开启声明式事务的支持,同时为数据源添加事务管理器。修改后的配置类的核心代码如下:

```
...
@EnableTransactionManagement        //开启声明式事务的支持
public class SpringJDBCConfig {
    ...
    /**
     * 为数据源添加事务管理器
     */
    @Bean
    public DataSourceTransactionManager transactionManager() {
        DataSourceTransactionManager dt = new DataSourceTransactionManager();
        dt.setDataSource(dataSource());
        return dt;
    }
}
```

❷ 修改业务逻辑层

在实际开发中,通常通过 Service 层进行事务管理,因此需要为 Service 层添加@Transactional 注解。添加@Transactional 注解后的 TestServiceImpl 类的核心代码如下:

```
...
@Service
@Transactional
public class TestServiceImpl implements TestService{
    @Autowired
    public TestDao testDao;
    @Override
    public void testJDBC() {
        String insertSql = "insert into user values(null,?,?)";
        //param 数组的值与 insertSql 语句中的?一一对应
        Object param1[] = {"chenheng1", "男"};
        Object param2[] = {"chenheng2", "女"};
        Object param3[] = {"chenheng3", "男"};
        Object param4[] = {"chenheng4", "女"};
```

```
    String insertSql1 = "insert into user values(?,?,?)";
    Object param5[] = {1,"chenheng5", "女"};
    Object param6[] = {1,"chenheng6", "女"};
    //添加用户
    testDao.update(insertSql, param1);
    testDao.update(insertSql, param2);
    testDao.update(insertSql, param3);
    testDao.update(insertSql, param4);
    //添加两个 ID 相同的用户,出现唯一性约束异常,使事务回滚
    testDao.update(insertSql1, param5);
    testDao.update(insertSql1, param6);
    //查询用户
    String selectSql ="select * from user";
    List<MyUser> list = testDao.query(selectSql, null);
    for(MyUser mu: list) {
        System.out.println(mu);
    }
  }
}
```

▶1.6.5　如何在事务处理中捕获异常

声明式事务处理的流程如下:

（1）Spring 根据配置完成事务的定义,设置事务的属性。

（2）执行开发者的代码逻辑。

（3）如果开发者的代码产生异常(如主键重复)并且满足事务回滚的配置条件,则事务回滚,否则事务提交。

（4）释放事务资源。

现在的问题是,如果开发者在代码逻辑中加入了 try…catch…语句,Spring 还能不能在声明式事务处理中正常得到事务回滚的异常信息? 答案是不能。例如,将 1.6.4 节中 TestServiceImpl 实现类的 testJDBC 方法的代码修改如下:

```
@Override
public void testJDBC() {
    String insertSql = "insert into user values(null,?,?)";
    //param 数组的值与 insertSql 语句中的?一一对应
    Object param1[] = {"chenheng1", "男"};
    Object param2[] = {"chenheng2", "女"};
    Object param3[] = {"chenheng3", "男"};
    Object param4[] = {"chenheng4", "女"};
    String insertSql1 = "insert into user values(?,?,?)";
    Object param5[] = {1,"chenheng5", "女"};
    Object param6[] = {1,"chenheng6", "女"};
    try {
        //添加用户
        testDao.update(insertSql, param1);
        testDao.update(insertSql, param2);
        testDao.update(insertSql, param3);
        testDao.update(insertSql, param4);
        //添加两个 ID 相同的用户,出现唯一性约束异常,使事务回滚
```

```
            testDao.update(insertSql1, param5);
            testDao.update(insertSql1, param6);
            //查询用户
            String selectSql ="select * from user";
            List<MyUser> list = testDao.query(selectSql, null);
            for(MyUser mu: list) {
                System.out.println(mu);
            };
        } catch (Exception e) {
            System.out.println("主键重复,事务回滚。");
        }
    }
```

这时再运行测试类,发现主键重复但事务并没有回滚。这是因为在默认情况下,Spring只在发生未被捕获的 RuntimeException 时才回滚事务。现在如何在事务处理中捕获异常呢?具体修改如下:

(1)修改@Transactional 注解。

需要将 TestServiceImpl 类中的@Transactional 注解修改为:

```
@Transactional(rollbackFor= {Exception.class})
//rollbackFor 指定回滚生效的异常类,多个异常类用逗号分隔
//noRollbackFor 指定回滚失效的异常类
```

(2) 在 catch 语句中添加"throw new RuntimeException();"语句。

注意:在实际工程应用中,经常在 catch 语句中添加"TransactionAspectSupport.currentTransactionStatus().setRollbackOnly();"语句。也就是说,不需要在@Transaction注解中添加 rollbackFor 属性。

扫一扫

自测题

1.7 本章小结

本章讲解了 Spring IoC、AOP、Bean 以及事务管理等基础知识,目的是让读者在学习Spring Boot 之前对 Spring 有简要的了解。

习 题 1

1. Spring 的核心容器由哪些模块组成?

2. 如何找到 Spring 框架的官方 API?

3. 什么是 Spring IoC? 什么是依赖注入?

4. 在 Java 配置类中如何开启 Spring 对 AspectJ 的支持? 又如何开启 Spring 对声明式事务的支持?

5. 什么是 Spring AOP? 它与 OOP 是什么关系?

第 2 章 Spring MVC 基础

学习目的与要求

本章重点讲解 Spring MVC 的工作原理、控制器以及数据交互。通过本章的学习,读者应该了解 Spring MVC 的工作原理,掌握 Spring MVC 应用的开发步骤。

本章主要内容

- Spring MVC 的工作原理
- Spring MVC 的工作环境
- 基于注解的控制器
- JSON 数据交互
- Spring MVC 的基本配置

MVC 思想将一个应用分成 3 个基本部分:Model(模型)、View(视图)和 Controller(控制器),让这三部分以最低的耦合进行协同工作,从而提高应用的可扩展性及可维护性。Spring MVC 是一款优秀的基于 MVC 思想的应用框架,它是 Spring 提供的一个实现了 Web MVC 设计模式的轻量级 Web 框架。

2.1 Spring MVC 的工作原理

Spring MVC 框架是高度可配置的,包含多种视图技术,如 JSP 技术、Velocity、Tiles、iText 和 POI。Spring MVC 框架并不关心使用的视图技术,也不会强迫开发者只使用 JSP 技术,本章使用的视图是 JSP。

Spring MVC 框架主要由 DispatcherServlet、处理器映射、控制器、视图解析器、视图组成,其工作原理如图 2.1 所示。

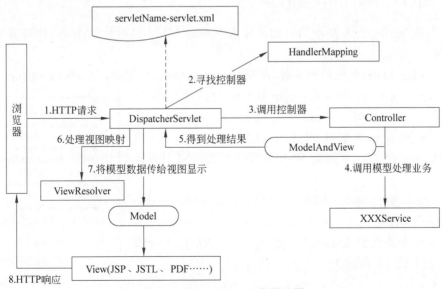

图 2.1　Spring MVC 工作原理图

从图 2.1 可以总结出 Spring MVC 的工作流程如下：

（1）将客户端请求提交到 DispatcherServlet。

（2）由 DispatcherServlet 控制器寻找一个或多个 HandlerMapping，找到处理请求的 Controller。

（3）DispatcherServlet 将请求提交到 Controller。

（4）Controller 调用业务逻辑处理后，返回 ModelAndView。

（5）DispatcherServlet 寻找一个或多个 ViewResolver 视图解析器，找到 ModelAndView 指定的视图。

（6）视图负责将结果显示到客户端。

在图 2.1 中包含 4 个 Spring MVC 接口：DispatcherServlet、HandlerMapping、Controller 和 ViewResolver。

Spring MVC 所有的请求都经过 DispatcherServlet 统一分发。DispatcherServlet 在将请求分发给 Controller 之前，需要借助于 Spring MVC 提供的 HandlerMapping 定位到具体的 Controller。

HandlerMapping 接口负责完成客户请求到 Controller 的映射。

Controller 接口将处理用户请求，这和 Java Servlet 扮演的角色是一致的。一旦 Controller 处理完用户请求，则返回 ModelAndView 对象给 DispatcherServlet 前端控制器，在 ModelAndView 中包含了模型（Model）和视图（View）。从宏观角度考虑，DispatcherServlet 是整个 Web 应用的控制器；从微观角度考虑，Controller 是单个 HTTP 请求处理过程中的控制器，而 ModelAndView 是 HTTP 请求过程中返回的模型（Model）和视图（View）。

ViewResolver 接口（视图解析器）在 Web 应用中负责查找 View 对象，从而将相应结果渲染给客户。

扫一扫

视频讲解

2.2 Spring MVC 的工作环境

▶2.2.1 Spring MVC 所需要的 JAR 包

在第 1 章 Spring 开发环境的基础上导入 Spring MVC 的相关 JAR 包，即可开发 Spring MVC 应用。

对于 Spring MVC 框架的初学者，在开发 Spring MVC 应用时，只需要将 Spring 的 4 个基础 JAR 包、Spring Commons Logging Bridge 对应的 JAR 包 spring-jcl-6.0.0.jar、AOP 实现的 JAR 包 spring-aop-6.0.0.jar 以及两个与 Web 相关的 JAR 包 spring-web-6.0.0.jar 和 spring-webmvc-6.0.0.jar 复制到 Web 应用的 WEB-INF/lib 目录下即可。

在 Tomcat 10 运行 Spring MVC 6.0 应用时，DispatcherServlet 接口依赖性能监控的 micrometer-observation 和 micrometer-commons 两个包进行请求分发。因此，Spring MVC 应用所添加的 JAR 包如图 2.2 所示。

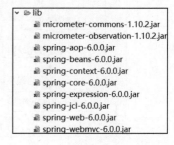

图 2.2　Spring MVC 应用所添加的 JAR 包

▶2.2.2　使用 Eclipse 开发 Spring MVC 的 Web 应用

本节通过一个实例演示 Spring MVC 入门程序的实现过程。

【例 2-1】　Spring MVC 入门程序的实现过程。

其具体实现步骤如下。

❶ 创建 Web 应用 ch2_1 并导入 JAR 包

创建 Web 应用 ch2_1,导入如图 2.2 所示的 JAR 包。

❷ 在 web.xml 文件中部署 DispatcherServlet

在开发 Spring MVC 应用时,需要在 web.xml 中部署 DispatcherServlet,代码如下:

```xml
<?xml version="1.0" encoding="UTF-8"?>
<web-app xmlns:xsi="http://www.w3.org/2001/XMLSchema-instance" xmlns="https://
jakarta.ee/xml/ns/jakartaee" xmlns: web =" http://xmlns. jcp. org/xml/ns/javaee"
xsi: schemaLocation =" https://jakarta. ee/xml/ns/jakartaee https://jakarta. ee/
xml/ns/jakartaee/web-app_5_0.xsd" id="WebApp_ID" version="5.0">
  <display-name>ch2_1</display-name>
  <welcome-file-list>
    <welcome-file>index.html</welcome-file>
    <welcome-file>index.jsp</welcome-file>
    <welcome-file>index.htm</welcome-file>
    <welcome-file>default.html</welcome-file>
    <welcome-file>default.jsp</welcome-file>
    <welcome-file>default.htm</welcome-file>
  </welcome-file-list>
      <!--部署 DispatcherServlet -->
    <servlet>
      <servlet-name>springmvc</servlet-name>
      <servlet-class>org.springframework.web.servlet.DispatcherServlet
      </servlet-class>
      <!-- 表示容器在启动时立即加载 servlet -->
      <load-on-startup>1</load-on-startup>
    </servlet>
    <servlet-mapping>
      <servlet-name>springmvc</servlet-name>
      <!-- 处理所有 URL -->
      <url-pattern>/</url-pattern>
    </servlet-mapping>
</web-app>
```

上述 DispatcherServlet 的 servlet 对象 springmvc 初始化时,将在应用程序的 WEB-INF 目录下查找一个配置文件,该配置文件的命名规则是"servletName-servlet. xml",例如 springmvc-servlet.xml。

❸ 创建 Web 应用的首页

在 ch2_1 应用的 src/main/webapp 目录下创建应用的首页 index.jsp。index.jsp 的代码如下:

```jsp
<%@ page language="java" contentType="text/html; charset=UTF-8" pageEncoding=
"UTF-8"%>
<!DOCTYPE html>
<html>
<head>
<meta charset="UTF-8">
<title>Insert title here</title>
</head>
```

```
    <body>
        没注册的用户,请<a href="index/register">注册</a>! <br>
        已注册的用户,去<a href="index/login">登录</a>!
    </body>
    </html>
```

❹ 创建 Controller 类

在 ch2_1 应用的 src/main/java 目录下创建 controller 包,并在该包中创建基于注解的名为 IndexController 的控制器类,在该类中有两个处理请求方法,分别处理首页中的"注册"和"登录"超链接请求。

```
package controller;
import org.springframework.stereotype.Controller;
import org.springframework.web.bind.annotation.RequestMapping;
/**"@Controller"表示 IndexController 的实例是一个控制器
 * @Controller 相当于@Controller("indexController")
 * 或@Controller(value = "indexController")
 */
@Controller
@RequestMapping("/index")
public class IndexController {
    @RequestMapping("/login")
    public String login() {
        /**login 代表逻辑视图名称,需要根据 Spring MVC 配置文件中
         * internalResourceViewResolver 的前缀和后缀找到对应的物理视图
         */
        return "login";
    }
    @RequestMapping("/register")
    public String register() {
        return "register";
    }
}
```

❺ 创建 Spring MVC 的配置文件

在 Spring MVC 中,使用扫描机制找到应用中所有基于注解的控制器类。所以,为了让控制器类被 Spring MVC 框架扫描到,需要在配置文件中声明 spring-context,并使用<context:component-scan/>元素指定控制器类的基本包(确保所有控制器类都在基本包及其子包下)。另外,需要在配置文件中定义 Spring MVC 的视图解析器(ViewResolver),示例代码如下:

```
<bean class="org.springframework.web.servlet.view.InternalResourceViewResolver"
        id="internalResourceViewResolver">
    <!-- 前缀 -->
    <property name="prefix" value="/WEB-INF/jsp/"/>
    <!-- 后缀 -->
    <property name="suffix" value=".jsp"/>
</bean>
```

上述视图解析器配置了前缀和后缀两个属性。因此,在控制器类中视图路径只需要提供 register 和 login,视图解析器将会自动添加前缀和后缀。

在 ch2_1 应用的 WEB-INF 目录下创建名为 springmvc-servlet.xml 的配置文件,其代码如下:

```
<?xml version="1.0" encoding="UTF-8"?>
<beans xmlns="http://www.springframework.org/schema/beans"
```

```
    xmlns:xsi="http://www.w3.org/2001/XMLSchema-instance"
    xmlns:context="http://www.springframework.org/schema/context"
    xmlns:mvc="http://www.springframework.org/schema/mvc"
    xsi:schemaLocation="
        http://www.springframework.org/schema/beans
        http://www.springframework.org/schema/beans/spring-beans.xsd
        http://www.springframework.org/schema/context
        http://www.springframework.org/schema/context/spring-context.xsd
        http://www.springframework.org/schema/mvc
        http://www.springframework.org/schema/mvc/spring-mvc.xsd">
<!-- 使用扫描机制,扫描控制器类 -->
<context:component-scan base-package="controller"/>
<mvc:annotation-driven/>
<!-- 使用 resources 过滤掉不需要 dispatcher servlet 的资源(即静态资源,如 CSS、JS、
HTML、图片)。在使用 resources 时必须使用 annotation-driven,否则 resources 元素会阻止任
意控制器被调用-->
<!-- 允许 css 目录下的所有文件可见 -->
<mvc:resources location="/css/" mapping="/css/**"></mvc:resources>
    <!-- 配置视图解析器 -->
    <bean class="org.springframework.web.servlet.view.InternalResourceViewResolver"
        id="internalResourceViewResolver">
    <!-- 前缀 -->
    <property name="prefix" value="/WEB-INF/jsp/"/>
    <!-- 后缀 -->
    <property name="suffix" value=".jsp"/>
    </bean>
</beans>
```

❻ 创建应用的其他页面

IndexController 控制器的 register 方法处理成功后,跳转到/WEB-INF/jsp/register.jsp 视图;IndexController 控制器的 login 方法处理成功后,跳转到/WEB-INF/jsp/login.jsp 视图。因此,在应用的/WEB-INF/jsp 目录下应该有 register.jsp 和 login.jsp 页面,对于这两个 JSP 页面的代码在此省略。

❼ 发布并运行 Spring MVC 应用

在 Eclipse 中第一次运行 Spring MVC 应用时,需要将应用发布到 Tomcat。例如,在运行 ch2_1 应用时,可以右击应用的名称 ch2_1,选择 Run As→Run on Server 命令,打开如图 2.3 所示的对话框,在该对话框中单击 Finish 按钮即完成发布并运行。

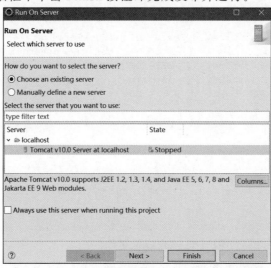

图 2.3　在 Eclipse 中发布并运行 Spring MVC 应用

▶ 2.2.3　基于 Java 配置的 Spring MVC 应用

在例 2-1 中,使用 web.xml 和 springmvc-servlet.xml 配置文件进行 Web 配置和 Spring MVC 配置,但 Spring Boot 推荐使用 Java 配置的方式进行项目配置,因此本节通过一个实例演示 Spring MVC 应用的 Java 配置。

【例 2-2】　Spring MVC 应用的 Java 配置。

其具体实现步骤如下。

❶ 创建 Web 应用 ch2_2 并导入 JAR 包

创建 Web 应用 ch2_2,导入如图 2.2 所示的 JAR 包。

❷ 复制 JSP 和 Java 文件

将 Web 应用 ch2_1 中的 JSP 和 Java 文件按照相同的目录复制到 ch2_2 应用中。

❸ 创建 Spring MVC 的 Java 配置(相当于 springmvc-servlet.xml 文件)

在 ch2_2 应用的 src/main/java 目录下创建名为 config 的包,并在该包中创建 Spring MVC 的 Java 配置类 SpringMVCConfig。在该配置类中使用@Configuration 注解声明该类为 Java 配置类;使用@EnableWebMvc 注解开启默认配置,如 ViewResolver;使用@ComponentScan 注解扫描注解的类;使用@Bean 注解配置视图解析器。该类需要实现 WebMvcConfigurer 接口配置 Spring MVC。具体代码如下:

```java
package config;
import org.springframework.context.annotation.Bean;
import org.springframework.context.annotation.ComponentScan;
import org.springframework.context.annotation.Configuration;
import org.springframework.web.servlet.config.annotation.EnableWebMvc;
import org.springframework.web.servlet.config.annotation.ResourceHandlerRegistry;
import org.springframework.web.servlet.config.annotation.WebMvcConfigurer;
import org.springframework.web.servlet.view.InternalResourceViewResolver;
@Configuration
@EnableWebMvc
@ComponentScan("controller")
public class SpringMVCConfig implements WebMvcConfigurer {
    /**
     * 配置视图解析器
     */
    @Bean
    public InternalResourceViewResolver getViewResolver() {
        InternalResourceViewResolver viewResolver = new InternalResourceViewResolver();
        viewResolver.setPrefix("/WEB-INF/jsp/");
        viewResolver.setSuffix(".jsp");
        return viewResolver;
    }
    /**
     * 配置静态资源
     */
    @Override
    public void addResourceHandlers(ResourceHandlerRegistry registry) {
        registry.addResourceHandler("/html/**").addResourceLocations("/html/");
    }
}
```

❹ 创建 Web 的 Java 配置(相当于 web.xml 文件)

在 ch2_2 应用的 config 包中创建 Web 的 Java 类 WebConfig。该类需要实现

WebApplicationInitializer 接口代替 web.xml 文件的配置。实现该接口将会自动启动 Servlet 容器。在 WebConfig 类中需要使用 AnnotationConfigWebApplicationContext 注册 Spring MVC 的 Java 配置类 SpringMVCConfig,并和当前 ServletContext 关联。最后,在该类中需要注册 Spring MVC 的 DispatcherServlet。具体代码如下:

```java
package config;
import jakarta.servlet.ServletContext;
import jakarta.servlet.ServletException;
import jakarta.servlet.ServletRegistration.Dynamic;
import org.springframework.web.WebApplicationInitializer;
import org.springframework.web.context.support.AnnotationConfigWebApplicationContext;
import org.springframework.web.servlet.DispatcherServlet;
public class WebConfig implements WebApplicationInitializer{
    @Override
    public void onStartup(ServletContext arg0) throws ServletException {
        AnnotationConfigWebApplicationContext ctx
        = new AnnotationConfigWebApplicationContext();
        ctx.register(SpringMVCConfig.class);
        //注册 Spring MVC 的 Java 配置类 SpringMVCConfig
        ctx.setServletContext(arg0);      //和当前 ServletContext 关联
        /**
         * 注册 Spring MVC 的 DispatcherServlet
         */
        Dynamic servlet = arg0.addServlet("dispatcher", new DispatcherServlet(ctx));
        servlet.addMapping("/");
        servlet.setLoadOnStartup(1);
    }
}
```

❺ 发布并运行 Spring MVC 应用

右击 ch2_2 应用,选择 Run As→Run on Server 命令发布并运行应用。

2.3　基于注解的控制器

在使用 Spring MVC 进行 Web 应用开发时,Controller 是 Web 应用的核心。Controller 实现类包含了对用户请求的处理逻辑,是用户请求和业务逻辑之间的"桥梁",是 Spring MVC 框架的核心部分,负责具体的业务逻辑处理。

▶2.3.1　Controller 注解类型

在 Spring MVC 中,使用 org.springframework.stereotype.Controller 注解类型声明某类的实例是一个控制器,例如 2.2.2 节中的 IndexController 控制器类。

> **注意**:在 Spring MVC 的配置文件中使用<context:component-scan/>元素(见例 2-1)或在 Spring MVC 配置类中使用@ComponentScan(见例 2-2)指定控制器类的基本包,进而扫描所有注解的控制器类。

▶2.3.2　RequestMapping 注解类型

在基于注解的控制器类中,可以为每个请求编写对应的处理方法。如何将请求与处理方法一一对应呢? 需要使用 org.springframework.web.bind.annotation.RequestMapping 注解类型。

❶ 方法级别注解

方法级别注解的示例代码如下：

```
package controller;
import org.springframework.stereotype.Controller;
import org.springframework.web.bind.annotation.RequestMapping;
@Controller
public class IndexController {
    @RequestMapping(value = "/index/login")
    public String login() {
        /**login 代表逻辑视图名称,需要根据 Spring MVC 配置中
         * internalResourceViewResolver 的前缀和后缀找到对应的物理视图
         * /
        return "login";
    }
    @RequestMapping(value = "/index/register")
    public String register() {
        return "register";
    }
}
```

在上述示例中有两个 RequestMapping 注解语句,它们都作用在处理方法上。注解的 value 属性将请求 URI 映射到方法,value 属性是 RequestMapping 注解的默认属性,如果只有一个 value 属性,则可以省略该属性。用户可以使用以下 URL 访问 login 方法(请求处理方法):

```
http://localhost:xxx/yyyy/index/login
```

❷ 类级别注解

类级别注解的示例代码如下：

```
package controller;
import org.springframework.stereotype.Controller;
import org.springframework.web.bind.annotation.RequestMapping;
@Controller
@RequestMapping("/index")
public class IndexController {
    @RequestMapping("/login")
    public String login() {
        return "login";
    }
    @RequestMapping("/register")
    public String register() {
        return "register";
    }
}
```

在类级别注解情况下,控制器类中的所有方法都将映射为类级别的请求。可以使用以下 URL 访问 login 方法：

```
http://localhost:xxx/yyy/index/login
```

为了方便程序的维护,建议开发者使用类级别注解,将相关处理放在同一个控制器类中,例如,对商品的增、删、改、查处理方法都可以放在一个名为 GoodsOperate 的控制器类中。

@RequestMapping 注解的 value 属性表示请求路径；method 属性表示请求方式。如果方法上的@RequestMapping 注解没有设置 method 属性,则 get 和 post 请求都可以访问；如果方法上的@RequestMapping 注解设置了 method 属性,则只能是相应的请求方式可以访问。

另外,@RequestMapping 还有特定 HTTP 请求方式的组合注解,具体如下。

1）@GetMapping

@GetMapping 相当于 @ RequestMapping（method ＝ RequestMethod. GET）,用于处理 get 请求。使用@RequestMapping 编写是 @RequestMapping（value ＝ "requestpath"，method ＝ RequestMethod. GET）;使用@GetMapping 可简写为@GetMapping （"requestpath"）。该注解通常在查询数据时使用。

2）@PostMapping

@PostMapping 相当于@RequestMapping（method ＝ HttpMethod. POST）,用于处理 post 请求。使用@RequestMapping 编写是@RequestMapping（value ＝ "requestpath"，method ＝ RequestMethod. POST）;使用@PostMapping 可简写为@PostMapping（"requestpath"）。该注解通常在新增数据时使用。

3）@PutMapping、@PatchMapping

@PutMapping、@PatchMapping 相当于 @ RequestMapping（method ＝ RequestMethod. PUT/PATCH）,用于处理 put 和 patch 请求。使用@RequestMapping 编写是@RequestMapping（value ＝ "requestpath"，method ＝ RequestMethod. PUT/PATCH）;使用 @ PutMapping 可简写为 @PutMapping（"requestpath"）。二者都是更新,@PutMapping 为全局更新,@PatchMapping 是对 put 方式的一种补充,put 是对整体的更新,patch 是对局部的更新。这两个注解通常在更新数据时使用。

4）@DeleteMapping

@DeleteMapping 相当于@RequestMapping（method ＝ RequestMethod. DELETE）,用于处理 delete 请求。使用@RequestMapping 编写是@RequestMapping（value ＝ "requestpath"，method ＝ RequestMethod. DELETE）;使用 @ PutMapping 可简写为 @ DeleteMapping（"requestpath"）。该注解通常在删除数据时使用。

▶ 2.3.3　编写请求处理方法

在控制器类中每个请求处理方法可以有多个不同类型的参数,以及一个多种类型的返回结果。

❶ 请求处理方法中常出现的参数类型

如果需要在请求处理方法中使用 Servlet API 类型,可以将这些类型作为请求处理方法的参数类型。Servlet API 参数类型的示例代码如下:

```java
package controller;
import jakarta.servlet.http.HttpServletRequest;
import jakarta.servlet.http.HttpSession;
import org.springframework.stereotype.Controller;
import org.springframework.web.bind.annotation.RequestMapping;
@Controller
@RequestMapping("/index")
public class IndexController {
    @RequestMapping("/login")
    public String login(HttpSession session, HttpServletRequest request) {
        session.setAttribute("skey", "session 范围的值");
        request.setAttribute("rkey", "request 范围的值");
        return "login";
    }
}
```

除了 Servlet API 参数类型外,还有输入/输出流、表单实体类、注解类型、与 Spring 框架
相关的类型等,这些类型将在后续章节中使用时详细介绍。这里特别重要的类型是 org.
springframework.ui.Model 类型,该类型是一个包含 Map 的 Spring 框架类型。当每次调用请
求处理方法时,Spring MVC 都将创建 org.springframework.ui.Model 对象。Model 参数类型
的示例代码如下:

```
package controller;
import org.springframework.stereotype.Controller;
import org.springframework.ui.Model;
import org.springframework.web.bind.annotation.RequestMapping;
@Controller
@RequestMapping("/index")
public class IndexController {
    @RequestMapping("/register")
    public String register(Model model) {
    /*在视图中可以使用EL表达式${success}取出model中的值,有关EL的相关知识请参考相
      关内容*/
        model.addAttribute("success", "注册成功");
        return "register";
    }
}
```

❷ 请求处理方法常见的返回类型

最常见的返回类型是代表逻辑视图名称的 String 类型,如前面章节中的请求处理方法。
除了 String 类型外,还有 Model、View 以及其他任意的 Java 类型。

▶2.3.4 Controller 接收请求参数的常见方式

Controller 接收请求参数的方式有很多种,有的适合 get 请求方式,有的适合 post 请求方
式,有的二者都适合。下面介绍几种常用的接收方式,读者可以根据实际情况进行选择。

❶ 通过实体 Bean 接收请求参数

通过一个实体 Bean 接收请求参数适用于 get 和 post 提交请求方式。需要注意的是,
Bean 的属性名称必须与请求参数名称相同。下面通过一个实例讲解如何通过实体 Bean 接收
请求参数。

【例 2-3】 通过实体 Bean 接收请求参数。

其具体实现步骤如下。

1）创建 Web 应用并导入 JAR 包

创建 Web 应用 ch2_3 除导入如图 2.2 所示的 JAR 包外,还需要导入用于增强 Java 性能
的 Lombok 插件的 JAR 包 lombok-1.18.24.jar。

2）创建视图文件

在 ch2_3 应用的/WEB-INF/jsp/目录下创建 register.jsp、login.jsp 和 main.jsp 文件,这里
省略 main.jsp 的代码。

register.jsp 的核心代码如下:

```
<body>
<form action="user/register" method="post" name="registForm">
    <table border=1>
        <tr>
            <td>姓名: </td>
```

```
                    <td>
                        <input type="text" name="uname" value="${user.uname}"/>
                    </td>
                </tr>
                <tr>
                    <td>密码: </td>
                    <td><input type="password" name="upass"/></td>
                </tr>
                <tr>
                    <td>确认密码: </td>
                    <td><input type="password" name="reupass"/></td>
                </tr>
                <tr>
                <td colspan="2" align="center">
                    <input type="submit" value="注册"/>
                </td>
                </tr>
            </table>
        </form>
</body>
```

login.jsp 的核心代码如下：

```
<body>
    <form action="user/login" method="post">
    <table>
        <tr>
            <td align="center" colspan="2">登录</td>
        </tr>
        <tr>
            <td>姓名: </td>
            <td><input type="text" name="uname"></td>
        </tr>
        <tr>
            <td>密码: </td>
            <td><input type="password" name="upass"></td>
        </tr>
        <tr>
            <td colspan="2">
                <input type="submit" value="提交">
                <input type="reset" value="重置">
            </td>
        </tr>
    </table>
    ${messageError}
    </form>
</body>
```

在 ch2_3 应用的 src/main/webapp/目录下创建 index.jsp 文件，核心代码如下：

```
<body>
    没注册的用户,请<a href="index/register">注册</a>！<br>
    已注册的用户,去<a href="index/login">登录</a>！
</body>
```

3）创建 POJO 实体类

在 ch2_3 应用的 src/main/java 目录下创建 pojo 包，并在该包中创建实体类 UserForm，代码如下：

```
package pojo;
import lombok.Data;
```

```
@Data
public class UserForm {
    private String uname;              //与请求参数名称相同
    private String upass;
    private String reupass;
}
```

4）创建控制器类

在 ch2_3 应用的 src/main/java 目录下创建 controller 包,并在该包中创建控制器类 UserController 和 IndexController。

IndexController 的代码如下:

```
package controller;
import org.springframework.stereotype.Controller;
import org.springframework.web.bind.annotation.GetMapping;
import org.springframework.web.bind.annotation.RequestMapping;
@Controller
@RequestMapping("/index")
public class IndexController {
    @GetMapping("/login")
    public String login() {
        return "login";
    }
    @GetMapping("/register")
    public String register() {
        return "register";
    }
}
```

UserController 的代码如下:

```
package controller;
import jakarta.servlet.http.HttpSession;
import org.apache.commons.logging.Log;
import org.apache.commons.logging.LogFactory;
import org.springframework.stereotype.Controller;
import org.springframework.ui.Model;
import org.springframework.web.bind.annotation.PostMapping;
import org.springframework.web.bind.annotation.RequestMapping;
import pojo.UserForm;
@Controller
@RequestMapping("/user")
public class UserController {
    //得到一个用来记录日志的对象,这样在打印信息时能够标记打印的是哪个类的信息
    private static final Log logger = LogFactory.getLog(UserController.class);
    /**
     * 处理登录
     * 使用 UserForm 对象(实体 Bean)user 接收登录页面提交的请求参数
     */
    @PostMapping("/login")
    public String login(UserForm user, HttpSession session, Model model) {
            if("zhangsan".equals(user.getUname())
                    && "123456".equals(user.getUpass())) {
                session.setAttribute("u", user);
                logger.info("成功");
                return "main";                //登录成功,跳转到 main.jsp
            }else{
                logger.info("失败");
                model.addAttribute("messageError", "用户名或密码错误");
```

```
        return "login";
    }
}

/**
 * 处理注册
 * 使用 UserForm 对象(实体 Bean)user 接收注册页面提交的请求参数
 */
@PostMapping("/register")
public String register(UserForm user, Model model) {
    if("zhangsan".equals(user.getUname())
            && "123456".equals(user.getUpass())) {
        logger.info("成功");
        return "login";          //注册成功,跳转到 login.jsp
    }else{
        logger.info("失败");
        //在 register.jsp 页面上可以使用 EL 表达式取出 model 的 uname 值
        model.addAttribute("uname", user.getUname());
        return "register";       //返回 register.jsp
    }
}
}
```

5）创建 Web 与 Spring MVC 的配置类

将例 2-2 中 Web 应用 ch2_2 的 Web 配置类 WebConfig 和 Spring MVC 配置类 SpringMVCConfig 复制到 ch2_3 应用的相同位置。

6）发布并运行应用

右击 ch2_3 应用,选择 Run As→Run on Server 命令发布并运行应用。

❷ 通过处理方法的形参接收请求参数

通过处理方法的形参接收请求参数,也就是直接把表单参数写在控制器类的相应方法的形参中,即形参名称与请求参数名称完全相同。该接收参数方式适用于 get 和 post 提交请求方式。可以将例 2-3 的控制器类 UserController 中 register 方法的代码修改如下:

```
@PostMapping("/register")
/**
 * 通过形参接收请求参数,形参名称与请求参数名称完全相同
 */
public String register(String uname, String upass, Model model) {
    if("zhangsan".equals(uname)
            && "123456".equals(upass)) {
        logger.info("成功");
        return "login";              //注册成功,跳转到 login.jsp
    }else{
        logger.info("失败");
        //在 register.jsp 页面上可以使用 EL 表达式取出 model 的 uname 值
        model.addAttribute("uname", uname);
        return "register";           //返回 register.jsp
    }
}
```

❸ 通过@RequestParam 接收请求参数

通过@RequestParam 接收请求参数方式适用于 get 和 post 提交请求方式。可以将例 2-3 的控制器类 UserController 中 register 方法的代码修改如下:

```
@PostMapping("/register")
/**
 * 通过@RequestParam 接收请求参数
 */
public String register(@RequestParam String uname, @RequestParam String upass,
Model model) {
    if("zhangsan".equals(uname)
            && "123456".equals(upass)) {
        logger.info("成功");
        return "login";          //注册成功,跳转到 login.jsp
    }else{
        logger.info("失败");
        //在 register.jsp 页面上可以使用 EL 表达式取出 model 的 uname 值
        model.addAttribute("uname", uname);
        return "register";       //返回 register.jsp
    }
}
```

通过@RequestParam 接收请求参数与通过处理方法的形参接收请求参数的区别是:当请求参数与接收参数名称不一致时,通过处理方法的形参接收请求参数不会报 400 错误,而通过@RequestParam 接收请求参数会报 400 错误。

❹ 通过@ModelAttribute 接收请求参数

@ModelAttribute 注解放在处理方法的形参上,用于将多个请求参数封装到一个实体对象,从而简化数据绑定的流程,而且自动暴露为模型数据,用于在视图页面展示时使用。通过实体 bean 接收请求参数只是将多个请求参数封装到一个实体对象,并不能暴露为模型数据,需要使用 model.addAttribute 语句才能暴露为模型数据。

通过@ModelAttribute 注解接收请求参数方式适用于 get 和 post 提交请求方式。可以将例 2-3 的控制器类 UserController 中 register 方法的代码修改如下:

```
@PostMapping("/register")
public String register(@ModelAttribute("user") UserForm user) {
    if("zhangsan".equals(user.getUname())
            && "123456".equals(user.getUpass())){
        logger.info("成功");
        return "login";              //注册成功,跳转到 login.jsp
    }else{
        logger.info("失败");
        //使用@ModelAttribute("user")与 model.addAttribute("user", user)的功能相同
        //在 register.jsp 页面上可以使用 EL 表达式${user.uname}取出 ModelAttribute 的
        //uname 值
        return "register";           //返回 register.jsp
    }
}
```

▶2.3.5 重定向与转发

重定向是将用户从当前处理请求定向到另一个视图(如 JSP)或处理请求,以前的请求(request)中存放的信息全部失效,并进入一个新的 request 作用域;转发是将用户对当前处理的请求转发给另一个视图或处理请求,以前的 request 中存放的信息不会失效。

转发是服务器行为;重定向是客户端行为。转发和重定向的具体工作流程如下。

转发过程:客户浏览器发送 HTTP 请求,Web 服务器接受此请求,调用内部的一个方法在容器内部完成请求处理和转发动作,将目标资源发送给客户。在这里,转发的路径必须是同

一个 Web 容器下的 URL,其不能转发到其他的 Web 路径上,中间传递的是自己容器内的
request。在客户浏览器的地址栏中显示的仍然是其第一次访问的路径,也就是说客户是感觉
不到服务器做了转发的。转发行为是浏览器只做了一次访问请求。

重定向过程:客户浏览器发送 HTTP 请求,Web 服务器接受后发送 302 状态码响应及对
应新的 location 给客户浏览器,客户浏览器发现是 302 响应,则自动再发送一个新的 HTTP
请求,请求 URL 是新的 location 地址,服务器根据此请求寻找资源并发送给客户。在这里
location 可以重定向到任意 URL,既然是浏览器重新发出了请求,就没有什么 request 传递的
概念了。在客户浏览器的地址栏中显示的是其重定向的路径,客户可以观察到地址的变化。
重定向行为是浏览器至少做了两次的访问请求。

在 Spring MVC 框架中,控制器类中处理方法的 return 语句默认就是转发实现,只不过实
现的是转发到视图。示例代码如下:

```
@RequestMapping("/register")
public String register() {
    return "register";//转发到 register.jsp
}
```

在 Spring MVC 框架中,重定向与转发的示例代码如下:

```
package controller;
import org.springframework.stereotype.Controller;
import org.springframework.web.bind.annotation.RequestMapping;
@Controller
@RequestMapping("/index")
public class IndexController {
    @RequestMapping("/login")
    public String login() {
        //转发到一个请求方法(同一个控制器类中,可省略/index/)
        return "forward:/index/isLogin";
    }
    @RequestMapping("/isLogin")
    public String isLogin() {
        //重定向到一个请求方法
        return "redirect:/index/isRegister";
    }
    @RequestMapping("/isRegister")
    public String isRegister() {
        //转发到一个视图
        return "register";
    }
}
```

在 Spring MVC 框架中,无论是重定向还是转发,都需要符合视图解析器的配置,如果直
接重定向到一个不需要 DispatcherServlet 的资源,例如:

```
return "redirect:/html/my.html";
```

在 Spring MVC 配置文件中,需要使用 mvc:resources 配置:

```
<mvc:resources location="/html/" mapping="/html/**"></mvc:resources>
```

在 Spring MVC 配置类中,需要实现 WebMvcConfigurer 的接口方法 public void
addResourceHandlers(ResourceHandlerRegistry registry),示例代码如下:

```
@Override
public void addResourceHandlers(ResourceHandlerRegistry registry) {
    registry.addResourceHandler("/html/**").addResourceLocations("/html/");
}
```

▶2.3.6 应用@Autowired 进行依赖注入

在前面学习的控制器中并没有体现 MVC 的 M 层,这是因为控制器既充当 C 层,又充当 M 层。这样设计程序的系统结构很不合理,应该将 M 层从控制器中分离出来。Spring MVC 框架本身就是一个非常优秀的 MVC 框架,它具有一个依赖注入的优点。可以通过 org.springframework.beans.factory.annotation.Autowired 注解类型将依赖注入一个属性(成员变量)或方法,例如:

```
@Autowired
public UserService userService;
```

在 Spring MVC 中,为了能被作为依赖注入,服务层的类必须使用 org.springframework.stereotype.Service 注解类型注明为@Service(一个服务)。另外,还需要在配置文件中使用 <context:component-scan base-package="基本包"/>元素或者在配置类中使用@ComponentScan ("基本包")扫描依赖基本包。下面将例 2-3 中 ch2_3 应用的"登录"和"注册"的业务逻辑处理分离出来,使用 Service 层实现。

首先,创建 service 包,在该包中创建 UserService 接口和 UserServiceImpl 实现类。UserService 接口的具体代码如下:

```
package service;
import pojo.UserForm;
public interface UserService {
    boolean login(UserForm user);
    boolean register(UserForm user);
}
```

UserServiceImpl 实现类的具体代码如下:

```
package service;
import org.springframework.stereotype.Service;
import pojo.UserForm;
//注解为一个服务
@Service
public class UserServiceImpl implements UserService{
    @Override
    public boolean login(UserForm user) {
        if("zhangsan".equals(user.getUname())
                && "123456".equals(user.getUpass()))
            return true;
        return false;
    }
    @Override
    public boolean register(UserForm user) {
        if("zhangsan".equals(user.getUname())
                && "123456".equals(user.getUpass()))
            return true;
        return false;
    }
}
```

其次,将配置类中的@ComponentScan("controller")修改如下:

```
@ComponentScan(basePackages = {"controller","service"})  //扫描基本包
```

最后,修改控制器类 UserController,核心代码如下:

```
@Controller
@RequestMapping("/user")
public class UserController {
    private static final Log logger = LogFactory.getLog(UserController.class);
    //将服务层依赖注入属性 userService
    @Autowired
     public UserService userService;
    /**
     * 处理登录
     */
    @PostMapping("/login")
    public String login(UserForm user, HttpSession session, Model model) {
        if(userService.login(user)){
            session.setAttribute("u", user);
            logger.info("成功");
            return "main";
        }else{
            logger.info("失败");
            model.addAttribute("messageError", "用户名或密码错误");
            return "login";
        }
    }
    /**
     * 处理注册
     */
    @PostMapping("/register")
    public String register(@ModelAttribute("user") UserForm user) {
        if(userService.register(user)){
            logger.info("成功");
            return "login";
        }else{
            logger.info("失败");
            return "register";
        }
    }
}
```

▶ 2.3.7　@ModelAttribute

通过 org.springframework.web.bind.annotation.ModelAttribute 注解类型可以实现以下两个功能。

❶ 绑定请求参数到实体对象(表单的命令对象)

该用法与 2.3.4 节中通过@ModelAttribute 接收请求参数一样:

```
@PostMapping("/register")
public String register(@ModelAttribute("user") UserForm user) {
    if("zhangsan".equals(user.getUname())
            && "123456".equals(user.getUpass())){
        return "login";
    }else{
        return "register";
    }
}
```

在上述代码中,"@ModelAttribute("user") UserForm user"语句的功能有两个:一是将请求参数的输入封装到 user 对象中;二是创建 UserForm 实例,以 user 为键值存储在 Model 对象中,与"model.addAttribute("user",user)"语句的功能一样。如果没有指定键值,即"@ModelAttribute UserForm user",那么在创建 UserForm 实例时,以 userForm 为键值存储在 Model 对象中,与"model.addAttribute("userForm",user)"语句的功能一样。

❷ 注解一个非请求处理方法

在控制器类中,被@ModelAttribute 注解的一个非请求处理方法,将在每次调用该控制器类的请求处理方法前被调用。这种特性可以用来控制登录权限,当然控制登录权限的方法有很多,例如拦截器、过滤器等。

使用该特性控制登录权限的示例代码如下:

```java
package controller;
import jakarta.servlet.http.HttpSession;
import org.springframework.web.bind.annotation.ModelAttribute;
public class BaseController {
    @ModelAttribute
    public void isLogin(HttpSession session) throws Exception {
        if(session.getAttribute("user") == null){
            throw new Exception("没有权限");
        }
    }
}
package controller;
import org.springframework.stereotype.Controller;
import org.springframework.web.bind.annotation.RequestMapping;
@Controller
@RequestMapping("/admin")
public class ModelAttributeController extends BaseController{
    @RequestMapping("/add")
    public String add(){
        return "addSuccess";
    }
    @RequestMapping("/update")
    public String update(){
        return "updateSuccess";
    }
    @RequestMapping("/delete")
    public String delete(){
        return "deleteSuccess";
    }
}
```

当上述 ModelAttributeController 类中的 add、update、delete 请求处理方法执行时,首先执行父类 BaseController 中的 isLogin 方法判断登录权限。

2.4 JSON 数据交互

Spring MVC 在数据绑定的过程中需要对传递数据的格式和类型进行转换,既可以转换 String 等类型的数据,也可以转换 JSON 等其他类型的数据。本节将针对 Spring MVC 中 JSON 类型数据的交互进行讲解。

▶2.4.1 JSON 数据结构

JSON(JavaScript Object Notation,JS 对象标记)是一种轻量级的数据交换格式。与

XML 一样,JSON 也是基于纯文本的数据格式,它有以下两种数据结构。

❶ 对象结构

对象结构以"{"开始,以"}"结束。中间部分由 0 个或多个以英文","分隔的 key-value 对构成,key 和 value 之间以英文":"分隔。对象结构的语法结构如下:

```
{
    key1:value1,
    key2:value2,
    …
}
```

其中,key 必须是 String 类型,value 可以是 String、Number、Object、Array 等数据类型。例如,一个 person 对象包含姓名、密码、年龄等信息,其 JSON 的表示形式如下:

```
{
    "pname":"陈恒",
    "password":"123456",
    "page":40
}
```

❷ 数组结构

数组结构以"["开始,以"]"结束。中间部分由 0 个或多个以英文","分隔的值的列表组成。数组结构的语法结构如下:

```
[
    value1,
    value2,
    …
]
```

上述两种(对象、数组)数据结构也可以分别组合构成更为复杂的数据结构。例如,一个 student 对象包含 sno、sname、hobby 和 college 对象,其 JSON 的表示形式如下:

```
{
    "sno":"201802228888",
    "sname":"陈恒",
    "hobby":["篮球","足球"],
    "college":{
        "cname":"清华大学",
        "city":"北京"
    }
}
```

▶2.4.2　JSON 数据转换

为了实现浏览器与控制器类之间的 JSON 数据交互,Spring MVC 提供了 MappingJackson2HttpMessageConverter 实现类默认处理 JSON 格式请求响应。该实现类使用 Jackson 开源包读/写 JSON 数据,将 Java 对象转换为 JSON 对象和 XML 文档,同时也可以将 JSON 对象和 XML 文档转换为 Java 对象。

Jackson 开源包及其描述如下。

● jackson-annotations.jar:JSON 转换的注解包。

● jackson-core.jar:JSON 转换的核心包。

● jackson-databind.jar:JSON 转换的数据绑定包。

在编写本书时,以上 3 个 Jackson 的开源包的最新版本是 2.14.1,读者可以通过下载得到。

在使用注解开发时,需要用到两个重要的 JSON 格式转换注解,分别是@RequestBody 和 @ResponseBody。

- @RequestBody:用于将请求体中的数据绑定到方法的形参中,该注解应用在方法的形参上。
- @ResponseBody:用于直接返回 JSON 对象,该注解应用在方法上。

下面通过一个实例演示 JSON 数据的交互过程。在该实例中针对返回实体对象、ArrayList 集合、Map<String,Object>集合以及 List<Map<String,Object>>集合分别处理。

【例 2-4】 JSON 数据的交互过程。

其具体实现步骤如下。

❶ 创建 Web 应用并导入相关的 JAR 包

创建 Web 应用 ch2_4,除导入 ch2_3 应用的 JAR 包外,还需要将与 JSON 相关的 3 个 JAR 包 jackson-annotations-2.14.1.jar、jackson-databind-2.14.1.jar 和 jackson-core-2.14.1.jar 复制到 ch2_4 的 WEB-INF/lib 目录中。

❷ 创建 Web 和 Spring MVC 配置类

在 ch2_4 应用的 src/main/java 目录下创建名为 config 的包,并在该包中创建 Web 配置类 WebConfig 和 Spring MVC 配置类 SpringMVCConfig。

WebConfig 的代码与 ch2_3 应用的相同,这里不再赘述。

在 SpringMVCConfig 配置类中需要配置静态资源,核心代码如下:

```
@Configuration
@EnableWebMvc
@ComponentScan("controller")
public class SpringMVCConfig implements WebMvcConfigurer {
    /**
     * 配置视图解析器
     */
    @Bean
    public InternalResourceViewResolver getViewResolver() {
        InternalResourceViewResolver viewResolver = new InternalResourceViewResolver();
        viewResolver.setPrefix("/WEB-INF/jsp/");
        viewResolver.setSuffix(".jsp");
        return viewResolver;
    }
    /**
     * 配置静态资源
     */
    @Override
    public void addResourceHandlers(ResourceHandlerRegistry registry) {
        registry.addResourceHandler("/js/**").addResourceLocations("/js/");
    }
}
```

❸ 创建 JSP 页面,并引入 jQuery

首先从 jQuery 官方网站下载 jQuery 插件 jquery-3.6.0.min.js,将其复制到 Web 项目开发目录的 src/main/webapp/js 下;然后在 JSP 页面中,通过<script type="text/javascript" src="js/jquery-3.6.0.min.js"></script>代码将 jQuery 引入当前页面。

在 ch2_4 应用的 src/main/webapp 目录下创建 JSP 文件 index.jsp,并在该页面中使用

Ajax 向控制器异步提交数据,代码如下:

```jsp
<%@ page language="java" contentType="text/html; charset=UTF-8" pageEncoding=
"UTF-8"%>
<%
String path = request.getContextPath();
String basePath = request.getScheme() +"://" + request.getServerName() +":" +
request.getServerPort()+path+"/";
%>
<!DOCTYPE html>
<html>
<head>
<base href="<%=basePath%>">
<meta charset="UTF-8">
<title>Insert title here</title>
<script type="text/javascript" src="js/jquery-3.6.0.min.js"></script>
<script type="text/javascript">
    function testJson() {
        //获取输入的值 pname 为 id
        var pname = $("#pname").val();
        var password = $("#password").val();
        var page = $("#page").val();
        $.ajax({
            //请求路径
            url: "testJson",
            //请求类型
            type: "post",
            //data 表示发送的数据
            data: JSON.stringify({pname:pname,password:password,page:page}),
            //定义发送请求的数据格式为 JSON 字符串
            contentType: "application/json;charset=UTF-8",
            //定义回调响应的数据格式为 JSON 字符串,该属性可以省略
            dataType: "json",
            //成功响应的结果
            success: function(data){
                if(data != null){
                    //返回一个 Person 对象
        //alert("输入的用户名:" +data.pname +",密码: " +data.password +",年龄: " +data.page);
                    //ArrayList<Person>对象
                    /**for(var i = 0; i < data.length; i++){
                        alert(data[i].pname);
                    }**/
                    //返回一个 Map<String, Object>对象
                    //alert(data.pname);        //pname 为 key
                    //返回一个 List<Map<String, Object>>对象
                    for(var i = 0; i < data.length; i++){
                        alert(data[i].pname);
                    }
                }
            }
        });
    }
</script>
</head>
<body>
    <form action="">
        用户名: <input type="text" name="pname" id="pname"/><br>
        密码: <input type="password" name="password" id="password"/><br>
```

```
年龄: <input type="text" name="page" id="page"/><br>
    <input type="button" value="测试" onclick="testJson()"/>
</form>
</body>
</html>
```

❹ 创建实体类

在 ch2_4 应用的 src/main/java 目录下创建名为 pojo 的包,并在该包中创建 Person 实体类,代码如下:

```
package pojo;
import lombok.Data;
@Data
public class Person {
    private String pname;
    private String password;
    private Integer page;
}
```

❺ 创建控制器类

在 ch2_4 应用的 src/main/java 目录下创建名为 controller 的包,并在该包中创建 TestController 控制器类,在处理方法中使用@ResponseBody 和@RequestBody 注解进行 JSON 数据交互,核心代码如下:

```
@Controller
public class TestController {
    /**
     * 接收页面请求的 JSON 数据,并返回 JSON 格式结果
     */
    @RequestMapping("/testJson")
    @ResponseBody
    public List<Map<String, Object>> testJson(@RequestBody Person user) {
        //打印接收的 JSON 格式数据
        System.out.println("pname=" + user.getPname() +
                ", password=" + user.getPassword() + ",page=" + user.getPage());
        //返回 Person 对象
        //return user;
        /**ArrayList<Person> allp = new ArrayList<Person>();
        Person p1 = new Person();
        p1.setPname("陈恒 1");
        p1.setPassword("123456");
        p1.setPage(80);
        allp.add(p1);
        Person p2 = new Person();
        p2.setPname("陈恒 2");
        p2.setPassword("78910");
        p2.setPage(90);
        allp.add(p2);
        //返回 ArrayList<Person>对象
        return allp;
        **/
        Map<String, Object> map = new HashMap<String, Object>();
        map.put("pname", "陈恒 2");
        map.put("password", "123456");
        map.put("page", 25);
        //返回一个 Map<String, Object>对象
        //return map;
```

```
        //返回一个 List<Map<String, Object>>对象
        List<Map<String, Object>> allp = new ArrayList<Map<String, Object>>();
        allp.add(map);
        Map<String, Object> map1 = new HashMap<String, Object>();
        map1.put("pname", "陈恒 3");
        map1.put("password", "54321");
        map1.put("page", 55);
        allp.add(map1);
        return allp;
    }
}
```

❻ 测试应用

右击 ch2_4 应用,选择 Run As→Run on Server 命令发布并运行应用。

2.5　Spring MVC 的基本配置

Spring MVC 的定制配置需要配置类实现 WebMvcConfigurer 接口,并在配置类中使用 @EnableWebMvc注解开启对 Spring MVC 的配置支持,这样开发者就可以重写接口方法完成常用的配置。

▶2.5.1　静态资源配置

应用的静态资源(如 CSS、JS、图片)等需要直接访问,这时需要开发者在配置类中重写 public void addResourceHandlers(ResourceHandlerRegistry registry)接口方法实现。配置示例代码如下:

```
@Configuration
@EnableWebMvc
@ComponentScan(basePackages = {"controller","service"})
public class SpringMVCConfig implements WebMvcConfigurer {
    /**
     * 配置静态资源
     */
    @Override
    public void addResourceHandlers(ResourceHandlerRegistry registry) {
        registry.addResourceHandler("/html/**").addResourceLocations("/html/");
        //addResourceHandler 指的是对外暴露的访问路径
        //addResourceLocations 指的是静态资源存放的位置
    }
}
```

根据上述配置,可以直接访问 Web 应用(如 ch2_3 应用)的/html/ 目录下的静态资源。假设静态资源如图 2.4 所示,可以通过 http:// localhost:8080/ch2_3/html/NewFile.html 直接访问静态资源文件 NewFile.html。

图 2.4　静态资源

▶2.5.2　拦截器配置

Spring 的拦截器(Interceptor)实现对每个请求处理前后进行相关的业务处理,类似于 Servlet 的过滤器(Filter)。开发者要自定义 Spring 的拦截器,可以通过以下两个步骤完成。

Spring Boot从入门到实战 第❷版●微课视频版

❶ 创建自定义拦截器类

自定义拦截器类需要实现 HandlerInterceptor 接口或继承 HandlerInterceptorAdapter 类,示例代码如下:

```
package interceptor;
import jakarta.servlet.http.HttpServletRequest;
import jakarta.servlet.http.HttpServletResponse;
import org.springframework.web.servlet.HandlerInterceptor;
import org.springframework.web.servlet.ModelAndView;
public class MyInterceptor implements HandlerInterceptor{
    /**
     * 重写 preHandle 方法,在请求发生前执行
     */
    @Override
    public boolean preHandle(HttpServletRequest request, HttpServletResponse response,
            Object handler) throws Exception {
        System.out.println("preHandle 方法在请求发生前执行");
        return true;
    }
    /**
     * 重写 postHandle 方法,在请求完成后执行
     */
    @Override
    public void postHandle(HttpServletRequest request, HttpServletResponse
            response, Object handler,ModelAndView modelAndView) throws Exception {
        System.out.println("postHandle 方法在请求完成后执行");
    }
}
```

❷ 配置拦截器

在配置类中,需要首先配置拦截器 Bean,然后重写 addInterceptors 方法,注册拦截器,示例代码如下:

```
@Configuration
@EnableWebMvc
@ComponentScan(basePackages = {"controller","service"})
public class SpringMVCConfig implements WebMvcConfigurer {
    /**
     * 配置拦截器 Bean
     */
    @Bean
    public MyInteceptor myInteceptor() {
        return new MyInteceptor();
    }
    /**
     * 重写 addInterceptors 方法,注册拦截器
     */
    @Override
    public void addInterceptors(InterceptorRegistry registry) {
        registry.addInterceptor(myInteceptor()).addPathPatterns("/api/**");
    }
}
```

▶2.5.3　文件上传配置

org.springframework.web.multipart.MultipartResolver 是一个解析包括文件上传在内的 multipart 请求接口。从 Spring 6.0 和 Servlet 5.0+ 开始,基于 Apache Commons FileUpload

组件的 MultipartResolver 接口实现类 CommonsMultipartResolver 被弃用,改用基于 Servlet 容器的 MultipartResolver 接口实现类 StandardServletMultipartResolver 进行 multipart 请求解析。

在 Spring MVC 框架中,上传文件时,将文件相关信息及操作封装到 MultipartFile 接口对象中。因此,开发者只需要使用 MultipartFile 类型声明模型类的一个属性,即可对被上传文件进行操作。该接口具有以下方法。

- byte[] getBytes():以字节数组的形式返回文件的内容。
- String getContentType():返回文件内容的类型。
- InputStream getInputStream():返回一个 InputStream,从中读取文件的内容。
- String getName():返回请求参数的名称。
- String getOriginalFilename():返回客户端提交的原始文件名称。
- long getSize():返回文件的大小,单位为字节。
- boolean isEmpty():判断被上传文件是否为空。
- void transferTo(File destination):将上传文件保存到目标目录下。

在 Spring MVC 应用中,上传文件时,需要完成以下 3 个配置或设置:

(1) 在 Spring MVC 配置文件中,使用 Spring 的 org.springframework.web.multipart.support. StandardServletMultipartResolver 类配置一个名为 multipartResolver(MultipartResolver 接口)的 Bean,用于文件的上传。

(2) 必须将文件上传表单的 method 设置为 post,并将 enctype 设置为 multipart/form-data。只有这样设置,浏览器才能将所选文件的二进制数据发送给服务器。

(3) 需要通过 Servlet 容器配置启用 Servlet multipart 请求解析。可以在 Web 配置类中的 Servlet 声明部分进行配置启用 Servlet multipart 请求解析。Web 配置类的示例代码如下:

```java
public class WebConfig implements WebApplicationInitializer{
    @Override
    public void onStartup(ServletContext arg0) throws ServletException {
        AnnotationConfigWebApplicationContext ctx
        = new AnnotationConfigWebApplicationContext();
        ctx.register(SpringMVCConfig.class);
        ctx.setServletContext(arg0);
        Dynamic servlet = arg0.addServlet("dispatcher", new DispatcherServlet(ctx));
        servlet.setMultipartConfig(getMultiPartConfig());
        servlet.addMapping("/");
        servlet.setLoadOnStartup(1);
    }
    private MultipartConfigElement getMultiPartConfig() {
        String location = "";
        long maxFileSize = 20848820;        //允许上传文件大小的最大值,默认为-1(不限制)
        long maxRequestSize = 418018841; //multipart/form-data 请求允许的最大值,默
                                          //认为-1(不限制)
        int fileSizeThreshold = 1048576; //文件将写入磁盘的阈值大小,默认为 0
        return new MultipartConfigElement(
            location,
            maxFileSize,
            maxRequestSize,
            fileSizeThreshold
        );
    }
}
```

下面通过一个实例讲解如何上传多个文件。

【例 2-5】 上传多个文件。

其具体实现步骤如下。

❶ 创建 Web 应用并导入相关的 JAR 包

创建 ch2_5 应用,并导入与 Spring MVC 相关的 JAR 包,包括 Spring 的 4 个基础 JAR 包、Spring Commons Logging Bridge 对应的 JAR 包 spring-jcl-6.0.0.jar、AOP 实现 JAR 包 spring-aop-6.0.0.jar、DispatcherServlet 接口所依赖的性能监控包 micrometer-observation.jar 和 micrometer-commons.jar、增强 Java 性能的 Lombok 插件的 JAR 包 lombok-1.18.24.jar,以及两个与 Web 相关的 JAR 包 spring-web-6.0.0.jar 和 spring-webmvc-6.0.0.jar。同时,本实例还使用 JSTL 标签展示页面,因此还需要从 Tomcat 的 webapps/examples/WEB-INF/lib 目录中将 JSTL 的相关 JAR 包复制到应用的 WEB-INF/lib 目录下。

❷ 创建多文件选择页面

在 ch2_5 应用的 src/main/webapp 目录下创建 JSP 页面 multiFiles.jsp,并在该页面中使用表单(enctype 属性值为 multipart/form-data)上传多个文件,具体代码如下:

```
<%@ page language="java" contentType="text/html; charset=UTF-8" pageEncoding=
"UTF-8"%>
<%
String path = request.getContextPath();
String basePath = request.getScheme() +"://" + request.getServerName() +":" +
request.getServerPort()+path+"/";
%>
<!DOCTYPE html>
<html>
<head>
<base href="<%=basePath%>">
<meta charset="UTF-8">
<title>Insert title here</title>
</head>
<body>
<form action="multifile" method="post" enctype="multipart/form-data">
    选择文件 1:<input type="file" name="myfile"> <br>
    文件描述 1:<input type="text" name="description"> <br>
    选择文件 2:<input type="file" name="myfile"> <br>
    文件描述 2:<input type="text" name="description"> <br>
    选择文件 3:<input type="file" name="myfile"> <br>
    文件描述 3:<input type="text" name="description"> <br>
<input type="submit" value="提交">
</form>
</body>
</html>
```

❸ 创建 POJO 类

在 ch2_5 应用的 src/main/java 目录下创建 pojo 包,并在该包中创建实体类 MultiFileDomain。在上传多文件时,需要用 POJO 类 MultiFileDomain 封装文件信息。MultiFileDomain 类的具体代码如下:

```
package pojo;
import java.util.List;
import org.springframework.web.multipart.MultipartFile;
import lombok.Data;
@Data
```

```
public class MultiFileDomain {
    private List<String> description;
    private List<MultipartFile> myfile;
}
```

❹ 创建控制器类

在 ch2_5 应用的 src/main/java 目录下创建 controller 包,并在该包中创建控制器类 MultiFilesController,具体代码如下:

```
package controller;
import java.io.File;
import java.util.List;
import jakarta.servlet.http.HttpServletRequest;
import org.apache.commons.logging.Log;
import org.apache.commons.logging.LogFactory;
import org.springframework.stereotype.Controller;
import org.springframework.web.bind.annotation.ModelAttribute;
import org.springframework.web.bind.annotation.RequestMapping;
import org.springframework.web.multipart.MultipartFile;
import pojo.MultiFileDomain;
@Controller
public class MultiFilesController {
    //得到一个用来记录日志的对象,这样在打印信息时能够标记打印的是哪个类的信息
    private static final Log logger = LogFactory.getLog(MultiFilesController.class);
    /**
     * 多文件上传
     */
    @RequestMapping("/multifile")
    public String multiFileUpload(@ModelAttribute MultiFileDomain multiFileDomain,
HttpServletRequest request) {
        String realpath = request.getServletContext().getRealPath("uploadfiles");
        //上传到 eclipse - workspace/.metadata/.plugins/org.eclipse.wst.server.
          core/tmp0/wtpwebapps/ch2_5/uploadfiles
        File targetDir = new File(realpath);
        if(!targetDir.exists()){
            targetDir.mkdirs();
        }
        List<MultipartFile> files = multiFileDomain.getMyfile();
        for(int i = 0; i < files.size(); i++) {
            MultipartFile file = files.get(i);
            String fileName = file.getOriginalFilename();
            File targetFile = new File(realpath,fileName);
            //上传
            try {
                file.transferTo(targetFile);
            } catch (Exception e) {
                e.printStackTrace();
            }
        }
        logger.info("成功");
        return "showMulti";
    }
}
```

❺ 创建 Web 与 Spring MVC 配置类

在 ch2_5 应用的 src/main/java 目录下创建名为 config 的包,并在该包中创建 Web 配置类 WebConfig 和 Spring MVC 配置类 SpringMVCConfig。

在 Web 配置类 WebConfig 中,通过 Servlet 容器配置启用 Servlet multipart 请求解析,核心代码见上述配置示例。

在 SpringMVCConfig 配置类中,需要配置 MultipartResolver 进行文件的上传,核心代码如下:

```
@Configuration
@EnableWebMvc
@ComponentScan(basePackages = {"controller"})
public class SpringMVCConfig implements WebMvcConfigurer {
    /**
     * 配置视图解析器
     */
    @Bean
    public InternalResourceViewResolver getViewResolver() {
        InternalResourceViewResolver viewResolver = new InternalResourceViewResolver();
        viewResolver.setPrefix("/WEB-INF/jsp/");
        viewResolver.setSuffix(".jsp");
        return viewResolver;
    }
    /**
     * MultipartResolver 配置
     */
    @Bean(name = "multipartResolver")
    public MultipartResolver multipartResolver() {
        StandardServletMultipartResolver multipartResolver = new
            StandardServletMultipartResolver();
        return multipartResolver;
    }
}
```

❻ 创建成功显示页面

在 ch2_5 应用的 WEB-INF/jsp 目录下创建多文件上传成功显示页面 showMulti.jsp,具体代码如下:

```
<%@ page language="java" contentType="text/html; charset=UTF-8" pageEncoding=
"UTF-8"%>
<%@ taglib uri="http://java.sun.com/jsp/jstl/core" prefix="c" %>
<%
String path = request.getContextPath();
String basePath = request.getScheme()+"://"+request.getServerName()+":"+
request.getServerPort()+path+"/";
%>
<!DOCTYPE html>
<html>
<head>
<base href="<%=basePath%>">
<meta charset="UTF-8">
<title>Insert title here</title>
</head>
<body>
    <table>
        <tr>
            <td>详情</td><td>文件名</td>
        </tr>
        <!-- 同时取两个数组的元素 -->
        <c:forEach items="${multiFileDomain.description}" var="description"
         varStatus="loop">
```

```
        <tr>
            <td>${description}</td>
            <td>${multiFileDomain.myfile[loop.count-1].originalFilename}</td>
        </tr>
    </c:forEach>
    <!-- fileDomain.getMyfile().getOriginalFilename() -->
    </table>
</body>
</html>
```

❼ 发布并运行应用

发布 ch2_5 应用到 Tomcat 服务器并启动 Tomcat 服务器。然后通过地址"http://localhost:8080/ch2_5/multiFiles.jsp"运行多文件选择页面,运行结果如图 2.5 所示。

图 2.5　多文件选择页面

在图 2.5 中选择文件,并输入文件描述,然后单击"提交"按钮上传多个文件,如果成功会显示如图 2.6 所示的结果。

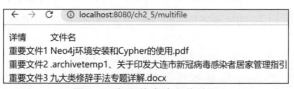

图 2.6　多文件成功上传结果

2.6　本章小结

本章简单介绍了 Spring MVC 框架基础,包括 Spring MVC 的工作流程、控制器、JSON 数据交互以及 Spring MVC 的基本配置等内容。第 1 章和本章只是简单介绍了 Spring 和 Spring MVC 的基础知识,对于它们的更多知识,请参考编者的另一本教程《Java EE 框架整合开发入门到实战——Spring+Spring MVC+MyBatis(第 2 版·微课视频版)》。

扫一扫

自测题

习题 2

1. 在开发 Spring MVC 应用时,如何配置 DispatcherServlet? 又如何配置 Spring MVC?

2. 简述 Spring MVC 的工作流程。

3. @ModelAttribute 可以实现哪些功能?

4. 在 Spring MVC 中,JSON 类型的数据如何交互? 请按照返回实体对象、ArrayList 集合、Map<String,Object>集合以及 List<Map<String,Object>>集合举例说明。

5. 在 Spring MVC 中,需要使用(　　　)注解将请求与处理方法一一对应。

A. @RequestMapping　　　B. @Controller　　　C. @RequestBody　　　D. @ResponseBody

第 3 章 　Spring Boot 入门

学习目的与要求

本章首先介绍什么是 Spring Boot,然后介绍 Spring Boot 应用的开发环境,最后介绍如何快速地构建一个 Spring Boot 应用。通过本章的学习,读者应该掌握如何构建 Spring Boot 应用的开发环境以及 Spring Boot 应用。

本章主要内容

- Spring Boot 概述
- 快速地构建 Spring Boot 应用

从前两章的学习可知,Spring 框架非常优秀,问题在于"配置过多",造成开发效率低、部署流程复杂以及集成难度大等问题。为了解决上述问题,Spring Boot 应运而生。在编写本书时,Spring Boot 的最新正式版本是 3.0.2,读者在测试本书示例代码时建议使用 3.0.2 或更高版本。

3.1　Spring Boot 概述

▶3.1.1　什么是 Spring Boot

Spring Boot 是由 Pivotal 团队提供的全新框架,其设计目的是简化新 Spring 应用的初始搭建以及开发过程。使用 Spring Boot 框架可以做到专注于 Spring 应用的开发,无须过多关注样板化的配置。

在 Spring Boot 框架中,使用"约定优于配置(Convention Over Configuration,COC)"的理念。针对企业应用开发,Spring Boot 提供了符合各种场景的 spring-boot-starter 自动配置依赖模块,这些模块都是基于"开箱即用"的原则,进而使企业应用开发更加快捷和高效。可以说,Spring Boot 是开发者和 Spring 框架的中间层,目的是帮助开发者管理应用的配置,提供应用开发中常见配置的默认处理(即约定优于配置),简化 Spring 应用的开发和运维,降低开发者对框架的关注度,使开发者把更多精力放在业务逻辑代码上。通过"约定优于配置"的原则,Spring Boot 致力于在蓬勃发展的快速应用开发领域成为领导者。

▶3.1.2　Spring Boot 的优点

Spring Boot 之所以能够应运而生,是因为它具有以下优点。

(1) 使编码变得简单:推荐使用注解。

(2) 使配置变得快捷:具有自动配置、快速构建项目、快速集成第三方技术的能力。

(3) 使部署变得简便:内嵌 Tomcat、Jetty 等 Web 容器。

(4) 使监控变得容易:自带项目监控。

▶3.1.3　Spring Boot 的主要特性

Spring Boot 的主要特性如下。

❶ 约定优于配置

Spring Boot 遵循"约定优于配置"的原则,只需要很少的配置,大多数情况直接使用默认配置即可。

❷ 独立运行的 Spring 应用

Spring Boot 可以以 JAR 包的形式独立运行。使用 java -jar 命令或者在项目的主程序中执行 main()方法运行 Spring Boot 应用(项目)。

❸ 内嵌 Web 容器

Spring Boot 可以选择内嵌 Tomcat、Jetty 等 Web 容器,无须以 WAR 包形式部署应用。

❹ 提供 starter 简化 Maven 配置

Spring Boot 提供了一系列的 starter pom 简化 Maven 的依赖加载,基本上可以做到自动化配置、高度封装、开箱即用。

❺ 自动配置 Spring

Spring Boot 根据项目依赖(在类路径中的 JAR 包、类)自动配置 Spring 框架,极大地减少了项目的配置。

❻ 提供准生产的应用监控

Spring Boot 提供了基于 HTTP、SSH、Telnet 对运行的项目进行跟踪监控。

❼ 无代码生成和 XML 配置

Spring Boot 不是借助于代码生成实现的,而是通过条件注解实现的,建议使用 Java 配置和注解配置相结合的配置方式,这样方便、快捷。

3.2 第一个 Spring Boot 应用

▶3.2.1 Maven 简介

Apache Maven 是一个软件项目管理工具。基于项目对象模型(Project Object Model,POM)的理念,通过一段核心描述信息管理项目构建、报告和文档信息。在 Java 项目中,Maven 主要完成两项工作:①统一开发规范与工具;②统一管理 JAR 包。

Maven 统一管理项目开发所需要的 JAR 包,这些 JAR 包不再包含在项目内(即不在 lib 目录下),而是存放于仓库中。仓库主要包括以下内容。

❶ 中央仓库

中央仓库存放开发过程中的所有 JAR 包,例如 JUnit,可以通过互联网下载,下载地址为 http://mvnrepository.com。

❷ 本地仓库

本地仓库指本地计算机中的仓库。下载 Maven 的本地仓库配置在"％MAVEN_HOME％\conf\settings.xml"文件中,找到 localRepository 即可。

Maven 项目首先从本地仓库中获取所需要的 JAR 包,当无法获取指定的 JAR 包时,本地仓库将从远程仓库(中央仓库)中下载 JAR 包,并存入本地仓库以备将来使用。

▶3.2.2 Maven 的 pom.xml

Maven 是基于项目对象模型的理念管理项目的,所以 Maven 的项目都有一个 pom.xml 配置文件管理项目的依赖以及项目的编译等功能。

在 Maven Web 项目中重点关注以下元素。

❶ properties 元素

在<properties></properties>之间可以定义变量,以便在

中引用,示例代码如下:

```
<properties>
    <!-- Spring 版本号 -->
    <spring.version>6.0.0</spring.version>
</properties>
<dependencies>
  <dependency>
     <groupId>org.springframework</groupId>
     <artifactId>spring-core</artifactId>
     <version>${spring.version}</version>
  </dependency>
</dependencies>
```

❷ dependencies 元素

元素包含多个项目依赖需要使用的元素。

❸ dependency 元素

在元素内部通过、、3个子元素确定唯一的依赖,也可以称为3个坐标。示例代码如下:

```
<dependency>
    <!--groupId 组织的唯一标识-->
    <groupId>org.springframework</groupId>
    <!--artifactId 项目的唯一标识-->
    <artifactId>spring-core</artifactId>
    <!--version 项目的版本号 -->
    <version>${spring.version}</version>
</dependency>
```

❹ scope 子元素

在元素中有时使用子元素管理依赖的部署。子元素可以使用以下5个值:

1) compile(编译范围)

compile 是默认值,即默认范围。如果依赖没有提供范围,那么该依赖的范围就是编译范围。编译范围的依赖在所有的 classpath 中可用,同时也会被打包发布。

2) provided(已提供范围)

provided 表示已提供范围,只有当 JDK 或者容器已提供该依赖时才可以使用。已提供范围的依赖不是传递性的,也不会被打包发布。

3) runtime(运行时范围)

runtime 在运行和测试系统时需要,但在编译时不需要。

4) test(测试范围)

test 在一般的编译和运行时都不需要,它们只有在测试编译和测试运行阶段可用。该依赖不会随项目发布。

5) system(系统范围)

system 范围与 provided 范围类似,但需要显式提供包含依赖的 JAR 包,Maven 不会在 Repository 中查找它。

▶3.2.3　使用 IntelliJ IDEA 快速构建 Spring Boot 应用

IntelliJ IDEA 简称 IDEA,是 Java 编程语言的集成开发环境。IDEA 被业界公认为较好

的 Java 开发工具,尤其在智能代码助手、代码自动提示、重构、Java EE 支持、各类版本工具
(Git、SVN 等)、JUnit、CVS 整合、代码分析、创新的 GUI 设计等方面的功能可以说是超常的。
用户可以登录官网,根据操作系统下载相应的 IntelliJ IDEA。本书使用的是 Windows
Ultimate 版 ideaIU-2022.2.1(内置 Java 运行环境 Open JDK)。

下面详细讲解如何使用 IDEA 集成开发工具快速构建一个 Spring Boot Web 应用,其具
体实现步骤如下。

❶ 新建 Spring Project

打开 IDEA,选择 File→New→Project 命令,打开 New Project 对话框。在该对话框的左
侧选择 Spring Initializr 选项,打开如图 3.1 所示的界面输入项目信息。

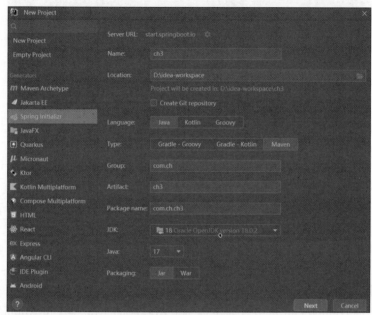

图 3.1 输入项目信息

❷ 选择项目依赖

在图 3.1 中输入项目信息后,单击 Next 按钮,打开如图 3.2 所示的选择项目依赖界面。
在图 3.2 中选择项目依赖(如 Spring Web)后,单击 Create 按钮,即可完成 Spring Boot Web 应
用的创建。

❸ 编写测试代码

在 ch3 应用的 src/main/java 目录下创建 com.ch.ch3.test 包,并在该包中创建 TestController
类,代码如下:

```
package com.ch.ch3.test;
import org.springframework.web.bind.annotation.GetMapping;
import org.springframework.web.bind.annotation.RestController;
@RestController
public class TestController {
    @GetMapping("/hello")
    public String hello() {
        return "您好,Spring Boot!";
    }
}
```

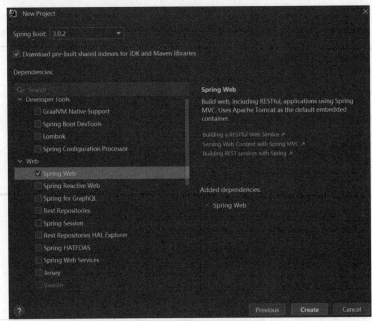

图 3.2 选择项目依赖

在上述代码中使用的@RestController 注解是一个组合注解,相当于 Spring MVC 中的 @Controller和@ResponseBody 注解的组合,具体应用如下:

(1) 如果只是使用@RestController 注解 Controller,则 Controller 中的方法无法返回 JSP、HTML 等视图,返回的内容就是 return 的内容。

(2) 如果需要返回到指定页面,则需要使用@Controller 注解。如果需要返回 JSON、XML 或自定义 mediaType 内容到页面,则需要在对应的方法上加上@ResponseBody 注解。

❹ 生成应用程序的 App 类

在 ch3 应用的 com.ch.ch3 包中自动生成了应用程序的 App 类 Ch3Application。这里省略 Ch3Application 的代码。

❺ 运行 main 方法启动 Spring Boot 应用

运行 Ch3Application 类的 main 方法,控制台信息如图 3.3 所示。

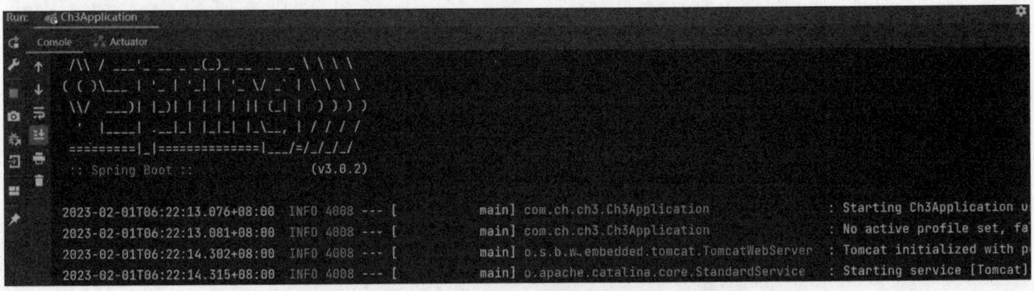

```
Run:    Ch3Application

  Console   Actuator

       /\\ / ___'_ __ _ _(_)_ __  __ _ \ \ \ \
      ( ( )\___ | '_ | '_| | '_ \/ _` | \ \ \ \
       \\/  ___)| |_)| | | | | || (_| |  ) ) ) )
        '  |____| .__|_| |_|_| |_\__, | / / / /
       =========|_|==============|___/=/_/_/_/
       :: Spring Boot ::                (v3.0.2)

  2023-02-01T06:22:13.076+08:00  INFO 4088 --- [        main] com.ch.ch3.Ch3Application           : Starting Ch3Application u
  2023-02-01T06:22:13.081+08:00  INFO 4088 --- [        main] com.ch.ch3.Ch3Application           : No active profile set, fa
  2023-02-01T06:22:14.302+08:00  INFO 4088 --- [        main] o.s.b.w.embedded.tomcat.TomcatWebServer : Tomcat initialized with p
  2023-02-01T06:22:14.315+08:00  INFO 4088 --- [        main] o.apache.catalina.core.StandardService  : Starting service [Tomcat]
```

图 3.3 启动 Spring Boot 应用后的控制台信息

从控制台信息可以看到 Tomcat 的启动过程、Spring MVC 的加载过程。

注意:Spring Boot 3.0 内嵌了 Tomcat 10,因此对于 Spring Boot 应用不需要开发者配置与启动 Tomcat。

❻ 测试 Spring Boot 应用

在启动 Spring Boot 应用后,默认访问地址为"http：//localhost：8080/",将项目路径直接
设为根路径,这是 Spring Boot 的默认设置。因此,可以通过
"http：//localhost：8080/hello"测 试 应 用(hello 与 测 试 类
TestController 中的@GetMapping("/hello")对应),测试效果如
图 3.4 所示。

图 3.4　访问 Spring Boot 应用

▶3.2.4　使用 Spring Tool Suite 快速构建 Spring Boot 应用

Spring Tool Suite(STS)是一个定制版的 Eclipse,专为 Spring 开发定制,方便创建、调试、运
行、维护 Spring 应用。通过该工具,可以很轻易地生成一个 Spring 工程,例如 Web 工程,最令人
兴奋的是工程中的配置文件都将自动生成,开发者再也不用关注配置文件的格式及各种配置了。
用户可以登录 Spring 官网"https：//spring.io/tools"下载 Spring Tools for Eclipse,本书使用
的版本是 spring-tool-suite-4-4.17.1.RELEASE-e4.26.0-win32.win32.x86_64.self-extracting.
jar(内置 Java 运行环境 Open JDK)。该版本与 Eclipse 一样,无须安装,解压即可使用。

下面详细讲解如何使用 STS 快速构建一个 Spring Boot 应用,其具体实现步骤如下。

❶ 新建 Spring Starter Project

选择 File→New→Spring Starter Project 命令,打开如图 3.5 所示的 New Spring Starter
Project 对话框。

图 3.5　New Spring Starter Project 对话框

❷ 选择项目依赖

在图 3.5 中输入项目信息后,单击 Next 按钮,打开如图 3.6 所示的 New Spring Starter
Project Dependencies 对话框,在其中选择项目依赖,如 Web。

单击图 3.6 中的 Finish 按钮,即可完成 Spring Boot Web 应用的创建。

❸ 编写测试代码

在 ch3 应用的 src/main/java 目录下创建 com.ch.ch3.test 包,并在该包中创建 TestController
类,代码与 3.2.3 节中相同,这里不再赘述。

❹ 生成应用程序的 App 类

在 ch3 应用的 com.ch.ch3 包中自动生成了应用程序的 App 类 Ch3Application。这里省
略 Ch3Application 的代码。

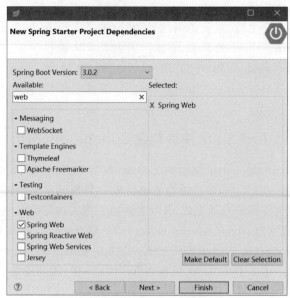

图 3.6　选择项目依赖

❺ 运行 main 方法启动 Spring Boot 应用

运行 Ch3Application 类的 main 方法,控制台信息如图 3.7 所示。

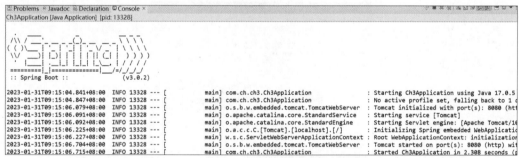

图 3.7　启动 Spring Boot 应用后的控制台信息

❻ 测试 Spring Boot 应用

在启动 Spring Boot 应用后,可以通过"http://localhost:8080/hello"测试应用。

3.3　本章小结

本章首先简单介绍了 Spring Boot 应运而生的缘由,然后演示了如何使用 IDEA 和 STS 快速构建 Spring Boot 应用。

IDEA 在业界被公认为较好的 Java 开发工具,本书后续章节都使用 IDEA 编写示例代码。如果开发者要构建 Spring Boot 应用,可以根据实际工程需要选择合适的 IDE。

扫一扫

自测题

习 题 3

1. Spring、Spring MVC、Spring Boot 三者有什么联系?为什么要学习 Spring Boot?

2. 在 IDEA 中如何快速构建 Spring Boot 的 Web 应用?

第4章 Spring Boot 核心

学习目的与要求

本章将详细介绍 Spring Boot 的核心注解、基本配置、自动配置原理以及条件注解。通过本章的学习，读者应该掌握 Spring Boot 的核心注解与基本配置，理解 Spring Boot 的自动配置原理与条件注解。

本章主要内容

- Spring Boot 的基本配置
- 读取应用配置
- Spring Boot 的自动配置原理
- Spring Boot 的条件注解

在 Spring Boot 产生之前，Spring 项目存在多个配置文件，例如 web. xml、application. xml，应用程序自身也需要多个配置文件，同时需要编写程序读取这些配置文件。现在 Spring Boot 简化了 Spring 项目配置的管理和读取，仅需要一个 application. properties 文件，并提供了多种读取配置文件的方式。本章将学习 Spring Boot 的基本配置与运行原理。

4.1 Spring Boot 的基本配置

▶4.1.1 启动类和核心注解@SpringBootApplication

Spring Boot 应用通常都有一个名为 * Application 的程序入口类，该入口类需要使用 Spring Boot 的核心注解@SpringBootApplication 标注为应用的启动类。另外，该入口类有一个标准的 Java 应用程序的 main 方法，在 main 方法中通过"SpringApplication.run(* Application.class，args);"启动 Spring Boot 应用。

Spring Boot 的核心注解 @ SpringBootApplication 是一个组合注解，主要组合了 @SpringBootConfiguration、@EnableAutoConfiguration 和@ComponentScan 注解。其源代码可以从 spring-boot-autoconfigure-x. y. z. jar 依赖包中查看 org/springframework/boot/autoconfigure/SpringBootApplication.java。

❶ @SpringBootConfiguration 注解

@SpringBootConfiguration 是 Spring Boot 应用的配置注解，该注解也是一个组合注解，源代码可以从 spring-boot-x.y.z.jar 依赖包中查看 org/springframework/boot/SpringBootConfiguration.java。在 Spring Boot 应用中推荐使用@SpringBootConfiguration 注解代替@Configuration 注解。

❷ @EnableAutoConfiguration 注解

@EnableAutoConfiguration 注解可以让 Spring Boot 根据当前应用项目所依赖的 JAR 包自动配置项目的相关配置。例如，在 Spring Boot 项目的 pom. xml 文件中添加了 spring-boot-starter-web 依赖，Spring Boot 项目会自动添加 Tomcat 和 Spring MVC 的依赖，同时对 Tomcat 和 Spring MVC 进行自动配置。打开 pom. xml 文件，单击窗口右侧的 Maven 即可查

看 spring-boot-starter-web 的相关依赖,如图 4.1 所示。

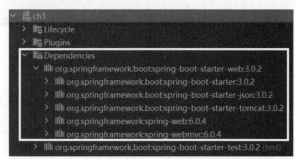

图 4.1 spring-boot-starter-web 的相关依赖

❸ @ComponentScan 注解

该注解的功能是让 Spring Boot 自动扫描@SpringBootApplication 所在类的同级包以及其子包中的配置,所以建议将@SpringBootApplication 注解的入口类放置在项目包中(Group Id+Artifact Id 组合的包名),并将用户自定义的程序放置在项目包及其子包中,这样可以保证 Spring Boot 自动扫描项目所有包中的配置。

▶ 4.1.2 Spring Boot 的全局配置文件

Spring Boot 的全局配置文件(application.properties 或 application.xml)位于 Spring Boot 应用的 src/main/resources 目录下。

❶ 设置端口号

全局配置文件主要用于修改项目的默认配置。例如,在 Spring Boot 应用 ch13_1 的 src/main/resources 目录下找到名为 application.properties 的全局配置文件,添加如下配置内容:

```
server.port=8888
```

可以将内嵌的 Tomcat 的默认端口改为 8888。

❷ 设置 Web 应用的上下文路径

如果开发者想设置一个 Web 应用程序的上下文路径,可以在 application.properties 文件中配置如下内容:

```
server.servlet.context-path=/XXX
```

这时应该通过"http://localhost:8080/XXX/testStarters"访问如下控制器类中的请求处理方法:

```
@GetMapping("/testStarters")
public String index() {
}
```

❸ 配置文件

在 Spring Boot 的全局配置文件中可以配置与修改多个参数,如果读者想了解参数的详细说明和描述,可以查看官方文档说明"https://docs.spring.io/spring-boot/docs/current/reference/htmlsingle/#appendix.application-properties"。

▶ 4.1.3 Spring Boot 的 Starters

Spring Boot 提供了许多简化企业级开发的"开箱即用"的 Starters。Spring Boot 项目只要使用所需要的 Starters，Spring Boot 即可自动关联项目开发所需的相关依赖。例如，在应用的 pom.xml 文件中添加如下依赖配置：

```
<dependency>
        <groupId>org.springframework.boot</groupId>
        <artifactId>spring-boot-starter-web</artifactId>
</dependency>
```

Spring Boot 将自动关联 Web 开发的相关依赖，如 Tomcat、spring-webmvc 等，进而对 Web 开发提供支持，并对相关技术实现自动配置。

通过访问"https://docs. spring. io/spring-boot/docs/current/reference/htmlsingle/ ♯using.build-systems.starters"官网，可以查看 Spring Boot 官方提供的 Starters。

除了 Spring Boot 官方提供的 Starters 外，用户还可以通过访问"https://github.com/ spring-projects/spring-boot/blob/master/spring-boot-project/spring-boot-starters/README.adoc" 网站查看第三方为 Spring Boot 贡献的 Starters。

4.2　读取应用配置

Spring Boot 提供了 3 种方式读取项目的 application.properties 配置文件的内容，分别是 Environment 类、@Value 注解以及@ConfigurationProperties 注解。

▶4.2.1　Environment

Environment 是一个通用的读取应用程序运行时的环境变量的类，可以通过 key-value 方式读取 application.properties、命令行输入参数、系统属性、操作系统环境变量等。下面通过一个实例演示如何使用 Environment 类读取 application.properties 配置文件的内容。

【例 4-1】　使用 Environment 类读取 application.properties 配置文件的内容。

其具体实现步骤如下。

❶ 创建 Spring Boot Web 应用 ch4

参考 3.2.3 节，使用 IDEA 快速创建 Spring Boot Web 应用 ch4，同时给 ch4 应用添加如图 4.2 所示的依赖。在 4.2.3 节中使用 @ ConfigurationProperties 注解读取配置时需要 Spring Configuration Processor 依赖。注意，在使用 Lombok 时需要事先给 IDEA 安装 Lombok 插件。

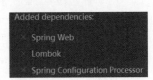

图 4.2　ch4 应用的依赖

❷ 添加配置文件内容

在 ch4 应用的 src/main/resources 目录下找到全局配置文件 application.properties，并添加如下内容：

```
test.msg=read config
```

❸ 创建控制器类 EnvReaderConfigController

在 ch4 应用的 src/main/java 目录下创建名为 com.ch.ch4.controller 的包（com.ch.ch4 包的子包，保障注解全部被扫描），并在该包下创建控制器类 EnvReaderConfigController。在控制器类 EnvReaderConfigController 中，使用@Autowired 注解依赖注入 Environment 类的对象，具体代码如下：

```
package com.ch.ch4.controller;
import org.springframework.beans.factory.annotation.Autowired;
import org.springframework.core.env.Environment;
import org.springframework.web.bind.annotation.GetMapping;
import org.springframework.web.bind.annotation.RestController;
@RestController
public class EnvReaderConfigController{
    @Autowired
    private Environment env;
    @GetMapping("/testEnv")
    public String testEnv() {
        return "方法一: " + env.getProperty("test.msg") ;
        //test.msg 为配置文件 application.properties 中的 key
    }
}
```

❹ 启动 Spring Boot 应用

运行 Ch4Application 类的 main 方法,启动 Spring Boot 应用。

❺ 测试应用

在启动 Spring Boot 应用后,默认访问地址为"http://localhost:8080/",将项目路径直接设为根路径,这是 Spring Boot 的默认设置。因此,可以通过"http://localhost:8080/testEnv"测试应用(testEnv 与控制器类 ReaderConfigController 中的@GetMapping("/testEnv")对应),测试效果如图 4.3 所示。

图 4.3 使用 Environment 类读取 application. properties 文件内容

▶4.2.2 @Value

使用@Value 注解读取配置文件内容的示例代码如下:

```
@Value("${test.msg}")    //test.msg 为配置文件 application.properties 中的 key
private String msg;       //通过@Value 注解将配置文件中 key 对应的 value 赋值给变量 msg
```

下面通过实例讲解如何使用@Value 注解读取配置文件内容。

【例 4-2】 使用@Value 注解读取配置文件内容。

其具体实现步骤如下。

❶ 创建控制器类 ValueReaderConfigController

在 ch4 应用的 com.ch.ch4.controller 包中创建名为 ValueReaderConfigController 的控制器类,在该控制器类中使用@Value 注解读取配置文件内容,具体代码如下:

```
package com.ch.ch4.controller;
import org.springframework.beans.factory.annotation.Value;
import org.springframework.web.bind.annotation.GetMapping;
import org.springframework.web.bind.annotation.RestController;
@RestController
public class ValueReaderConfigController {
    @Value("${test.msg}")
    private String msg;
    @GetMapping("/testValue")
    public String testValue() {
        return "方法二: " + msg ;
    }
}
```

❷ 启动并测试应用

首先运行 Ch4Application 类的 main 方法,启动 Spring Boot 应用,然后通过"http://localhost:8080/testValue"测试应用。

▶4.2.3　@ConfigurationProperties

使用@ConfigurationProperties 首先建立配置文件与对象的映射关系,然后在控制器方法中使用@Autowired 注解将对象注入。

下面通过实例讲解如何使用@ConfigurationProperties 读取配置文件内容。

【例 4-3】　使用@ConfigurationProperties 读取配置文件内容。

其具体实现步骤如下。

❶ 添加配置文件内容

在 ch4 项目的 src/main/resources 目录下找到全局配置文件 application.properties,并添加如下内容:

```
#nest Simple properties
obj.sname=chenheng
obj.sage=88
#List properties
obj.hobby[0]=running
obj.hobby[1]=basketball
#Map Properties
obj.city.cid=dl
obj.city.cname=dalian
```

❷ 建立配置文件与对象的映射关系

在 ch4 项目的 src/main/java 目录下创建名为 com.ch.ch4.model 的包,并在该包中创建实体类 StudentProperties,在该类中使用@ConfigurationProperties 注解建立配置文件与对象的映射关系,具体代码如下:

```
package com.ch.ch4.model;
import java.util.List;
import java.util.Map;
import org.springframework.boot.context.properties.ConfigurationProperties;
import org.springframework.stereotype.Component;
import lombok.Data;
@Component          //使用@Component 注解声明一个组件,被控制器依赖注入
@ConfigurationProperties(prefix = "obj")          //obj 为配置文件中 key 的前缀
@Data
public class StudentProperties {
    private String sname;
    private int sage;
    private List<String> hobby;
    private Map<String, String> city;
    @Override
    public String toString() {
        return "StudentProperties [sname=" + sname
            + ", sage=" + sage
            +  ", hobby0=" + hobby.get(0)
            + ", hobby1=" + hobby.get(1)
            + ", city=" + city +  "]";
    }
}
```

❸ 创建控制器类 ConfigurationPropertiesController

在 ch4 项目的 com.ch.ch4.controller 包中创建名为 ConfigurationPropertiesController 的控制器类,在该控制器类中使用@Autowired 注解依赖注入 StudentProperties 对象,具体代码如下:

```
package com.ch.ch4.controller;
import org.springframework.beans.factory.annotation.Autowired;
import org.springframework.web.bind.annotation.GetMapping;
import org.springframework.web.bind.annotation.RestController;
import com.ch.ch4.model.StudentProperties;
@RestController
public class ConfigurationPropertiesController {
    @Autowired
    StudentProperties studentProperties;
    @GetMapping("/testConfigurationProperties")
    public String testConfigurationProperties() {
        return studentProperties.toString();
    }
}
```

❹ 启动并测试应用

首先运行 Ch4Application 类的 main 方法,启动 Spring Boot 应用,然后通过"http://localhost:8080/testConfigurationProperties"测试应用。

▶4.2.4　@PropertySource

开发者希望读取项目的其他配置文件,而不是全局配置文件 application.properties,应该如何实现呢? 可以使用@PropertySource 注解找到项目的其他配置文件,然后结合 4.2.1~4.2.3 节中的任意一种方式读取。

下面通过实例讲解如何使用@PropertySource+@Value 读取其他配置文件内容。

【例 4-4】　使用@PropertySource+@Value 读取其他配置文件内容。

其具体实现步骤如下。

❶ 创建配置文件

在 ch4 项目的 src/main/resources 目录下创建配置文件 ok.properties 和 test.properties,并在 ok.properties 文件中添加如下内容:

```
your.msg=hello.
```

在 test.properties 文件中添加如下内容:

```
my.msg=test PropertySource
```

❷ 创建控制器类 PropertySourceValueReaderOtherController

在 ch4 项目的 com.ch.ch4.controller 包中创建名为 PropertySourceValueReaderOtherController 的控制器类。在该控制器类中,首先使用@PropertySource 注解找到其他配置文件,然后使用@Value 注解读取配置文件内容,具体代码如下:

```
package com.ch.ch4.controller;
import org.springframework.beans.factory.annotation.Value;
import org.springframework.context.annotation.PropertySource;
import org.springframework.web.bind.annotation.GetMapping;
import org.springframework.web.bind.annotation.RestController;
```

```
@RestController
@PropertySource({"test.properties","ok.properties"})
public class PropertySourceValueReaderOtherController {
    @Value("${my.msg}")
    private String mymsg;
    @Value("${your.msg}")
    private String yourmsg;
    @GetMapping("/testProperty")
    public String testProperty() {
        return "其他配置文件 test.properties: " + mymsg + "<br>"
            + "其他配置文件 ok.properties: " + yourmsg;
    }
}
```

❸ 启动并测试应用

首先运行 Ch4Application 类的 main 方法,启动 Spring Boot 应用,然后通过"http://localhost:8080/testProperty"测试应用,测试效果如图 4.4 所示。

图 4.4　读取其他配置文件内容

4.3　日志配置

在默认情况下,Spring Boot 项目使用 LogBack 实现日志,使用 apache Commons Logging 作为日志接口,因此日志的代码如下:

```
package com.ch.ch4.controller;
import org.apache.commons.logging.Log;
import org.apache.commons.logging.LogFactory;
import org.springframework.web.bind.annotation.GetMapping;
import org.springframework.web.bind.annotation.RestController;
@RestController
public class LogTestController {
    private Log log = LogFactory.getLog(LogTestController.class);
    @GetMapping("/testLog")
    public String testLog() {
        log.info("测试日志");
        return "测试日志";
    }
}
```

通过地址"http://localhost:8080/testLog"运行上述控制器类代码,可以在控制台输出如图 4.5 所示的日志。

```
Run:    Ch4Application
  Console    Actuator
    2023-02-01T06:48:17.006+08:00  INFO 17148 --- [nio-8080-exec-1] o.a.c.c.C.[Tomcat].[localhost].[/]    : Initial
    2023-02-01T06:48:17.006+08:00  INFO 17148 --- [nio-8080-exec-1] o.s.web.servlet.DispatcherServlet     : Initial
    2023-02-01T06:48:17.007+08:00  INFO 17148 --- [nio-8080-exec-1] o.s.web.servlet.DispatcherServlet     : Complet
    2023-02-01T06:48:17.031+08:00  INFO 17148 --- [nio-8080-exec-1] c.ch.ch4.controller.LogTestController : 测试日志
```

图 4.5　默认日志

日志级别有 error、warn、info、debug 和 trace。Spring Boot 默认的日志级别为 info,日志信息可以打印到控制台。开发者可以自己设定 Spring Boot 项目的日志输出级别,例如在

application.properties 配置文件中加入以下配置：

```
#设定日志的默认级别为 info
logging.level.root=info
#设定 org 包下日志的级别为 warn
logging.level.org=warn
#设定 com.ch.ch4 包下日志的级别为 debug
logging.level.com.ch.ch4=debug
```

Spring Boot 项目默认并没有输出日志到文件，但开发者可以在 application.properties 配置文件中指定日志输出到文件，配置示例如下：

```
logging.file=my.log
```

日志输出到 my.log 文件，该日志文件位于 Spring Boot 项目运行的当前目录(项目工程目录)下。开发者也可以指定日志文件目录，配置示例如下：

```
logging.file=C:/log/my.log
```

这样将在 C:/log 目录下生成一个名为 my.log 的日志文件。不管日志文件位于何处，当日志文件的大小达到 10MB 时将自动生成一个新日志文件。

Spring Boot 使用内置的 LogBack 支持对控制台日志输出和文件输出进行格式控制，例如开发者可以在 application.properties 配置文件中添加如下配置：

```
logging.pattern.console=%level %date{yyyy-MM-dd HH:mm:ss:SSS} %logger{50}.%M %L:%m%n
logging.pattern.file=%level %date{ISO8601} %logger{50}.%M %L:%m%n
```

logging.pattern.console：指定控制台日志格式。

logging.pattern.file：指定日志文件格式。

%level：指定输出日志级别。

%date：指定日志发生的时间。ISO8601 表示标准日期，相当于 yyyy-MM-dd HH:mm:ss:SSS。

%logger：指定输出 Logger 的名字，包名+类名，{n}限定了输出长度。

%M：指定日志发生时的方法名。

%L：指定日志调用时所在的代码行，适用于开发调试，在线上运行时不建议使用此参数，因为获取代码行对性能有消耗。

%m：表示日志消息。

%n：表示日志换行。

扫一扫

视频讲解

4.4 Spring Boot 的自动配置原理

从 4.1.1 节可知，Spring Boot 使用核心注解@SpringBootApplication 将一个带有 main 方法的类标注为应用的启动类。@SpringBootApplication 注解最主要的功能是为 Spring Boot 开启一个@EnableAutoConfiguration 注解的自动配置功能。

@EnableAutoConfiguration 注解主要使用一个类名为 AutoConfigurationImportSelector 的选择器向 Spring 容器自动配置一些组件。@EnableAutoConfiguration 注解的源代码可以从 spring-boot-autoconfigure-x.y.z.jar(org.springframework.boot.autoconfigure)依赖包中查看，核心代码如下：

```
@Import(AutoConfigurationImportSelector.class)
public @interface EnableAutoConfiguration {
String ENABLED_OVERRIDE_PROPERTY = "spring.boot.enableautoconfiguration";
    Class<?>[] exclude() default {};
    String[] excludeName() default {};
}
```

在 AutoConfigurationImportSelector(源代码位于 org.springframework.boot.autoconfigure 包)类中有一个名为 selectImports 的方法,该方法规定了向 Spring 容器自动配置的组件。selectImports 方法的代码如下:

```
@Override
public String[] selectImports(AnnotationMetadata annotationMetadata) {
    //判断@EnableAutoConfiguration 注解有没有开启,默认开启
    if(!isEnabled(annotationMetadata)) {
        return NO_IMPORTS;
    }
    //获得自动配置
    AutoConfigurationEntry autoConfigurationEntry =
        getAutoConfigurationEntry(annotationMetadata);
    return StringUtils.toStringArray(autoConfigurationEntry.getConfigurations());
}
```

在 selectImports 方法中调用 getAutoConfigurationEntry 方法获得自动配置。进入该方法,查看到的源代码如下:

```
protected AutoConfigurationEntry getAutoConfigurationEntry(AnnotationMetadata
annotationMetadata) {
    if(!isEnabled(annotationMetadata)) {
        return EMPTY_ENTRY;
    }
    AnnotationAttributes attributes = getAttributes(annotationMetadata);
    //获取自动配置数据
    List<String> configurations = getCandidateConfigurations
            (annotationMetadata, attributes);
    //去重
    configurations = removeDuplicates(configurations);
    //去除一些多余的类
    Set<String> exclusions = getExclusions(annotationMetadata, attributes);
    checkExcludedClasses(configurations, exclusions);
    configurations.removeAll(exclusions);
    //过滤掉一些条件没有满足的配置
    configurations = getConfigurationClassFilter().filter(configurations);
    fireAutoConfigurationImportEvents(configurations, exclusions);
    return new AutoConfigurationEntry(configurations, exclusions);
}
```

在 getAutoConfigurationEntry 方法中调用 getCandidateConfigurations 方法获取自动配置数据。进入该方法,查看到的源代码如下:

```
protected List<String> getCandidateConfigurations(AnnotationMetadata metadata,
AnnotationAttributes attributes) {
    List < String > configurations = ImportCandidates. load (AutoConfiguration.
class, getBeanClassLoader()).getCandidates();
    Assert.notEmpty(configurations, "No auto configuration classes found in "
            + " META - INF/spring/org. springframework. boot. autoconfigure.
            AutoConfiguration. imports. If you are using a custom packaging,
            make sure that file is correct.");
```

```
        return configurations;
    }
```

在 getCandidateConfigurations 方法中调用 ImportCandidates 类的静态方法 load。进入
该方法,查看到的源代码如下:

```
public static ImportCandidates load(Class<?> annotation, ClassLoader classLoader) {
    Assert.notNull(annotation, "'annotation' must not be null");
    ClassLoader classLoaderToUse = decideClassloader(classLoader);
    String location = String.format(LOCATION, annotation.getName());
    Enumeration<URL> urls = findUrlsInClasspath(classLoaderToUse, location);
    List<String> importCandidates = new ArrayList<>();
    while(urls.hasMoreElements()) {
        URL url = urls.nextElement();
        importCandidates.addAll(readCandidateConfigurations(url));
    }
    return new ImportCandidates(importCandidates);
}
```

在 load 方法中可以看到加载了一个字符串常量 LOCATION,该常量的源代码如下:

```
private static final String LOCATION = "META-INF/spring/%s.imports";
```

从上述源代码可以看出,Spring Boot 是通过加载所有(in multiple JAR files)META-
INF/spring/XXX.imports 配置文件进行自动配置的。所以,@SpringBootApplication 注解通
过使用@EnableAutoConfiguration 注解自动配置的原理是: 从 classpath 中搜索所有 META-
INF/spring/XXX.imports 配置文件,并将其中 org.springframework.boot.autoconfigure 对应
的配置项通过 Java 反射机制进行实例化,然后汇总并加载到 Spring 的 IoC 容器。

在 Spring Boot 项目的 Maven Dependencies 的 spring-boot-autoconfigure-x.y.z.jar 目录下,可
以找到 META-INF/spring/org.springframework.boot.autoconfigure.AutoConfiguration.imports
配置文件,该文件定义了许多自动配置。

4.5 Spring Boot 的条件注解

打开 META-INF/spring/org.springframework.boot.autoconfigure.AutoConfiguration.
imports 配置文件中的任意一个 AutoConfiguration,一般都可以找到条件注解。例如,打开
org.springframework.boot.autoconfigure.aop.AopAutoConfiguration 的源代码,可以看到
@ConditionalOnClass和@ConditionalOnProperty 等条件注解。

通过 org.springframework.boot.autoconfigure.aop.AopAutoConfiguration 的源代码可以
看出,Spring Boot 的自动配置是使用 Spring 的@Conditional 注解实现的。因此,本节将介绍
相关的条件注解,并讲述如何自定义 Spring 的条件注解。

▶4.5.1 条件注解

所谓 Spring 的条件注解,是应用程序的配置类在满足某些特定条件时才会自动启用此配
置类的配置项。Spring Boot 的条件注解位于 spring-boot-autoconfigure-x.y.z.jar 的 org.
springframework.boot.autoconfigure.condition 包下,具体如表 4.1 所示。

表 4.1　Spring Boot 的条件注解

注　解　名	条件实现类	条　　件
@ConditionalOnBean	OnBeanCondition	Spring 容器中存在指定的实例 Bean
@ConditionalOnClass	OnClassCondition	类加载器(类路径)中存在对应的类
@ConditionalOnCloudPlatform	OnCloudPlatformCondition	是否在云平台
@ConditionalOnExpression	OnExpressionCondition	判断 SpEL 表达式是否成立
@ConditionalOnJava	OnJavaCondition	指定 Java 版本是否符合要求
@ConditionalOnJndi	OnJndiCondition	在 JNDI(Java 命名和目录接口)存在的条件下查找指定的位置
@ConditionalOnMissingBean	OnBeanCondition	Spring 容器中不存在指定的实例 Bean
@ConditionalOnMissingClass	OnClassCondition	类加载器(类路径)中不存在对应的类
@ConditionalOnNotWebApplication	OnWebApplicationCondition	当前应用程序不是 Web 程序
@ConditionalOnProperty	OnPropertyCondition	应用环境中属性是否存在指定的值
@ConditionalOnResource	OnResourceCondition	是否存在指定的资源文件
@ConditionalOnSingleCandidate	OnBeanCondition	Spring 容器中是否存在且只存在一个对应的实例 Bean
@ConditionalOnWarDeployment	OnWarDeploymentCondition	当前应用程序是传统 WAR 部署
@ConditionalOnWebApplication	OnWebApplicationCondition	当前应用程序是 Web 程序

表 4.1 中的条件注解都组合了@Conditional 元注解,只是针对不同的条件去实现。

▶4.5.2　自定义条件

Spring 的@Conditional 注解根据满足某特定条件创建一个特定的 Bean。例如,当某 JAR 包在类路径下时自动配置多个 Bean。这就是根据特定条件控制 Bean 的创建行为,这样就可以使用这个特性进行一些自动配置。那么,开发者如何自己构造条件呢? 在 Spring 框架中,可以通过实现 Condition 接口并重写 matches 方法来构造条件。下面通过实例讲解条件的构造过程。

【例 4-5】　如果类路径 classpath(src/main/resources)下存在 test.properties 文件,则输出"test.properties 文件存在。",否则输出"test.properties 文件不存在!"。

其具体实现步骤如下。

❶ 构造条件

在 Spring Boot 应用 ch4 的 src/main/java 目录下创建 com.ch.ch4.conditional 包,并在该包中分别创建条件实现类 MyCondition(存在 test.properties 文件)和 YourCondition(不存在 test.properties 文件)。

MyCondition 的代码如下:

```
package com.ch.ch4.conditional;
import org.springframework.context.annotation.Condition;
import org.springframework.context.annotation.ConditionContext;
import org.springframework.core.type.AnnotatedTypeMetadata;
public class MyCondition implements Condition{
    @Override
    public boolean matches(ConditionContext context, AnnotatedTypeMetadata
metadata) {
```

```
            return  context. getResourceLoader ( ). getResource ( " classpath: test.
 properties").exists();
        }
  }
```

YourCondition 的代码如下：

```
package com.ch.ch4.conditional;
import org.springframework.context.annotation.Condition;
import org.springframework.context.annotation.ConditionContext;
import org.springframework.core.type.AnnotatedTypeMetadata;
public class YourCondition implements Condition{
    @Override
    public boolean matches(ConditionContext context, AnnotatedTypeMetadata
metadata) {
            return ! context. getResourceLoader ( ). getResource ( " classpath: test.
properties").exists();
    }
}
```

❷ 创建不同条件下 Bean 的类

在 com.ch.ch4.conditional 包中创建接口 MessagePrint，并分别创建该接口的实现类
MyMessagePrint 和 YourMessagePrint。

MessagePrint 的代码如下：

```
package com.ch.ch4.conditional;
public interface MessagePrint {
    public String showMessage();
}
```

MyMessagePrint 的代码如下：

```
package com.ch.ch4.conditional;
public class MyMessagePrint implements MessagePrint{
    @Override
    public String showMessage() {
        return "test.properties 文件存在。";
    }
}
```

YourMessagePrint 的代码如下：

```
package com.ch.ch4.conditional;
public class YourMessagePrint implements MessagePrint{
    @Override
    public String showMessage() {
        return "test.properties 文件不存在!";
    }
}
```

❸ 创建配置类

在 com.ch.ch4.conditional 包中创建配置类 ConditionConfig，并在该配置类中使用@Bean
和@Conditional 实例化符合条件的 Bean。

ConditionConfig 的代码如下：

```
package com.ch.ch4.conditional;
import org.springframework.context.annotation.Bean;
```

```
import org.springframework.context.annotation.Conditional;
import org.springframework.context.annotation.Configuration;
@Configuration
public class ConditionConfig {
    @Bean
    @Conditional(MyCondition.class)
    public MessagePrint myMessage() {
        return new MyMessagePrint();
    }
    @Bean
    @Conditional(YourCondition.class)
    public MessagePrint yourMessage() {
        return new YourMessagePrint();
    }
}
```

❹ 创建测试类

在 com.ch.ch4.conditional 包中创建测试类 TestMain,具体代码如下:

```
package com.ch.ch4.conditional;
import org.springframework.context.annotation.AnnotationConfigApplicationContext;
public class TestMain {
    private static AnnotationConfigApplicationContext context;
    public static void main(String[] args) {
        context = new AnnotationConfigApplicationContext(ConditionConfig.class);
        MessagePrint mp = context.getBean(MessagePrint.class);
        System.out.println(mp.showMessage());
    }
}
```

❺ 运行

当 Spring Boot 应用 ch4 的 src/main/resources 目录下存在 test.properties 文件时,运行测试类,结果如图 4.6 所示;当 Spring Boot 应用 ch4 的 src/main/resources 目录下不存在 test.properties 文件时,运行测试类,结果如图 4.7 所示。

图 4.6　存在 test.properties 文件

图 4.7　不存在 test.properties 文件

▶4.5.3　自定义 Starters

从 4.1.3 节可知,第三方为 Spring Boot 贡献了许多 Starters。那么作为开发者,是否也可以贡献自己的 Starters? 在学习 Spring Boot 的自动配置机制后,答案是肯定的。下面通过实例讲解如何自定义 Starters。

【例 4-6】　自定义一个 Starter(spring_boot_mystarters)。要求:当类路径中存在 MyService 类时,自动配置该类的 Bean,并可以将相应 Bean 的属性在 application.properties 中配置。

其具体实现步骤如下。

❶ 新建 Spring Boot 项目 spring_boot_mystarters

首先在 IntelliJ IDEA 中通过选择 File→New→Project 命令打开如图 4.8 所示的 New Project 对话框,然后在该对话框中输入项目名称 spring_boot_mystarters,接着单击 Next 按钮和 Create 按钮。

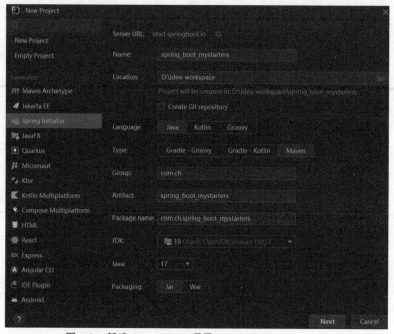

图 4.8　新建 Spring Boot 项目 spring_boot_mystarters

❷ 修改 POM 文件

修改 Spring Boot 项目 spring_boot_mystarters 的 POM 文件,增加 Spring Boot 自身的自动配置作为依赖。另外,在使用 @ConfigurationProperties 注解读取配置时需要 Spring Configuration Processor 依赖。因此,POM 文件的代码具体如下:

```xml
<?xml version="1.0" encoding="UTF-8"?>
<project xmlns="http://maven.apache.org/POM/4.0.0"
xmlns:xsi="http://www.w3.org/2001/XMLSchema-instance"
        xsi:schemaLocation="http://maven.apache.org/POM/4.0.0
https://maven.apache.org/xsd/maven-4.0.0.xsd">
    <modelVersion>4.0.0</modelVersion>
    <parent>
        <groupId>org.springframework.boot</groupId>
        <artifactId>spring-boot-starter-parent</artifactId>
        <version>3.0.2</version>
        <relativePath/> <!-- lookup parent from repository -->
    </parent>
    <groupId>com.ch</groupId>
    <artifactId>spring_boot_mystarters</artifactId>
    <version>0.0.1-SNAPSHOT</version>
    <name>spring_boot_mystarters</name>
    <description>spring_boot_mystarters</description>
    <properties>
        <java.version>17</java.version>
```

```
        </properties>
        <dependencies>
            <dependency>
                <groupId>org.springframework.boot</groupId>
                <artifactId>spring-boot-starter</artifactId>
            </dependency>
            <dependency>
                <groupId>org.springframework.boot</groupId>
                <artifactId>spring-boot-autoconfigure</artifactId>
            </dependency>
            <dependency>
                <groupId>org.springframework.boot</groupId>
                <artifactId>spring-boot-configuration-processor</artifactId>
                <optional>true</optional>
            </dependency>
            <dependency>
                <groupId>org.springframework.boot</groupId>
                <artifactId>spring-boot-starter-test</artifactId>
                <scope>test</scope>
            </dependency>
        </dependencies>
        <build>
            <plugins>
                <plugin>
                    <groupId>org.springframework.boot</groupId>
                    <artifactId>spring-boot-maven-plugin</artifactId>
                    <configuration>
                        <skip>true</skip>
                    </configuration>
                </plugin>
            </plugins>
        </build>
</project>
```

❸ 创建属性配置类 MyProperties

在 spring_boot_mystarters 项目的 com.ch.spring_boot_mystarters 包中创建属性配置类 MyProperties。在使用 spring_boot_mystarters 的 Spring Boot 项目的配置文件 application.properties 中，可以使用 my.msg＝设置属性，若不设置，my.msg 使用默认值。属性配置类 MyProperties 的代码如下：

```
package com.ch.spring_boot_mystarters;
import org.springframework.boot.context.properties.ConfigurationProperties;
//在 application.properties 中通过 my.msg=设置属性
@ConfigurationProperties(prefix="my")
public class MyProperties {
    private String msg = "默认值";
    public String getMsg() {
        return msg;
    }
    public void setMsg(String msg) {
        this.msg = msg;
    }
}
```

❹ 创建判断依据类 MyService

在 spring_boot_mystarters 项目的 com.ch.spring_boot_mystarters 包中创建判断依据类

MyService。本例自定义的 Starters 将根据该类存在与否来创建该类的 Bean,该类可以是第三方类库中的类。判断依据类 MyService 的代码如下:

```
package com.ch.spring_boot_mystarters;
public class MyService {
    private String msg;
    public String sayMsg() {
        return "my " + msg;
    }
    public String getMsg() {
        return msg;
    }
    public void setMsg(String msg) {
        this.msg = msg;
    }
}
```

❺ 创建自动配置类 MyAutoConfiguration

在 spring_boot_mystarters 项目的 com.ch.spring_boot_mystarters 包中创建自动配置类 MyAutoConfiguration。在该类中使用@EnableConfigurationProperties 注解开启属性配置类 MyProperties 提供参数;使用@ConditionalOnClass 注解判断类加载器(类路径)中是否存在 MyService 类;使用@ConditionalOnMissingBean 注解判断容器中是否存在 MyService 的 Bean,如果不存在,自动配置这个 Bean。自动配置类 MyAutoConfiguration 的代码如下:

```
package com.ch.spring_boot_mystarters;
import org.springframework.beans.factory.annotation.Autowired;
import org.springframework.boot.autoconfigure.condition.ConditionalOnClass;
import org.springframework.boot.autoconfigure.condition.ConditionalOnMissingBean;
import org.springframework.boot.autoconfigure.condition.ConditionalOnProperty;
import org.springframework.boot.context.properties.EnableConfigurationProperties;
import org.springframework.context.annotation.Bean;
import org.springframework.context.annotation.Configuration;
@Configuration
//开启属性配置类 MyProperties 提供参数
@EnableConfigurationProperties(MyProperties.class)
//类加载器(类路径)中是否存在对应的类
@ConditionalOnClass(MyService.class)
//应用环境中属性是否存在指定的值
@ConditionalOnProperty(prefix = "my", value = "enabled", matchIfMissing = true)
public class MyAutoConfiguration {
    @Autowired
    private MyProperties myProperties;
    @Bean
    //当容器中不存在 MyService 的 Bean 时,自动配置这个 Bean
    @ConditionalOnMissingBean(MyService.class)
    public MyService myService() {
        MyService myService = new MyService();
        myService.setMsg(myProperties.getMsg());
        return myService;
    }
}
```

❻ 注册配置

在 spring_boot_mystarters 项目的 src/main/resources 目录下新建文件夹 META-INF/

spring,并在该文件夹下创建名为 com.ch.spring_boot_mystarters.MyAutoConfiguration.imports 的文件。在 com.ch.spring_boot_mystarters.MyAutoConfiguration.imports 文件中添加如下内容注册自动配置类 MyAutoConfiguration:

```
com.ch.spring_boot_mystarters.MyAutoConfiguration
```

在上述文件内容中,若有多个自动配置类,换行即可配置另一个自动配置类。

至此,自定义 Starters(spring_boot_mystarters)已经完成,可以将 spring_boot_mystarters 安装到 Maven 的本地库,或者将 JAR 包发布到 Maven 的私有服务器上。

将 spring_boot_mystarters 安装到 Maven 的本地库的具体做法是:使用 IntelliJ IDEA 打开 spring_boot_mystarters 项目,进一步打开右侧的 Maven,双击 Lifecycle 中的 install,如图 4.9 所示。

图 4.9 将 spring_boot_mystarters 安装到 Maven 的本地库

在成功将 spring_boot_mystarters 安装到 Maven 的本地库后,在 spring_boot_mystarters 项目的 target 目录下可以看到 spring_boot_mystarters-0.0.1-SNAPSHOT.jar 文件生成。

下面讲解如何在另一个 Spring Boot 应用中使用 spring_boot_mystarters-0.0.1-SNAPSHOT.jar 作为项目依赖。

【例 4-7】 创建 Spring Boot 的 Web 应用 ch4_1,并在 ch4_1 中使用 spring_boot_mystarters 作为项目依赖。

其具体实现步骤如下。

❶ 创建 Spring Boot 的 Web 应用 ch4_1

使用 IntelliJ IDEA 快速创建 Spring Boot 的 Web 应用 ch4_1。

❷ 添加 spring_boot_mystarters 的依赖

在 Web 应用 ch4_1 的 pom.xml 文件中添加 spring_boot_mystarters 的依赖,代码如下:

```
<dependency>
    <groupId>com.ch</groupId>
    <artifactId>spring_boot_mystarters</artifactId>
    <version>0.0.1-SNAPSHOT</version>
</dependency>
```

在添加依赖后,可以在 Maven 的依赖中查看 spring_boot_mystarters 依赖,如图 4.10 所示。

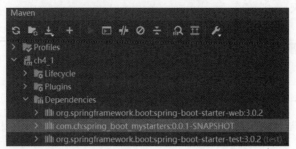

图 4.10　查看 spring_boot_mystarters 依赖

❸ 修改程序入口类 Ch41Application，测试 spring_boot_mystarters

Ch41Application 类修改后的代码如下：

```
package com.ch.ch4_1;
import com.ch.spring_boot_mystarters.MyService;
import org.springframework.beans.factory.annotation.Autowired;
import org.springframework.boot.SpringApplication;
import org.springframework.boot.autoconfigure.SpringBootApplication;
import org.springframework.web.bind.annotation.GetMapping;
import org.springframework.web.bind.annotation.RestController;
@RestController
//扫描 com.ch.spring_boot_mystarters 包
@SpringBootApplication(scanBasePackages = {"com.ch.spring_boot_mystarters"})
public class Ch41Application {
    @Autowired
    private MyService myService;
    public static void main(String[] args) {
        SpringApplication.run(Ch41Application.class, args);
    }
    @GetMapping("/testStarters")
    public String index() {
        return myService.sayMsg();
    }
}
```

运行 Ch41Application 应用程序，启动 Web 应用。通过访问"http://localhost：8080/testStarters"测试 spring_boot_mystarters，运行结果如图 4.11 所示。

这时，在 Web 应用 ch4_1 的 application.properties 文件中配置 msg 的内容：

```
my.msg=starter pom
```

然后运行 Ch41Application 应用程序，重新启动 Web 应用。再次访问"http://localhost：8080/testStarters"，运行结果如图 4.12 所示。

图 4.11　访问"http://localhost：8080/testStarters"

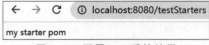

图 4.12　配置 msg 后的结果

另外，可以在 Web 应用 ch4_1 的 application.properties 文件中配置 debug 属性（debug＝true）。重新启动 Web 应用，可以在控制台中查看到如图 4.13 所示的自定义的自动配置。

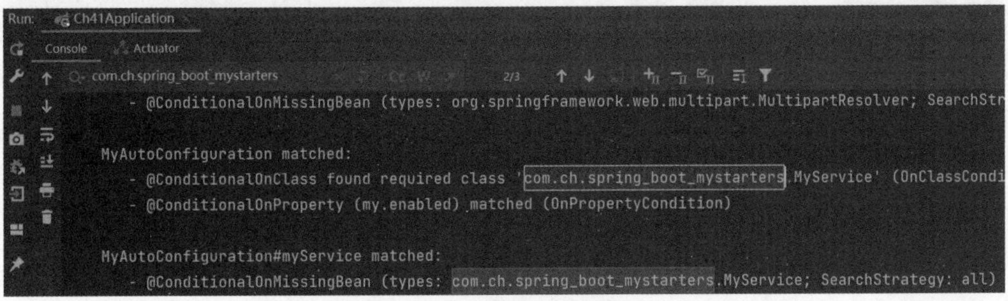

图 4.13　查看自动配置报告

4.6　本章小结

本章重点讲解了 Spring Boot 的基本配置、读取应用配置、日志配置、自动配置原理以及条件注解。通过本章的学习，读者应该掌握 Spring Boot 的核心注解@SpringBootApplication 的基本用法，理解 Spring Boot 的自动配置原理，了解 Spring Boot 的条件注解。重要的是，开发者可以使用 Spring Boot 的自动配置与条件注解贡献自己的 Starters。

扫一扫

自测题

习题 4

1. 如何读取 Spring Boot 项目的应用配置？请举例说明。

2. 参考例 4-5，编写 Spring Boot 应用程序 practice4_2。要求：以不同的操作系统作为条件，若在 Windows 操作系统下运行程序，则输出列表的命令为 dir；若在 Linux 操作系统下运行程序，则输出列表的命令为 ls。

3. 参考例 4-6 与例 4-7，自定义一个 Starter(spring_boot_addstarters)和创建 Spring Boot 的 Web 应用 practice4_2。在 practice4_2 中，使用 spring_boot_addstarters 计算两个整数的和，通过访问"http://localhost:8080/testAddStarters"返回两个整数的和。在 spring_boot_addstarters 中，首先创建属性配置类 AddProperties(有 Integer 类型的 number1 与 number2 两个属性)，在该属性配置类中使用@ConfigurationProperties(prefix="add")注解设置属性前缀为 add；然后创建判断依据类 AddService(有 Integer 类型的 number1 与 number2 两个属性)，在 AddService 类中提供 add 方法(计算 number1 与 number2 的和)；接着创建自动配置类 AddAutoConfiguration，当类路径中存在 AddService 类时，自动配置该类的 Bean，并可以将相应 Bean 的属性在 application.properties 中配置；最后注册自动配置类 AddAutoConfiguration。

学习目的与要求

本章首先介绍 Spring Boot 的 Web 开发支持,然后介绍 Thymeleaf 视图模板引擎技术,最后介绍 Spring Boot 的 Web 开发技术(JSON 数据交互、文件的上传与下载、异常统一处理以及对 JSP 的支持)。通过本章的学习,读者应该掌握 Spring Boot 的 Web 开发技术。

本章主要内容

- Thymeleaf 模板引擎
- 使用 Spring Boot 处理 JSON 数据
- Spring Boot 中文件的上传与下载
- Spring Boot 的异常处理
- Spring Boot 对 JSP 的支持

Web 开发是一种基于 B/S(即浏览器/服务器)架构的应用软件开发技术,分为前端(用户接口)和后端(业务逻辑和数据)。前端的可视化及用户交互由浏览器实现,即以浏览器作为客户端,实现客户与服务器远程的数据交互。Spring Boot 的 Web 开发内容主要包括内嵌 Servlet 容器和 Spring MVC。

5.1 Spring Boot 的 Web 开发支持

Spring Boot 提供了 spring-boot-starter-web 依赖模块,该依赖模块包含 Spring Boot 预定义的 Web 开发常用依赖包,为 Web 开发者提供内嵌的 Servlet 容器(Tomcat)以及 Spring MVC 的依赖。如果开发者希望开发 Spring Boot 的 Web 应用程序,可以在 Spring Boot 项目的 pom.xml 文件中添加如下依赖配置:

```xml
<dependency>
    <groupId>org.springframework.boot</groupId>
    <artifactId>spring-boot-starter-web</artifactId>
</dependency>
```

Spring Boot 将自动关联 Web 开发的相关依赖,如 Tomcat、spring-webmvc 等,进而对 Web 开发提供支持,并实现相关技术的自动配置。

另外,开发者也可以使用 IDEA 集成开发工具快速创建 Spring Initializr,在 New Project 对话框中添加 Spring Boot 的 Web 依赖。

5.2 Thymeleaf 模板引擎

在 Spring Boot 的 Web 应用中,建议开发者使用 HTML 开发动态页面。Spring Boot 提供了许多模板引擎,主要包括 FreeMarker、Groovy、Thymeleaf、Velocity 和 Mustache。因为 Thymeleaf 提供了完美的 Spring MVC 支持,所以在 Spring Boot 的 Web 应用中推荐使用 Thymeleaf 作为模板引擎。

Thymeleaf 是一个 Java 类库,是一个 XML/XHTML/HTML 5 的模板引擎,能够处理 HTML、XML、JavaScript 以及 CSS,可以作为 MVC Web 应用的 View 层显示数据。

▶5.2.1　Spring Boot 的 Thymeleaf 支持

在 Spring Boot 1.X 版本中,spring-boot-starter-thymeleaf 依赖包含了 spring-boot-starter-web 模块。但是,在 Spring 5 中,WebFlux 的出现对于 Web 应用的解决方案不再唯一,所以 spring-boot-starter-thymeleaf 依赖不再包含 spring-boot-starter-web 模块,需要开发者自己选择 spring-boot-starter-web 模块依赖。下面通过一个实例讲解如何创建基于 Thymeleaf 模板引擎的 Spring Boot Web 应用 ch5_1。

【例 5-1】　创建基于 Thymeleaf 模板引擎的 Spring Boot Web 应用 ch5_1。

其具体实现步骤如下。

❶ **创建基于 Thymeleaf 模板引擎的 Spring Boot Web 应用 ch5_1**

在 IDEA 中选择 File→New→Project 命令,打开 New Project 对话框;在 New Project 对话框中选择和输入相关信息,然后单击 Next 按钮,打开新的界面;在新的界面中选择 Thymeleaf、Lombok 和 Spring Web 依赖,单击 Create 按钮,即可创建 ch5_1 应用。

❷ **打开项目目录**

打开已经创建的基于 Thymeleaf 模板引擎的 Spring Boot Web 应用 ch5_1,如图 5.1 所示。

Thymeleaf 模板默认将 JS 脚本、CSS 样式、图片等静态文件放置在 src/main/resources/static 目录下,将视图页面放在 src/main/resources/templates 目录下。

图 5.1　基于 Thymeleaf 模板引擎的 **Spring Boot Web 应用 ch5_1**

❸ **设置 Web 应用 ch5_1 的上下文路径**

在 ch5_1 应用的 application.properties 文件中配置如下内容:

```
server.servlet.context-path=/ch5_1
```

❹ **创建控制器类**

创建一个名为 com.ch.ch5_1.controller 的包,并在该包中创建控制器类 TestThymeleafController,具体代码如下:

```
package com.ch.ch5_1.controller;
import org.springframework.stereotype.Controller;
import org.springframework.web.bind.annotation.GetMapping;
@Controller
public class TestThymeleafController {
    @GetMapping("/")
    public String test(){
        //根据 Thymeleaf 模板,默认返回 src/main/resources/templates/index.html
        return "index";
    }
}
```

❺ 新建 index.html 页面

在 src/main/resources/templates 目录下新建 index.html 页面,代码如下:

```
<!DOCTYPE html>
<html>
<head>
<meta charset="UTF-8">
<title>Insert title here</title>
</head>
<body>
测试 Spring Boot 的 Thymeleaf 支持
</body>
</html>
```

❻ 运行

首先运行 Ch51Application 主类,然后访问"http://localhost:8080/ch5_1/",运行结果如图 5.2 所示。

图 5.2 例 5-1 的运行结果

▶5.2.2 Thymeleaf 的基础语法

❶ 引入 Thymeleaf

首先将 View 层页面文件的 HTML 标签修改如下:

```
<html xmlns:th="http://www.thymeleaf.org">
```

然后在 View 层页面文件的其他标签中使用 th:* 动态处理页面,示例代码如下:

```
<img th:src="'images/' + ${aBook.picture}"/>
```

其中,$\{aBook.picture\}$获得数据对象 aBook 的 picture 属性。

❷ 输出内容

使用 th:text 和 th:utext(不对文本转义,正常输出)将文本内容输出到所在标签的 body 中。如果在国际化资源文件 messages_en_US.properties 中有消息文本"test.myText = Test International Message",那么在页面中可以使用如下两种方式获得消息文本:

```
<p th:text="#{test.myText}"></p>
<!-- 对文本转义,即输出<strong>Test International Message</strong> -->
<p th:utext="#{test.myText}"></p>
<!-- 对文本不转义,即输出加粗的"Test International Message" -->
```

❸ 基本表达式

1)变量表达式:$\{\cdots\}$

变量表达式用于访问容器上下文环境中的变量,示例代码如下:

```
<span th:text="${information}">
```

2)选择变量表达式:*$\{\cdots\}$

选择变量表达式计算的是选定的对象(th:object 属性绑定的对象),示例代码如下:

```
<div th:object="${session.user}">
    name: <span th: text="* {firstName}"></span><br>
    <!-- firstName 为 user 对象的属性-->
    surname: <span th: text="* {lastName}"></span><br>
    nationality: <span th: text="* {nationality}"></span><br>
</div>
```

3) 信息表达式: #{…}

信息表达式一般用于显示页面静态文本,将可能需要根据需求整体变动的静态文本放在 properties 文件中以便维护(如国际化),通常与 th:text 属性一起使用。示例代码如下:

```
<p th:text="#{test.myText}"></p>
```

❹ 引入 URL

Thymeleaf 模板通过@{…}表达式引入 URL,示例代码如下:

```
<!-- 默认访问 src/main/resources/static 下的 css 文件夹-->
<link rel="stylesheet" th:href="@{css/bootstrap.min.css}"/>
<!--访问相对路径-->
<a th:href="@{/}">去看看</a>
<!--访问绝对路径-->
<a th:href="@{http://www.tup.tsinghua.edu.cn/index.html(param1='传参')}">去清华
大学出版社</a>
<!-- 默认访问 src/main/resources/static 下的 images 文件夹-->
<img th:src="'images/' + ${aBook.picture}"/>
```

❺ 访问 WebContext 对象中的属性

Thymeleaf 模板通过一些专门的表达式从模板的 WebContext 获取请求参数、请求、会话和应用程序中的属性,具体如下。

- $\{xxx\}$:返回存储在 Thymeleaf 模板上下文中的变量 xxx 或请求 request 作用域中的属性 xxx。
- $\{param.xxx\}$:返回一个名为 xxx 的请求参数(可能是多个值)。
- $\{session.xxx\}$:返回一个名为 xxx 的 HttpSession 作用域中的属性。
- $\{application.xxx\}$:返回一个名为 xxx 的全局 ServletContext 上下文作用域中的属性。

与 EL 表达式一样,使用 $\{xxx\}$获得变量值,使用 $\{对象变量名.属性名\}$获取 JavaBean 属性值。需要注意的是,$\{\}$表达式只能在 th 标签内部有效。

❻ 运算符

在 Thymeleaf 模板的表达式中可以使用+、-、*、/、%等各种算术运算符,也可以使用>、<、<=、>=、==、!=等各种逻辑运算符。示例代码如下:

```
<tr th:class="(${row}== 'even')? 'even': 'odd'">…</tr>
```

❼ 条件判断

1) if 和 unless

只有在 th:if 条件成立时才显示标签内容;th:unless 与 th:if 相反,只有在条件不成立时才显示标签内容。示例代码如下:

```
<a href="success.html" th:if="${user != null}">成功</a>
<a href="success.html" th:unless="${user = null}">成功</a>
```

2）switch 语句

Thymeleaf 模板也支持多路选择 switch 语句结构，默认属性 default 可用"*"表示。示例代码如下：

```
<div th:switch="${user.role}">
    <p th:case="'admin'">User is an administrator</p>
    <p th:case="'teacher'">User is a teacher</p>
    <p th:case="*">User is a student</p>
</div>
```

❽ 循环

1）基本循环

Thymeleaf 模板使用 th:each="obj,iterStat:${objList}"标签进行迭代循环，迭代对象可以是 java.util.List、java.util.Map 或数组等。示例代码如下：

```
<!-- 循环取出集合数据 -->
<div class="col-md-4 col-sm-6" th:each="book:${books}">
    <a href="">
        <img th:src="'images/' + ${book.picture}" alt="图书封面" style="height:
180px; width: 40%;"/>
    </a>
    <div class="caption">
        <h4 th:text="${book.bname}"></h4>
        <p th:text="${book.author}"></p>
        <p th:text="${book.isbn}"></p>
        <p th:text="${book.price}"></p>
        <p th:text="${book.publishing}"></p>
    </div>
</div>
```

2）循环状态的使用

在 th:each 标签中可以使用循环状态变量，该变量有如下属性。

- index：当前迭代对象的 index（从 0 开始计数）。
- count：当前迭代对象的 index（从 1 开始计数）。
- size：迭代对象的大小。
- current：当前迭代变量。
- even/odd：布尔值，当前循环是否为偶数/奇数（从 0 开始计数）。
- first：布尔值，当前循环是否为第一个。
- last：布尔值，当前循环是否为最后一个。

使用循环状态变量的示例代码如下：

```
<!-- 循环取出集合数据 -->
<div class="col-md-4 col-sm-6" th:each="book,bookStat:${books}">
    <a href="">
        <img th:src="'images/' + ${book.picture}" alt="图书封面" style="height:
180px; width: 40%;"/>
    </a>
    <div class="caption">
        <!--循环状态 bookStat-->
        <h3 th:text="${bookStat.count}"></h3>
        <h4 th:text="${book.bname}"></h4>
        <p th:text="${book.author}"></p>
```

```
        <p th:text="${book.isbn}"></p>
        <p th:text="${book.price}"></p>
        <p th:text="${book.publishing}"></p>
    </div>
</div>
```

❾ 内置对象

在实际 Web 项目开发中经常传递列表、日期等数据,所以 Thymeleaf 模板提供了很多内置对象,可以通过♯直接访问。这些内置对象一般都以 s 结尾,如 dates、lists、numbers、strings 等。Thymeleaf 模板通过${♯⋯}表达式访问内置对象,常见的内置对象如下。

- ♯dates:日期格式化的内置对象,操作的方法是 java.util.Date 类的方法。
- ♯calendars:类似于♯dates,但操作的方法是 java.util.Calendar 类的方法。
- ♯numbers:数字格式化的内置对象。
- ♯strings:字符串格式化的内置对象,操作的方法参照 java.lang.String。
- ♯objects:参照 java.lang.Object。
- ♯bools:判断 boolean 类型的内置对象。
- ♯arrays:数组操作的内置对象。
- ♯lists:列表操作的内置对象,参照 java.util.List。
- ♯sets:Set 操作的内置对象,参照 java.util.Set。
- ♯maps:Map 操作的内置对象,参照 java.util.Map。
- ♯aggregates:创建数组或集合的聚合的内置对象。
- ♯messages:在变量表达式内部获取外部消息的内置对象。

例如,有如下控制器方法:

```
@GetMapping("/testObject")
public String testObject(Model model) {
    //系统时间 new Date()
    model.addAttribute("nowTime", new Date());
    //系统日历对象
    model.addAttribute("nowCalendar", Calendar.getInstance());
    //创建 BigDecimal 对象
    BigDecimal money = new BigDecimal(2019.613);
    model.addAttribute("myMoney", money);
    //字符串
    String tsts = "Test strings";
    model.addAttribute("str", tsts);
    //boolean 类型
    boolean b = false;
    model.addAttribute("bool", b);
    //数组(这里不能使用 int 定义数组)
    Integer aint[] = {1,2,3,4,5};
    model.addAttribute("mya", aint);
    //List 列表 1
    List<String> nameList1 = new ArrayList<String>();
    nameList1.add("陈恒 1");
    nameList1.add("陈恒 3");
    nameList1.add("陈恒 2");
    model.addAttribute("myList1", nameList1);
    //Set 集合
    Set<String> st = new HashSet<String>();
    st.add("set1");
```

```
        st.add("set2");
        model.addAttribute("mySet", st);
        //Map 集合
        Map<String, Object> map = new HashMap<String, Object>();
        map.put("key1", "value1");
        map.put("key2", "value2");
        model.addAttribute("myMap", map);
        //List 列表 2
        List<String> nameList2 = new ArrayList<String>();
        nameList2.add("陈恒 6");
        nameList2.add("陈恒 5");
        nameList2.add("陈恒 4");
        model.addAttribute("myList2", nameList2);
        return "showObject";
}
```

那么，可以在 src/main/resources/templates/showObject.html 视图页面文件中使用内置对象操作数据。showObject.html 的代码如下：

```
<!DOCTYPE html>
<html xmlns:th="http://www.thymeleaf.org">
<head>
<meta charset="UTF-8">
<title>Insert title here</title>
</head>
<body>
    格式化控制器传递过来的系统时间 nowTime：
    <span th:text="${#dates.format(nowTime, 'yyyy/MM/dd')}"></span>
    <br>
    创建一个日期对象：
    <span th:text="${#dates.create(2019,6,13)}"></span>
    <br>
    格式化控制器传递过来的系统日历 nowCalendar：
    <span th:text="${#calendars.format(nowCalendar, 'yyyy-MM-dd')}"></span>
    <br>
    格式化控制器传递过来的 BigDecimal 对象 myMoney：
    <span th:text="${#numbers.formatInteger(myMoney,3)}"></span>
    <br>
    计算控制器传递过来的字符串 str 的长度：
    <span th:text="${#strings.length(str)}"></span>
    <br>
    返回对象，当控制器传递过来的 BigDecimal 对象 myMoney 为空时返回默认值 9999：
    <span th:text="${#objects.nullSafe(myMoney, 9999)}"></span>
    <br>
    判断 boolean 数据是否为 false：
    <span th:text="${#bools.isFalse(bool)}"></span>
    <br>
    判断数组 mya 中是否包含元素 5：
    <span th:text="${#arrays.contains(mya, 5)}"></span>
    <br>
    排序列表 myList1 的数据：
    <span th:text="${#lists.sort(myList1)}"></span>
    <br>
    判断集合 mySet 中是否包含元素 set2：
    <span th:text="${#sets.contains(mySet, 'set2')}"></span>
    <br>
    判断 myMap 中是否包含 key1 关键字：
    <span th:text="${#maps.containsKey(myMap, 'key1')}"></span>
```

```
    <br>
    将数组 mya 中的元素求和：
    <span th:text="${#aggregates.sum(mya)}"></span>
    <br>
    将数组 mya 中的元素求平均：
    <span th:text="${#aggregates.avg(mya)}"></span>
    <br>
    如果未找到消息,则返回默认消息(如"??msgKey_zh_CN??")：
    <span th:text="${#messages.msg('msgKey')}"></span>
</body>
</html>
```

▶5.2.3　Thymeleaf 的常用属性

通过 5.2.2 节的学习,发现 Thymeleaf 语法都是通过在 HTML 页面的标签中添加 th：xxx 关键字来实现模板套用,且其属性与 HTML 页面标签基本类似。Thymeleaf 的常用属性 如下。

❶ th：action

th：action 用于定义后台控制器路径,类似<form>标签的 action 属性。示例代码如下：

```
<form th:action="@{/login}">…</form>
```

❷ th：each

th：each 用于集合对象的遍历,功能类似 JSTL 标签<c：forEach>。示例代码如下：

```
<div class="col-md-4 col-sm-6" th:each="gtype:${gtypes}">
    <div class="caption">
        <p th:text="${gtype.id}"></p>
        <p th:text="${gtype.typename}"></p>
    </div>
</div>
```

❸ th：field

th：field 用于表单参数的绑定,通常与 th：object 一起使用。示例代码如下：

```
<form th:action="@{/login}" th:object="${user}">
    <input type="text" value="" th:field="*{username}"></input>
    <input type="text" value="" th:field="*{role}"></input>
</form>
```

❹ th：href

th：href 用于定义超链接,类似<a>标签的 href 属性。其 value 形式为@{/logout}。示例 代码如下：

```
<a th:href="@{/gogo}"></a>
```

❺ th：id

th：id 用于 div 的 id 声明,类似 HTML 标签中的 id 属性。示例代码如下：

```
<div th:id ="stu+(${rowStat.index}+1)"></div>
```

❻ th：if

th：if 用于条件判断,如果为否,则标签不显示。示例代码如下：

```
<div th:if="${rowStat.index} == 0">…do something…</div>
```

❼ th:fragment

th:fragment 用于声明定义该属性的 div 为模板片段,常用于头文件、尾文件的引入,通常与 th:include、th:replace 一起使用。

例如,在 ch5_1 应用的 src/main/resources/templates 目录下声明模板片段文件 footer.html,代码如下:

```html
<!DOCTYPE html>
<html xmlns:th="http://www.thymeleaf.org">
<head>
<meta charset="UTF-8">
<title>Insert title here</title>
</head>
<body>
  <!-- 声明片段 content -->
  <div th:fragment="content" >
    主体内容
  </div>
  <!-- 声明片段 copy -->
  <div th:fragment="copy" >
    ©清华大学出版社
  </div>
</body>
</html>
```

那么,可以在 ch5_1 应用的 src/main/resources/templates/index.html 文件中引入模板片段,代码如下:

```html
<!DOCTYPE html>
<html xmlns:th="http://www.thymeleaf.org">
<head>
<meta charset="UTF-8">
<title>Insert title here</title>
</head>
<body>
    测试 Spring Boot 的 Thymeleaf 支持<br>
    引入主体内容模板片段:
    <div th:include="footer::content"></div>
    引入版权所有模板片段:
    <div th:replace="footer::copy" ></div>
</body>
</html>
```

❽ th:object

th:object 用于表单数据对象的绑定,将表单绑定到后台 controller 的一个 JavaBean 参数,通常与 th:field 一起使用。下面通过一个实例讲解表单提交及数据绑定的实现过程。

【例 5-2】 表单提交及数据绑定的实现过程。

其具体实现步骤如下。

1) 创建实体类

在 Web 应用 ch5_1 的 src/main/java 目录下创建 com.ch.ch5_1.model 包,并在该包中创建实体类 LoginBean,代码如下:

```java
package com.ch.ch5_1.model;
import lombok.Data;
@Data
```

```
public class LoginBean {
    String uname;
    String urole;
}
```

2）创建控制器类

在 Web 应用 ch5_1 的 com.ch.ch5_1.controller 包中创建控制器类 LoginController，代码如下：

```
package com.ch.ch5_1.controller;
import org.springframework.stereotype.Controller;
import org.springframework.ui.Model;
import org.springframework.web.bind.annotation.GetMapping;
import org.springframework.web.bind.annotation.ModelAttribute;
import org.springframework.web.bind.annotation.PostMapping;
import com.ch.ch5_1.model.LoginBean;
@Controller
public class LoginController {
    @GetMapping("/toLogin")
    public String toLogin(Model model) {
        /* loginBean 与 login.html 页面中的 th:object="${loginBean}"相同 */
        model.addAttribute("loginBean", new LoginBean());
        return "login";
    }
    @PostMapping("/login")
    public String greetingSubmit(@ModelAttribute LoginBean loginBean) {
        /* @ModelAttribute LoginBean loginBean 接收 login.html 页面中的表单数据，并将
           loginBean 对象保存到 model 中返回给 result.html 页面显示。 */
        System.out.println("测试提交的数据: " + loginBean.getUname());
        return "result";
    }
}
```

3）创建页面表示层

在 Web 应用 ch5_1 的 src/main/resources/templates 目录下创建页面 login.html 和 result.html。

login.html 页面的代码如下：

```
<!DOCTYPE html>
<html xmlns:th="http://www.thymeleaf.org">
<head>
<meta charset="UTF-8">
<title>Insert title here</title>
</head>
<body>
    <h1>Form</h1>
    <form action="#" th:action="@{/login}" th:object="${loginBean}" method="post">
        <!--th:field="*{uname}"的 uname 与实体类的属性相同, 即绑定 loginBean 对象 -->
        <p>Uname: <input type="text" th:field="*{uname}" th:placeholder="请输入
        用户名"/></p>
        <p>Urole: <input type="text" th:field="*{urole}" th:placeholder="请输入
        角色"/></p>
        <p><input type="submit" value="Submit"/> <input type="reset" value=
        "Reset"/></p>
    </form>
</body>
</html>
```

result.html 页面的代码如下：

```
<!DOCTYPE html>
<html xmlns:th="http://www.thymeleaf.org">
<head>
<meta charset="UTF-8">
<title>Insert title here</title>
</head>
<body>
    <h1>Result</h1>
    <p th:text="'Uname: ' + ${loginBean.uname}"/>
    <p th:text="'Urole: ' + ${loginBean.urole}"/>
    <a href="toLogin">继续提交</a>
</body>
</html>
```

4）运行

首先运行 Ch51Application 主类，然后访问"http://localhost:8080/ch5_1/toLogin"，运行结果如图 5.3 所示。

在图 5.3 所示的文本框中输入信息后，单击 Submit 按钮，打开如图 5.4 所示的页面。

图 5.3　login.html 页面的运行结果

图 5.4　result.html 页面的运行结果

❾ th：src

th：src 用于外部资源的引入，类似<script>标签的 src 属性。示例代码如下：

```
<img th:src="'images/' + ${aBook.picture}"/>
```

❿ th：text

th：text 用于文本显示，将文本内容显示到所在标签的 body 中。示例代码如下：

```
<td th:text="${username}"></td>
```

⓫ th：value

th：value 用于标签赋值，类似标签的 value 属性。示例代码如下：

```
<option th:value="Adult">Adult</option>
<input type="hidden" th:value="${msg}"/>
```

⓬ th：style

th：style 用于修改 style 标签。示例代码如下：

```
<span th:style="'display:' + @{(${myVar} ? 'none': 'inline-block')}"> myVar 是一个
变量</span>
```

⓭ th：onclick

th：onclick 用于修改单击事件。示例代码如下：

```
<button th:onclick="'getCollect()'"></button>
```

▶5.2.4　使用 Spring Boot 与 Thymeleaf 实现页面信息国际化

在 Spring Boot 的 Web 应用中实现页面信息国际化非常简单,下面通过一个实例讲解页面信息国际化的实现过程。

【例 5-3】　页面信息国际化的实现过程。

其具体实现步骤如下。

❶ 编写国际化资源属性文件

1)编写管理员模块的国际化信息

在 ch5_1 应用的 src/main/resources 目录下创建 i18n/admin 文件夹,并在该文件夹下创建 adminMessages.properties、adminMessages_en_US.properties 和 adminMessages_zh_CN.properties 资源属性文件。adminMessages.properties 表示默认加载的信息;adminMessages_en_US.properties 表示英文信息(en 代表语言代码,US 代表国家地区);adminMessages_zh_CN.properties 表示中文信息。

adminMessages.properties 的内容如下:

```
test.admin=\u6D4B\u8BD5\u540E\u53F0
admin=\u540E\u53F0\u9875\u9762
```

adminMessages_en_US.properties 的内容如下:

```
test.admin=test admin
admin=admin
```

adminMessages_zh_CN.properties 的内容如下:

```
test.admin=\u6D4B\u8BD5\u540E\u53F0
admin=\u540E\u53F0\u9875\u9762
```

2)编写用户模块的国际化信息

在 ch5_1 应用的 src/main/resources 目录下创建 i18n/before 文件夹,并在该文件夹下创建 beforeMessages.properties、beforeMessages_en_US.properties 和 beforeMessages_zh_CN.properties 资源属性文件。

beforeMessages.properties 的内容如下:

```
test.before=\u6D4B\u8BD5\u524D\u53F0
before=\u524D\u53F0\u9875\u9762
```

beforeMessages_en_US.properties 的内容如下:

```
test.before=test before
before=before
```

beforeMessages_zh_CN.properties 的内容如下:

```
test.before=\u6D4B\u8BD5\u524D\u53F0
before=\u524D\u53F0\u9875\u9762
```

3)编写公共模块的国际化信息

在 ch5_1 应用的 src/main/resources 目录下创建 i18n/common 文件夹,并在该文件夹下创建 commonMessages. properties、commonMessages _ en _ US. properties 和 commonMessages _ zh_CN.properties 资源属性文件。

commonMessages.properties 的内容如下：

```
chinese.key=\u4E2D\u6587\u7248
english.key=\u82F1\u6587\u7248
return=\u8FD4\u56DE\u9996\u9875
```

commonMessages_en_US.properties 的内容如下：

```
chinese.key=chinese
english.key=english
return=return
```

commonMessages_zh_CN.properties 的内容如下：

```
chinese.key=\u4E2D\u6587\u7248
english.key=\u82F1\u6587\u7248
return=\u8FD4\u56DE\u9996\u9875
```

❷ 添加配置文件内容,引入资源属性文件

在 ch5_1 应用的配置文件中添加如下内容,引入资源属性文件：

```
spring.messages.basename=i18n/admin/adminMessages,i18n/before/beforeMessages,
i18n/common/commonMessages
```

❸ 重写 localeResolver 方法配置语言区域选择

在 ch5_1 应用的 com.ch.ch5_1 包中创建配置类 LocaleConfig,该配置类实现 WebMvcConfigurer 接口,并配置语言区域选择。LocaleConfig 的代码如下：

```
package com.ch.ch5_1;
import java.util.Locale;
import org.springframework.boot.autoconfigure.EnableAutoConfiguration;
import org.springframework.context.annotation.Bean;
import org.springframework.context.annotation.Configuration;
import org.springframework.web.servlet.LocaleResolver;
import org.springframework.web.servlet.config.annotation.InterceptorRegistry;
import org.springframework.web.servlet.config.annotation.WebMvcConfigurer;
import org.springframework.web.servlet.i18n.LocaleChangeInterceptor;
import org.springframework.web.servlet.i18n.SessionLocaleResolver;
@Configuration
@EnableAutoConfiguration
public class LocaleConfig implements WebMvcConfigurer {
    /**
     * 根据用户本次会话过程中的语义设定语言区域(如用户进入首页时选择的语言种类)
     */
    @Bean
    public LocaleResolver localeResolver() {
        SessionLocaleResolver slr = new SessionLocaleResolver();
        //默认语言
        slr.setDefaultLocale(Locale.CHINA);
        return slr;
    }
    /**
     * 使用 SessionLocaleResolver 存储语言区域时必须配置 localeChangeInterceptor 拦
       截器
     */
    @Bean
    public LocaleChangeInterceptor localeChangeInterceptor() {
        LocaleChangeInterceptor lci = new LocaleChangeInterceptor();
```

```
        //选择语言的参数名
        lci.setParamName("locale");
        return lci;
    }
    /**
     * 注册拦截器
     */
    @Override
    public void addInterceptors(InterceptorRegistry registry) {
        registry.addInterceptor(localeChangeInterceptor());
    }
}
```

❹ 创建控制器类 I18nTestController

在 ch5_1 应用的 com.ch.ch5_1.controller 包中创建控制器类 I18nTestController,具体代码如下:

```
package com.ch.ch5_1.controller;
import org.springframework.stereotype.Controller;
import org.springframework.web.bind.annotation.GetMapping;
import org.springframework.web.bind.annotation.RequestMapping;
@Controller
@RequestMapping("/i18n")
public class I18nTestController {
    @GetMapping("/first")
    public String testI18n(){
        return "/i18n/first";
    }
    @GetMapping("/admin")
    public String admin(){
        return "/i18n/admin";
    }
    @GetMapping("/before")
    public String before(){
        return "/i18n/before";
    }
}
```

❺ 创建视图页面,并获得国际化信息

在 ch5_1 应用的 src/main/resources/templates 目录下创建文件夹 i18n,并在该文件夹中创建 admin.html、before.html 和 first.html 视图页面,在这些视图页面中使用 th:text="#{xxx}"获得国际化信息。

admin.html 的代码如下:

```
<!DOCTYPE html>
<html xmlns:th="http://www.thymeleaf.org">
<head>
<meta charset="UTF-8">
<title>Insert title here</title>
</head>
<body>
    <span th:text="#{admin}"></span><br>
    <a th:href="@{/i18n/first}" th:text="#{return}"></a>
</body>
</html>
```

before.html 的代码如下:

```
<!DOCTYPE html>
<html xmlns:th="http://www.thymeleaf.org">
<head>
<meta charset="UTF-8">
<title>Insert title here</title>
</head>
<body>
    <span th:text="#{before}"></span><br>
    <a th:href="@{/i18n/first}" th:text="#{return}"></a>
</body>
</html>
```

first.html 的代码如下：

```
<!DOCTYPE html>
<html xmlns:th="http://www.thymeleaf.org">
<head>
<meta charset="UTF-8">
<title>Insert title here</title>
</head>
<body>
    <a th:href="@{/i18n/first(locale='zh_CN')}" th:text="#{chinese.key}"></a>
    <a th:href="@{/i18n/first(locale='en_US')}" th:text="#{english.key}"></a>
    <br>
    <a th:href="@{/i18n/admin}" th:text="#{test.admin}"></a><br>
    <a th:href="@{/i18n/before}" th:text="#{test.before}"></a><br>
</body>
</html>
```

❻ 运行

首先运行 Ch51Application 主类，然后访问"http://localhost:8080/ch5_1/i18n/first"，运行结果如图 5.5 所示。

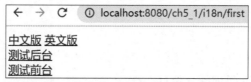

图 5.5　程序入口页面

单击图 5.5 中的"英文版"，打开如图 5.6 所示的页面。

图 5.6　英文版效果

扫一扫

视频讲解

▶5.2.5　Spring Boot 与 Thymeleaf 的表单验证

JSR 是 Java Specification Requests 的缩写，意思是 Java 规范提案。和数据校验相关的最新的 JSR 是 JSR 380，也就是 Bean Validation 2.0。

Bean Validation 是一个通过配置注解来验证数据的框架，它包含两部分内容：Bean Validation API（规范）和 Hibernate Validator（实现）。

Bean Validation 是 Java 定义的一套基于注解/XML 的数据校验规范,已经从 JSR 303 的 Bean Validation 1.0 版本升级到 JSR 349 的 Bean Validation 1.1 版本,再到 JSR 380 的 Bean Validation 2.0 版本。

2018 年,Oracle(甲骨文)公司决定把 Java EE 移交给开源组织 Eclipse 基金会,正式改名为 Jakarta EE,Bean Validation 也就自然命名为 Jakarta Bean Validation。在编写本书时,Jakarta Bean Validation 的最新版本是 Jakarta Bean Validation 3.0。

对于 Jakarta Bean Validation 验证,可以使用它的实现 Hibernate Validator,注意 Hibernate Validator 和 Hibernate 无关,只是使用 Hibernate Validator 进行数据验证。

本节使用 Hibernate Validator 对表单进行验证,因为 spring-boot-starter-web 不再依赖 hibernate-validator 的 JAR 包,所以在 Spring Boot 的 Web 应用中使用 Hibernate Validator 对表单进行验证时需要加载 Hibernate Validator 所依赖的 JAR 包,示例代码如下:

```
<dependency>
    <groupId>org.hibernate.validator</groupId>
    <artifactId>hibernate-validator</artifactId>
</dependency>
```

在使用 Hibernate Validator 验证表单时,需要使用它的标注类型在实体模型的属性上嵌入约束,标注类型具体如下。

❶ 空检查

@Null:验证对象是否为 null。

@NotNull:验证对象是否不为 null,无法查验长度为 0 的字符串。

@NotBlank:验证约束字符串是否为 null,以及被 trim 后的长度是否大于 0,只针对字符串,且会去掉前后空格。

@NotEmpty:验证约束元素是否为 null 或者是 empty。

示例如下:

```
@NotBlank(message="{goods.gname.required}")    //goods.gname.required 为属性文件
                                                //的错误代码
private String gname;
```

❷ boolean 检查

@AssertTrue:验证 boolean 属性是否为 true。

@AssertFalse:验证 boolean 属性是否为 false。

示例如下:

```
@AssertTrue
private boolean isLogin;
```

❸ 长度检查

@Size(min=,max=):验证对象(Array、Collection、Map、String)的长度是否在给定的范围之内。

@Length(min=,max=):验证字符串的长度是否在给定的范围之内。

示例如下:

```
@Length(min=1,max=100)
private String gdescription;
```

❹ 日期检查

@Past：验证 Date 和 Calendar 对象是否在当前时间之前。

@Future：验证 Date 和 Calendar 对象是否在当前时间之后。

@Pattern：验证 String 对象是否符合正则表达式的规则。

示例如下：

```
@Past(message="{gdate.invalid}")
private Date gdate;
```

❺ 数值检查

@Min：验证 Number 和 String 对象是否大于或等于指定的值。

@Max：验证 Number 和 String 对象是否小于或等于指定的值。

@DecimalMax：被标注的值必须不大于约束中指定的最大值,这个约束的参数是一个通过 BigDecimal 定义的最大值的字符串表示,小数存在精度。

@DecimalMin：被标注的值必须不小于约束中指定的最小值,这个约束的参数是一个通过 BigDecimal 定义的最小值的字符串表示,小数存在精度。

@Digits：验证 Number 和 String 的构成是否合法。

@Digits(integer＝,fraction＝)：验证字符串是否符合指定格式的数字,integer 指定整数的精度,fraction 指定小数的精度。

@Range(min＝,max＝)：检查数字是否介于 min 和 max 之间。

@Valid：对关联对象进行校验,如果关联对象是一个集合或者数组,那么对其中的元素进行校验;如果是一个 Map,则对其中的值部分进行校验。

@CreditCardNumber：信用卡验证。

@Email：验证是不是邮件地址,如果为 null,不进行验证,表示通过验证。

示例如下：

```
@Range(min=0,max=100,message="{gprice.invalid}")
private double gprice;
```

下面通过一个实例讲解使用 Hibernate Validator 验证表单的过程。

【例 5-4】 使用 Hibernate Validator 验证表单的过程。

其具体实现步骤如下。

❶ 创建表单实体模型

在 ch5_1 应用的 com.ch.ch5_1.model 包中创建表单实体模型类 Goods,在该类中使用 Jakarta Bean Validation 的标注类型对属性进行分组验证,具体代码如下：

```
package com.ch.ch5_1.model;
import jakarta.validation.constraints.NotBlank;
import lombok.Data;
import org.hibernate.validator.constraints.Length;
import org.hibernate.validator.constraints.Range;
@Data
public class Goods {
    //add组
    public interface Add{}
    //update组
    public interface Update{}
    @NotBlank(groups = {Add.class, Update.class}, message="商品名必须输入")
```

```
@Length(groups={Add.class}, min=1, max=5, message="商品名长度范围为 1~5")
private String gname;
@Range(groups = {Add.class}, min=0, max=100, message="商品价格范围为 0~100")
private double gprice;
}
```

❷ 创建控制器

在 ch5_1 应用的 com.ch.ch5_1.controller 包中创建控制器类 TestValidatorController。在该类中有两个处理方法,一个是界面初始化处理方法 testValidator,另一个是添加请求处理方法 add。在 add 方法中,使用@Validated 注解使验证生效。具体代码如下:

```
package com.ch.ch5_1.controller;
import org.springframework.stereotype.Controller;
import org.springframework.validation.BindingResult;
import org.springframework.validation.annotation.Validated;
import org.springframework.web.bind.annotation.GetMapping;
import org.springframework.web.bind.annotation.ModelAttribute;
import org.springframework.web.bind.annotation.PostMapping;
import com.ch.ch5_1.model.Goods;
@Controller
public class TestValidatorController {
    @GetMapping("/testValidator")
    public String testValidator(@ModelAttribute("goodsInfo") Goods goods){
        goods.setGname("商品名初始化");
        goods.setGprice(0.0);
        return "testValidator";
    }
    @PostMapping(value="/add")
    //@Validated({Goods.Add.class})验证 add 组,可以同时验证多组@Validated({Goods.
    //Add.class, Goods.Update.class})
    public String add(@Validated({Goods.Add.class}) @ModelAttribute("goodsInfo")
Goods goods,BindingResult rs){
        //@ModelAttribute("goodsInfo")与 th:object="${goodsInfo}"相对应
        if(rs.hasErrors()){        //验证失败
            return "testValidator";
        }
        return "testValidator";
    }
}
```

❸ 创建视图页面

在 ch5_1 应用的 src/main/resources/templates 目录下创建视图页面 testValidator.html,在该视图页面中直接读取 ModelAttribute 中注入的数据,然后通过 th:errors="*{xxx}"获得错误信息验证。具体代码如下:

```
<!DOCTYPE html>
<html xmlns:th="http://www.thymeleaf.org">
<head>
<meta charset="UTF-8">
<title>Insert title here</title>
</head>
<body>
    <h2>通过 th:object 访问对象的方式</h2>
    <div th:object="${goodsInfo}">
        <p th:text="*{gname}"></p>
        <p th:text="*{gprice}"></p>
    </div>
```

```
        <h1>表单提交</h1>
        <!-- 表单提交用户信息，注意表单参数的设置，直接是 * {} -->
        <form th:action="@{/add}" th:object="${goodsInfo}" method="post">
        <div><span>商品名</span><input type="text" th:field="*{gname}"/><span
        th:errors="*{gname}"></span></div>
        <div><span>商品价格</span><input type="text" th:field="*{gprice}"/><span
        th:errors="*{gprice}"></span></div>
            <input type="submit"/>
        </form>
</body>
</html>
```

❹ 运行

首先运行 Ch51Application 主类，然后访问"http://localhost:8080/ch5_1/testValidator"，测试效果如图 5.7 所示。

图 5.7 表单验证

▶5.2.6 基于 Thymeleaf 与 BootStrap 的 Web 开发实例

在本书的后续 Web 应用开发中，尽量使用前端开发工具包 BootStrap、JavaScript 框架 jQuery 和 Spring MVC 框架。BootStrap 和 jQuery 的相关知识请读者自行学习。下面通过一个实例讲解如何创建基于 Thymeleaf 模板引擎的 Spring Boot Web 应用 ch5_2。

【例 5-5】 创建基于 Thymeleaf 模板引擎的 Spring Boot Web 应用 ch5_2。

其具体实现步骤如下。

❶ 创建基于 Thymeleaf 模板引擎的 Spring Boot Web 应用 ch5_2

在 IDEA 中选择 File→New→Project 命令，打开 New Project 对话框；在 New Project 对话框中选择和输入相关信息，然后单击 Next 按钮，打开新的界面；在新的界面中选择 Thymeleaf、Lombok 和 Spring Web 依赖，单击 Create 按钮，即可创建 ch5_2 应用。

❷ 设置 Web 应用 ch5_2 的上下文路径

在 ch5_2 应用的 application.properties 文件中配置如下内容：

```
server.servlet.context-path=/ch5_2
```

❸ 创建实体类 Book

在 ch5_2 应用的 src/main/java 目录下创建名为 com.ch.ch5_2.model 的包，并在该包中创建名为 Book 的实体类，此实体类用于在模板页面展示数据。具体代码如下：

```
package com.ch.ch5_2.model;
import lombok.Data;
@Data
public class Book {
    String isbn;
    Double price;
    String bname;
    String publishing;
    String author;
    String picture;
    public Book(String isbn, Double price, String bname, String publishing, String
author, String picture) {
        super();
        this.isbn = isbn;
        this.price = price;
        this.bname = bname;
        this.publishing = publishing;
        this.author = author;
        this.picture = picture;
    }
}
```

❹ 创建控制器类 ThymeleafController

在 ch5_2 应用的 src/main/java 目录下创建名为 com.ch.ch5_2.controller 的包,并在该包中创建名为 ThymeleafController 的控制器类。在该控制器类中实例化 Book 类的多个对象,并保存到 ArrayList<Book>集合中。具体代码如下:

```
package com.ch.ch5_2.controller;
import java.util.ArrayList;
import java.util.List;
import org.springframework.stereotype.Controller;
import org.springframework.ui.Model;
import com.ch.ch5_2.model.Book;
import org.springframework.web.bind.annotation.GetMapping;
@Controller
public class ThymeleafController {
    @GetMapping("/")
    public String index(Model model) {
        Book teacherchen = new Book(
            "9787302598503",99.8,
            "SSM + Spring Boot + Vue.js 3 全栈开发从入门到实战",
            "清华大学出版社","陈恒","091883-01.jpg"
        );
        List<Book> chenHeng = new ArrayList<Book>();
        Book b1 = new Book(
            "9787302529118", 69.8,
            "Java Web 开发从入门到实战(微课版)",
            "清华大学出版社", "陈恒","082526-01.jpg"
        );
        chenHeng.add(b1);
        Book b2 = new Book(
            "9787302502968", 69.8,
            "Java EE 框架整合开发入门到实战——Spring+Spring MVC+MyBatis(微课版)",
            "清华大学出版社", "陈恒","079720-01.jpg");
        chenHeng.add(b2);
        model.addAttribute("aBook", teacherchen);
        model.addAttribute("books", chenHeng);
```

```
        //根据 Thymeleaf 模板,默认将返回 src/main/resources/templates/index.html
        return "index";
    }
}
```

❺ 整理脚本、样式等静态文件

JS 脚本、CSS 样式、图片等静态文件默认放置在 ch5_2 应用的 src/main/resources/static 目录下。

❻ 新建 index.html 页面

Thymeleaf 模板默认将视图页面放在 src/main/resources/templates 目录下,因此在 src/main/resources/templates 目录下新建 HTML 页面文件 index.html。在该页面中使用 Thymeleaf 模板显示控制器类 TestThymeleafController 中的 model 对象数据,具体代码如下:

```html
<!DOCTYPE html>
<html xmlns:th="http://www.thymeleaf.org">
<head>
<meta charset="UTF-8">
<title>Insert title here</title>
<link rel="stylesheet" th:href="@{css/bootstrap.min.css}"/>
</head>
<body>
    <!-- 面板 -->
    <div class="panel panel-primary">
        <!-- 面板头信息 -->
        <div class="panel-heading">
            <!-- 面板标题 -->
            <h3 class="panel-title">第一个基于 Thymeleaf 与 BootStrap 的 Spring Boot Web
            应用</h3>
        </div>
    </div>
    <!-- 容器 -->
    <div class="container">
        <div>
            <h4>图书列表</h4>
        </div>
        <div class="row">
            <!-- col-md 针对桌面显示器,col-sm 针对平板 -->
            <div class="col-md-4 col-sm-6">
                <a href="">
                    <img th:src="'images/' + ${aBook.picture}" alt="图书封面"
                    style="height: 180px; width: 40%;"/>
                </a>
                <!-- caption 容器中放置其他基本信息,例如标题、文本描述等 -->
                <div class="caption">
                    <h4 th:text="${aBook.bname}"></h4>
                    <p th:text="${aBook.author}"></p>
                    <p th:text="${aBook.isbn}"></p>
                    <p th:text="${aBook.price}"></p>
                    <p th:text="${aBook.publishing}"></p>
                </div>
            </div>
            <!-- 循环取出集合数据 -->
            <div class="col-md-4 col-sm-6" th:each="book:${books}">
                <a href="">
```

```
                    <img th:src="''images/' + ${book.picture}" alt="图书封面"
                    style="height: 180px; width: 40%;"/>
                </a>
                <div class="caption">
                    <h4 th:text="${book.bname}"></h4>
                    <p th:text="${book.author}"></p>
                    <p th:text="${book.isbn}"></p>
                    <p th:text="${book.price}"></p>
                    <p th:text="${book.publishing}"></p>
                </div>
            </div>
        </div>
    </div>
</body>
</html>
```

❼ 运行

首先运行 Ch52Application 主类,然后访问"http://localhost:8080/ch5_2/",运行结果如图 5.8 所示。

图 5.8　例 5-5 的运行结果

5.3　使用 Spring Boot 处理 JSON 数据

在 Spring Boot 的 Web 应用中内置了 JSON 数据的解析功能,默认使用 Jackson 自动完成解析(不需要加载 Jackson 依赖包),当控制器返回一个 Java 对象或集合数据时,Spring Boot 自动将其转换成 JSON 数据,使用起来方便、快捷。

在 Spring Boot 处理 JSON 数据时,需要用到两个重要的 JSON 格式转换注解,分别是 @RequestBody和@ResponseBody。

- @RequestBody:用于将请求体中的数据绑定到方法的形参中,该注解应用在方法的形参上。
- @ResponseBody:用于直接返回 JSON 对象,该注解应用在方法上。

下面通过一个实例讲解 Spring Boot 处理 JSON 数据的过程,该实例针对返回实体对象、ArrayList 集合、Map<String,Object>集合以及 List<Map<String,Object>>集合分别处理。

【例 5-6】　Spring Boot 处理 JSON 数据的过程。

其具体实现步骤如下。

❶ 创建实体类

在 ch5_2 应用的 com.ch.ch5_2.model 包中创建实体类 Person,具体代码如下:

```java
package com.ch.ch5_2.model;
import lombok.Data;
@Data
public class Person {
    private String pname;
    private String password;
    private Integer page;
}
```

❷ 创建视图页面

在 ch5_2 应用的 src/main/resources/templates 目录下创建视图页面 input.html。在 input.html 页面中引入 jQuery 框架,并使用它的 ajax 方法进行异步请求。具体代码如下:

```html
<!DOCTYPE html>
<html xmlns:th="http://www.thymeleaf.org">
<head>
<meta charset="UTF-8">
<title>Insert title here</title>
<link rel="stylesheet" th:href="@{css/bootstrap.min.css}"/>
<!-- 默认访问 src/main/resources/static下的 css 文件夹-->
<!-- 引入 jQuery -->
<script type="text/javascript" th:src="@{js/jquery-3.6.0.min.js}"></script>
<script type="text/javascript">
    function testJson() {
        //获取输入的值 pname 为 id
        var pname = $("#pname").val();
        var password = $("#password").val();
        var page = $("#page").val();
        alert(password);
        $.ajax({
            //发送请求的 URL 字符串
            url: "testJson",
            //定义回调响应的数据格式为 JSON 字符串,该属性可以省略
            dataType: "json",
            //请求类型
            type: "post",
            //定义发送请求的数据格式为 JSON 字符串
            contentType: "application/json",
            //data 表示发送的数据
            data: JSON.stringify({pname:pname,password:password,page:page}),
            //成功响应的结果
            success: function(data){
                if(data != null){
                    //返回一个 Person 对象
                    //alert("输入的用户名:" + data.pname + ",密码: " + data.password +
                    //",年龄: " +  data.page);
                    //ArrayList<Person>对象
                    /**for(var i = 0; i < data.length; i++){
                        alert(data[i].pname);
                    }**/
                    //返回一个 Map<String, Object>对象
                    //alert(data.pname);        //pname 为 key
                    //返回一个 List<Map<String, Object>>对象
                    for(var i = 0; i < data.length; i++){
                        alert(data[i].pname);
```

```
                    }
                }
            },
            //请求出错
            error:function(){
                alert("数据发送失败");
            }
        });
    }
</script>
</head>
<body>
    <div class="panel panel-primary">
        <div class="panel-heading">
            <h3 class="panel-title">处理 JSON 数据</h3>
        </div>
    </div>
    <div class="container">
        <div>
        <h4>添加用户</h4>
        </div>
        <div class="row">
            <div class="col-md-6 col-sm-6">
                <form class="form-horizontal" action="">
                    <div class="form-group">
                        <div class="input-group col-md-6">
                            <span class="input-group-addon">
                                <i class="glyphicon glyphicon-pencil"></i>
                            </span>
                            <input class="form-control" type="text"
                             id="pname" th:placeholder="请输入用户名"/>
                        </div>
                    </div>
                    <div class="form-group">
                        <div class="input-group col-md-6">
                            <span class="input-group-addon">
                                <i class="glyphicon glyphicon-pencil"></i>
                            </span>
                            <input class="form-control" type="password"
                             id="password" th:placeholder="请输入密码"/>
                        </div>
                    </div>
                    <div class="form-group">
                        <div class="input-group col-md-6">
                            <span class="input-group-addon">
                                <i class="glyphicon glyphicon-pencil"></i>
                            </span>
                            <input class="form-control" type="text"
                             id="page" th:placeholder="请输入年龄"/>
                        </div>
                    </div>
                    <div class="form-group">
                        <div class="col-md-6">
                            <div class="btn-group btn-group-justified">
                                <div class="btn-group">
                                    <button type="button" onclick="testJson()"
                                        class="btn btn-success">
                                        <span class="glyphicon glyphicon-share">
                                            </span>
```

```
                                 测试
                            </button>
                        </div>
                    </div>
                </div>
            </div>
        </form>
    </div>
  </div>
 </div>
</body>
</html>
```

❸ 创建控制器

在 ch5_2 应用的 com.ch.ch5_2.controller 包中创建控制器类 TestJsonController。在该
类中有两个处理方法,一个是界面导航方法 input,另一个是接收页面请求的方法。具体代码
如下:

```java
package com.ch.ch5_2.controller;
import java.util.ArrayList;
import java.util.HashMap;
import java.util.List;
import java.util.Map;
import org.springframework.stereotype.Controller;
import org.springframework.web.bind.annotation.GetMapping;
import org.springframework.web.bind.annotation.RequestBody;
import org.springframework.web.bind.annotation.RequestMapping;
import org.springframework.web.bind.annotation.ResponseBody;
import com.ch.ch5_2.model.Person;
@Controller
public class TestJsonController {
    /**
     * 进入视图页面
     */
    @GetMapping("/input")
    public String input() {
        return "input";
    }
    /**
     * 接收页面请求的 JSON 数据
     */
    @RequestMapping("/testJson")
    @ResponseBody
    /* @RestController 注解相当于@ResponseBody 与@Controller 合在一起的作用。
    ① 如果只是使用@RestController 注解 Controller,则 Controller 中的方法无法返回 JSP
页面或者 HTML,返回的内容就是 return 的内容。
    ② 如果需要返回指定页面,则需要用@Controller 注解。如果需要返回 JSON、XML 或自定义
mediaType 内容到页面,则需要在对应的方法上加上@ResponseBody 注解。
    */
    public List<Map<String, Object>> testJson(@RequestBody Person user) {
        //打印接收的 JSON 格式数据
        System.out.println("pname=" + user.getPname() +
                ", password=" + user.getPassword() + ",page=" + user.getPage());
        //返回 Person 对象
        //return user;
        /**ArrayList<Person> allp = new ArrayList<Person>();
        Person p1 = new Person();
```

```
        p1.setPname("陈恒 1");
        p1.setPassword("123456");
        p1.setPage(80);
        allp.add(p1);
        Person p2 = new Person();
        p2.setPname("陈恒 2");
        p2.setPassword("78910");
        p2.setPage(90);
        allp.add(p2);
        //返回 ArrayList<Person>对象
        return allp;
        **/
        Map<String, Object> map = new HashMap<String, Object>();
        map.put("pname", "陈恒 2");
        map.put("password", "123456");
        map.put("page", 25);
        //返回一个 Map<String, Object>对象
        //return map;
        //返回一个 List<Map<String, Object>>对象
        List<Map<String, Object>> allp = new ArrayList<Map<String, Object>>();
        allp.add(map);
        Map<String, Object> map1 = new HashMap<String, Object>();
        map1.put("pname", "陈恒 3");
        map1.put("password", "54321");
        map1.put("page", 55);
        allp.add(map1);
        return allp;
    }
}
```

❹ 运行

首先运行 Ch52Application 主类，然后访问"http://localhost:8080/ch5_2/input"，运行结果如图 5.9 所示。

图 5.9　input.html 的运行结果

5.4　Spring Boot 中文件的上传与下载

文件的上传与下载是 Web 应用开发中常用的功能之一，本节将讲解在 Spring Boot 的 Web 应用开发中如何实现文件的上传与下载。

在实际的 Web 应用开发中，为了成功上传文件，必须将表单的 method 设置为 post，并将 enctype 设置为 multipart/form-data，只有这样设置，浏览器才能将所选文件的二进制数据发

送给服务器。

org.springframework.web.multipart.MultipartResolver 是一个解析包括文件上传在内的 multipart 请求接口。从 Spring 6.0 和 Servlet 5.0+开始,基于 Apache Commons FileUpload 组件的 MultipartResolver 接口实现类 CommonsMultipartResolver 被弃用,改用基于 Servlet 容器的 MultipartResolver 接口实现类 StandardServletMultipartResolver 进行 multipart 请求解析。

在 Spring MVC 框架中,上传文件时,将文件的相关信息及操作封装到 MultipartFile 接口对象中,因此开发者只需要使用 MultipartFile 类型声明模型类的一个属性即可对被上传文件进行操作。该接口具有如下方法。

- byte[] getBytes():获取文件数据。
- String getContentType():获取文件 MIME 类型,如 image/jpeg 等。
- InputStream getInputStream():获取文件流。
- String getName():获取表单中文件组件的名字。
- String getOriginalFilename():获取上传文件的原名。
- long getSize():获取文件的字节大小,单位为 byte。
- boolean isEmpty():是否有(选择)上传文件。
- void transferTo(File dest):将上传文件保存到一个目标文件中。

因为 Spring Boot 的 spring-boot-starter-web 已经集成了 Spring MVC,所以使用 Spring Boot 实现文件的上传更加便捷。

下面通过一个实例讲解 Spring Boot 中文件的上传与下载的实现过程。

【例 5-7】 Spring Boot 中文件的上传与下载。

其具体实现步骤如下。

❶ 设置上传文件大小的限制

在 Web 应用 ch5_2 的配置文件 application.properties 中添加如下配置限制上传文件大小。

```
#在上传文件时,默认单个上传文件大小是 1MB,max-file-size 用于设置单个上传文件大小
spring.servlet.multipart.max-file-size=50MB
#默认总上传文件大小是 10MB,max-request-size 用于设置总上传文件大小
spring.servlet.multipart.max-request-size=500MB
```

❷ 创建选择文件视图页面

在 ch5_2 应用的 src/main/resources/templates 目录下创建选择文件视图页面 uploadFile.html。在该页面中有一个 enctype 属性值为 multipart/form-data 的 form 表单,具体代码如下:

```
<!DOCTYPE html>
<html xmlns:th="http://www.thymeleaf.org">
<head>
<meta charset="UTF-8">
<title>Insert title here</title>
<link rel="stylesheet" th:href="@{css/bootstrap.min.css}"/>
</head>
<body>
<div class="panel panel-primary">
    <div class="panel-heading">
```

```
                <h3 class="panel-title">文件上传示例</h3>
            </div>
        </div>
        <div class="container">
            <div class="row">
                <div class="col-md-6 col-sm-6">
                    <form class="form-horizontal" action="upload"
                    method="post" enctype="multipart/form-data">
                        <div class="form-group">
                            <div class="input-group col-md-6">
                                <span class="input-group-addon">
                                    <i class="glyphicon glyphicon-pencil"></i>
                                </span>
                                <input class="form-control" type="text"
                                 name="description" th:placeholder="文件描述"/>
                            </div>
                        </div>
                        <div class="form-group">
                            <div class="input-group col-md-6">
                                <span class="input-group-addon">
                                    <i class="glyphicon glyphicon-search"></i>
                                </span>
                                <input class="form-control" type="file"
                                 name="myfile" th:placeholder="选择文件"/>
                            </div>
                        </div>
                        <div class="form-group">
                            <div class="col-md-6">
                                <div class="btn-group btn-group-justified">
                                    <div class="btn-group">
                                        <button type="submit" class="btn btn-success">
                                            <span class="glyphicon glyphicon-share"></span>
                                             上传文件
                                        </button>
                                    </div>
                                </div>
                            </div>
                        </div>
                    </form>
                </div>
            </div>
        </div>
    </body>
</html>
```

❸ 创建实体类

在 ch5_2 应用的 com.ch.ch5_2.model 包中创建实体类 MyFile 封装文件对象,具体代码
如下:

```
package com.ch.ch5_2.model;
import lombok.Data;
@Data
public class MyFile {
    int fno;
    String fname;
}
```

❹ 创建控制器

在 ch5_2 应用的 com.ch.ch5_2.controller 包中创建控制器类 TestFileUpload。在该类中有 4 个处理方法,一个是界面导航方法 uploadFile,一个是实现文件上传的 upload 方法,一个是显示将要被下载文件的 showDownLoad 方法,一个是实现下载功能的 download 方法。具体代码如下:

```java
package com.ch.ch5_2.controller;
import java.io.File;
import java.io.FileInputStream;
import java.io.IOException;
import java.net.URLEncoder;
import java.util.ArrayList;
import com.ch.ch5_2.model.MyFile;
import jakarta.servlet.ServletOutputStream;
import jakarta.servlet.http.HttpServletRequest;
import jakarta.servlet.http.HttpServletResponse;
import org.springframework.stereotype.Controller;
import org.springframework.ui.Model;
import org.springframework.web.bind.annotation.RequestMapping;
import org.springframework.web.bind.annotation.RequestParam;
import org.springframework.web.multipart.MultipartFile;
@Controller
public class TestFileUpload {
    /**
     * 进入文件选择页面
     * /
    @RequestMapping("/uploadFile")
    public String uploadFile() {
        return "uploadFile";
    }
    /**
     * 上传文件自动绑定到 MultipartFile 对象中,在这里使用处理方法的形参接收请求参数
     * /
    @RequestMapping("/upload")
    public String upload(HttpServletRequest request, @RequestParam("description")
            String description, @RequestParam("myfile") MultipartFile myfile)
            throws IllegalStateException, IOException {
        //如果选择了上传文件,将文件上传到指定的目录 uploadFiles 中
        if(!myfile.isEmpty()) {
            //上传文件路径
            String path = request.getServletContext().getRealPath("/uploadFiles/");
            //获得上传文件原名
            String fileName = myfile.getOriginalFilename();
            File filePath = new File(path + File.separator + fileName);
            //如果文件目录不存在,创建目录
            if(!filePath.getParentFile().exists()) {
                filePath.getParentFile().mkdirs();
            }
            //将上传文件保存到一个目标文件中
            myfile.transferTo(filePath);
        }
        //转发到一个请求处理方法,查询将要下载的文件
        return "forward:/showDownLoad";
    }
    /**
     * 显示要下载的文件
     * /
```

```
@RequestMapping("/showDownLoad")
public String showDownLoad(HttpServletRequest request, Model model) {
    String path = request.getServletContext().getRealPath("/uploadFiles/");
    File fileDir = new File(path);
    //从指定目录获得文件列表
    File filesList[] = fileDir.listFiles();
    ArrayList<MyFile> myList = new ArrayList<MyFile>();
    for(int i = 0; i < filesList.length; i++) {
        MyFile mf = new MyFile();
        mf.setFno(i + 1);
        mf.setFname(filesList[i].getName());
        myList.add(mf);
    }
    model.addAttribute("filesList", myList);
    return "showFile";
}
/**
 * 实现下载功能
 */
@RequestMapping("/download")
public void download(
        HttpServletRequest request, HttpServletResponse response,
        @RequestParam("filename") String filename) throws IOException {
    //下载文件路径
    String path = request.getServletContext().getRealPath("/uploadFiles/");
    //创建将要下载的文件对象
    File downFile = new File(path + File.separator + filename);
    //使用 URLEncoder.encode 对文件名进行编码
    filename = URLEncoder.encode(filename,"UTF-8");
    response.setHeader("Content-Type", "application/x-msdownload");
    response.setHeader("Content-Disposition", "attachment; filename=" +
    filename);
    FileInputStream in = null;          //输入流
    ServletOutputStream out = null;     //输出流
    //读入文件
    in = new FileInputStream(downFile);
    //得到响应对象的输出流,用于向客户端输出二进制数据
    out = response.getOutputStream();
    out.flush();
    int aRead = 0;
    byte b[] = new byte[1024];
    while((aRead = in.read(b)) != -1 & in != null) {
        out.write(b, 0, aRead);
    }
    out.flush();
    in.close();
    out.close();
}
}
```

❺ 创建文件下载视图页面

在 ch5_2 应用的 src/main/resources/templates 目录下创建文件下载视图页面 showFile.html,具体代码如下:

```
<!DOCTYPE html>
<html xmlns:th="http://www.thymeleaf.org">
<head>
```

```
    <meta charset="UTF-8">
    <title>Insert title here</title>
    <link rel="stylesheet" th:href="@{css/bootstrap.min.css}"/>
<body>
<div class="panel panel-primary">
  <div class="panel-heading">
    <h3 class="panel-title">文件下载示例</h3>
  </div>
</div>
<div class="container">
  <div class="panel panel-primary">
    <div class="panel-heading">
      <h3 class="panel-title">文件列表</h3>
    </div>
    <div class="panel-body">
      <div class="table table-responsive">
        <table class="table table-bordered table-hover">
          <tbody class="text-center">
          <tr th:each="myFile:${filesList}">
            <td>
              <span th:text="${myFile.fno}"></span>
            </td>
            <td>
              <a th:href="@{download(filename=${myFile.fname})}">
                <span th:text="${myFile.fname}"></span>
              </a>
            </td>
          </tr>
          </tbody>
        </table>
      </div>
    </div>
  </div>
</div>
</body>
</html>
```

❻ 运行

首先运行 Ch52Application 主类,然后访问"http://localhost:8080/ch5_2/uploadFile",
运行结果如图 5.10 所示。

图 5.10　上传文件页面

在图 5.10 中输入文件描述并选择上传的文件,然后单击"上传文件"按钮,实现文件的上
传。在文件上传成功后,将打开如图 5.11 所示的下载文件页面。

单击图 5.11 中的文件名即可下载文件。至此,文件的上传与下载示例演示完毕。

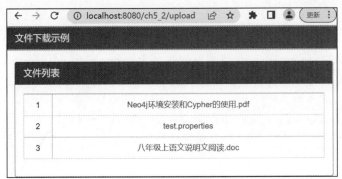

图 5.11　下载文件页面

5.5　Spring Boot 的异常统一处理

在 Spring Boot 应用的开发中,不管是对底层数据库操作,还是对业务层、控制层操作,都不可避免地会遇到各种可预知的、不可预知的异常需要处理。如果每个过程都单独处理异常,那么系统的代码耦合度高,工作量大且不好统一,以后维护的工作量也很大。

如果能将所有类型的异常处理从各层中解耦出来,则既保证了相关处理过程的功能较单一,也实现了异常信息的统一处理和维护。幸运的是,Spring 框架支持这样的实现。本节将从@ExceptionHandler 和@ControllerAdvice 注解两种方式讲解 Spring Boot 应用的异常统一处理。

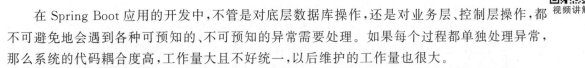

▶5.5.1　自定义 error 页面

在 Spring Boot Web 应用的 src/main/resources/templates 目录下添加 error.html 页面,当访问发生错误或异常时,Spring Boot 将自动找到该页面作为错误页面。Spring Boot 为错误页面提供了以下属性。

- timestamp:错误发生时间。
- status:HTTP 状态码。
- error:错误原因。
- exception:异常的类名。
- message:异常消息(如果这个错误是由异常引起的)。
- errors:BindingResult 异常中的各种错误(如果这个错误是由异常引起的)。
- trace:异常跟踪信息(如果这个错误是由异常引起的)。
- path:错误发生时请求的 URL 路径。

下面通过一个实例讲解在 Spring Boot 应用的开发中如何使用自定义 error 页面。

【例 5-8】　自定义 error 页面。

其具体实现步骤如下。

❶ 创建基于 Thymeleaf 模板引擎的 Spring Boot Web 应用 ch5_3

参照 5.2.6 节的例 5-5,创建基于 Thymeleaf 模板引擎的 Spring Boot Web 应用 ch5_3。

❷ 设置 Web 应用 ch5_3 的上下文路径

在 ch5_3 应用的 application.properties 文件中配置如下内容:

```
server.servlet.context-path=/ch5_3
```

❸ 创建自定义异常类 MyException

在 ch5_3 应用的 src/main/java 目录下创建名为 com.ch.ch5_3.exception 的包,并在该包中创建名为 MyException 的异常类。具体代码如下:

```
package com.ch.ch5_3.exception;
public class MyException extends Exception {
    private static final long serialVersionUID = 1L;
    public MyException() {
        super();
    }
    public MyException(String message) {
        super(message);
    }
}
```

❹ 创建控制器类 TestHandleExceptionController

在 ch5_3 应用的 src/main/java 目录下创建名为 com.ch.ch5_3.controller 的包,并在该包中创建名为 TestHandleExceptionController 的控制器类。在该控制器类中有 4 个请求处理方法,一个是导航到 index.html,另外 3 个分别抛出不同的异常(并没有处理异常)。具体代码如下:

```
package com.ch.ch5_3.controller;
import java.sql.SQLException;
import org.springframework.stereotype.Controller;
import org.springframework.web.bind.annotation.GetMapping;
import com.ch.ch5_3.exception.MyException;
@Controller
public class TestHandleExceptionController {
    @GetMapping("/")
    public String index() {
        return "index";
    }
    @GetMapping("/db")
    public void db() throws SQLException {
        throw new SQLException("数据库异常");
    }
    @GetMapping("/my")
    public void my() throws MyException {
        throw new MyException("自定义异常");
    }
    @GetMapping("/no")
    public void no() throws Exception {
        throw new Exception("未知异常");
    }
}
```

❺ 整理脚本、样式等静态文件

JS 脚本、CSS 样式、图片等静态文件默认放置在 src/main/resources/static 目录下,ch5_3 应用引入了与 ch5_2 一样的 BootStrap 和 jQuery。

❻ 新建 index.html 和 error.html 页面

Thymeleaf 模板默认将视图页面放在 src/main/resources/templates 目录下,因此在 src/main/resources/templates 目录下新建 HTML 页面文件 index.html 和 error.html。

在 index.html 页面中有 4 个超链接请求，3 个请求在控制器中有对应的处理，另一个请求是 404 错误。具体代码如下：

```html
<!DOCTYPE html>
<html xmlns:th="http://www.thymeleaf.org">
<head>
<meta charset="UTF-8">
<title>index</title>
<link rel="stylesheet" th:href="@{css/bootstrap.min.css}"/>
</head>
<body>
    <div class="panel panel-primary">
        <div class="panel-heading">
            <h3 class="panel-title">异常处理示例</h3>
        </div>
    </div>
    <div class="container">
        <div class="row">
            <div class="col-md-4 col-sm-6">
                <a th:href="@{db}">处理数据库异常</a><br>
                <a th:href="@{my}">处理自定义异常</a><br>
                <a th:href="@{no}">处理未知错误</a>
                <hr>
                <a th:href="@{nofound}">404 错误</a>
            </div>
        </div>
    </div>
</body>
</html>
```

在 error.html 页面中使用 Spring Boot 为错误页面提供的属性显示错误消息，具体代码如下：

```html
<!DOCTYPE html>
<html xmlns:th="http://www.thymeleaf.org">
<head>
<meta charset="UTF-8">
<title>error</title>
<link rel="stylesheet" th:href="@{css/bootstrap.min.css}"/>
</head>
<body>
  <div class="panel-l container clearfix">
        <div class="error">
            <p class="title"><span class="code" th:text="${status}"></span>非常
            抱歉,没有找到您要查看的页面</p>
            <div class="common-hint-word">
                <div th:text="${#dates.format(timestamp, 'yyyy-MM-dd HH:mm:ss')}">
                </div>
                <div th:text="${error}"></div>
            </div>
        </div>
    </div>
</body>
</html>
```

❼ 运行

首先运行 Ch53Application 主类，然后访问"http://localhost:8080/ch5_3/"打开 index.html 页面，运行结果如图 5.12 所示。

在单击图 5.12 中的超链接时，Spring Boot 应用将根据链接请求到控制器中找对应的处理。例如，在单击图 5.12 中的"处理数据库异常"链接时，将执行控制器中的 public void db() throws SQLException 方法，而该方法仅抛出了 SQLException 异常，并没有处理异常。当 Spring Boot 发现有异常抛出并没有处理时，将自动在 src/main/resources/templates 目录下找到 error.html 页面显示异常信息，如图 5.13 所示。

图 5.12　index.html 页面

图 5.13　error.html 页面

从例 5-8 的运行结果可以看出，使用自定义 error 页面并没有真正处理异常，只是将异常或错误信息显示给客户端，因为在服务器控制台上同样抛出了异常，如图 5.14 所示。

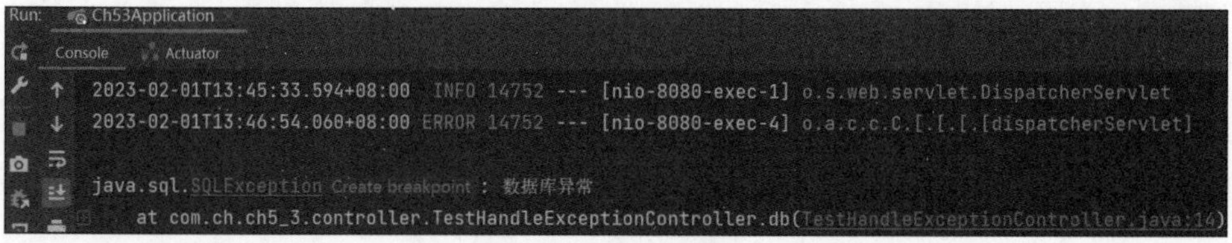

```
Run:    Ch53Application
    Console    Actuator
    2023-02-01T13:45:33.594+08:00  INFO 14752 --- [nio-8080-exec-1] o.s.web.servlet.DispatcherServlet
    2023-02-01T13:46:54.060+08:00  ERROR 14752 --- [nio-8080-exec-4] o.a.c.c.C.[.[.[/dispatcherServlet]

    java.sql.SQLException Create breakpoint : 数据库异常
        at com.ch.ch5_3.controller.TestHandleExceptionController.db(TestHandleExceptionController.java:14)
```

图 5.14　异常信息

▶5.5.2　@ExceptionHandler 注解

在 5.5.1 节中使用自定义 error 页面并没有真正处理异常，本节使用@ExceptionHandler 注解处理异常。如果在 Controller 中有一个使用@ExceptionHandler 注解修饰的方法，那么当 Controller 的任何方法抛出异常时都由该方法处理异常。

下面通过一个实例讲解如何使用@ExceptionHandler 注解处理异常。

【例 5-9】　使用@ExceptionHandler 注解处理异常。

其具体实现步骤如下。

❶ 在控制器类中添加使用@ExceptionHandler 注解修饰的方法

在例 5-8 的控制器类 TestHandleExceptionController 中添加一个使用@ExceptionHandler 注解修饰的方法，具体代码如下：

```java
@ExceptionHandler(value=Exception.class)
public String handlerException(Exception e) {
    //数据库异常
    if(e instanceof SQLException) {
        return "sqlError";
    } else if(e instanceof MyException) {    //自定义异常
        return "myError";
    } else {    //未知异常
        return "noError";
    }
}
```

❷ 创建 sqlError、myError 和 noError 页面

在 ch5_3 应用的 src/main/resources/templates 目录下创建 sqlError、myError 和 noError 页面。当发生 SQLException 异常时，Spring Boot 处理后显示 sqlError 页面；当发生 MyException 异常时，Spring Boot 处理后显示 myError 页面；当发生未知异常时，Spring Boot 处理后显示 noError 页面。这里省略具体代码。

❸ 运行

再次运行 Ch53Application 主类，然后访问"http://localhost:8080/ch5_3/"打开 index.html 页面，在单击"处理数据库异常"链接时，将执行控制器中的 public void db() throws SQLException 方法，该方法抛出了 SQLException，这时 Spring Boot 会自动执行使用 @ExceptionHandler 注解修饰的方法 public String handlerException(Exception e)进行异常处理并打开 sqlError.html 页面，同时观察控制台是否抛出异常信息。

注意：在单击"404 错误"链接时，还是由自定义 error 页面显示错误信息，这是因为没有执行控制器中抛出异常的方法，所以不会执行使用@ExceptionHandler 注解修饰的方法。

从例 5-9 可以看出，在控制器中添加使用@ExceptionHandler 注解修饰的方法才能处理异常，而在一个 Spring Boot 应用中往往存在多个控制器，不太适合在每个控制器中添加使用 @ExceptionHandler注解修饰的方法进行异常处理。此时可以将使用@ExceptionHandler 注解修饰的方法放到一个父类中，然后让所有需要处理异常的控制器继承该类。例如，将例 5-9 中使用@ExceptionHandler 注解修饰的方法放到一个父类 BaseController 中，然后让控制器类 TestHandleExceptionController 继承该父类即可处理异常。

▶5.5.3　@ControllerAdvice 注解

使用 5.5.2 节中的父类 Controller 进行异常处理也有缺点，就是代码耦合性太高，可以使用@ControllerAdvice 注解降低这种父子耦合性。

顾名思义，@ControllerAdvice 注解是一个增强的 Controller。使用该 Controller 可以实现三方面的功能：全局异常处理、全局数据绑定和全局数据预处理。本节将学习如何使用 @ControllerAdvice 注解进行全局异常处理。

使用@ControllerAdvice 注解的类是当前 Spring Boot 应用中所有类的统一异常处理类，在该类中使用@ExceptionHandler 注解的方法统一处理异常，不需要在每个 Controller 中逐一定义异常处理方法，这是因为@ExceptionHandler 对所有注解了@RequestMapping 的控制器方法有效。

下面通过一个实例讲解如何使用@ControllerAdvice 注解进行全局异常处理。

【例 5-10】　使用@ControllerAdvice 注解进行全局异常处理。

其具体实现步骤如下。

❶ 创建使用@ControllerAdvice 注解的类

在 ch5_3 应用的 com.ch.ch5_3.controller 包中创建名为 GlobalExceptionHandlerController 的类。使用@ControllerAdvice 注解修饰该类，并将例 5-9 中使用@ExceptionHandler 注解修饰的方法放到该类中，具体代码如下：

```
package com.ch.ch5_3.controller;
import java.sql.SQLException;
import org.springframework.web.bind.annotation.ControllerAdvice;
```

```
import org.springframework.web.bind.annotation.ExceptionHandler;
import com.ch.ch5_3.exception.MyException;
@ControllerAdvice
public class GlobalExceptionHandlerController {
    @ExceptionHandler(value=Exception.class)
    public String handlerException(Exception e) {
        //数据库异常
        if(e instanceof SQLException) {
            return "sqlError";
        } else if(e instanceof MyException) {     //自定义异常
            return "myError";
        } else {     //未知异常
            return "noError";
        }
    }
}
```

❷ 运行

再次运行 Ch53Application 主类,然后访问"http://localhost:8080/ch5_3/"打开 index.html 页面进行测试即可。

扫一扫

视频讲解

5.6 Spring Boot 对 JSP 的支持

尽管 Spring Boot 建议使用 HTML 完成动态页面,但是也有一部分 Java Web 应用使用 JSP 完成动态页面。考虑到 JSP 是常用的技术,本节将介绍 Spring Boot 如何集成 JSP 技术。

下面通过一个实例讲解 Spring Boot 如何集成 JSP 技术。

【例 5-11】 Spring Boot 集成 JSP 技术。

其具体实现步骤如下。

❶ 创建 Spring Boot Web 应用 ch5_4

在 IDEA 中创建基于 Lombok 和 Spring Web 依赖的 Spring Boot Web 应用 ch5_4。

❷ 修改 pom.xml 文件,添加 Servlet、Tomcat 和 JSTL 依赖

因为在 JSP 页面中使用 EL 和 JSTL 标签显示数据,所以在 pom.xml 文件中除了添加 Servlet 和 Tomcat 依赖外,还需要添加 JSTL 依赖,具体代码如下:

```xml
<!-- 添加 Servlet 依赖 -->
  <dependency>
    <groupId>jakarta.servlet</groupId>
    <artifactId>jakarta.servlet-api</artifactId>
    <version>6.0.0</version>
    <scope>provided</scope>
  </dependency>
  <!-- 添加 Tomcat 依赖 -->
  <dependency>
    <groupId>org.springframework.boot</groupId>
    <artifactId>spring-boot-starter-tomcat</artifactId>
    <scope>provided</scope>
  </dependency>
<!-- Jasper 是 Tomcat 使用的引擎,使用 tomcat-embed-jasper 可以将 Web 应用在内嵌的
Tomcat 下运行 -->
    <dependency>
```

```
        <groupId>org.apache.tomcat.embed</groupId>
        <artifactId>tomcat-embed-jasper</artifactId>
        <scope>provided</scope>
</dependency>
<!-- 添加 JSTL 依赖 -->
<dependency>
        <groupId>org.glassfish.web</groupId>
        <artifactId>jakarta.servlet.jsp.jstl</artifactId>
        <version>3.0.0</version>
</dependency>
```

❸ 设置 Web 应用 ch5_4 的上下文路径及页面配置信息

在 ch5_4 应用的 application.properties 文件中配置如下内容：

```
server.servlet.context-path=/ch5_4
#设置页面前缀目录
spring.mvc.view.prefix=/WEB-INF/jsp/
#设置页面后缀
spring.mvc.view.suffix=.jsp
```

❹ 创建实体类 Book

创建名为 com.ch.ch5_4.model 的包，并在该包中创建名为 Book 的实体类。此实体类用于在模板页面展示数据，代码与例 5-5 中的 Book 类一样，这里不再赘述。

❺ 创建控制器类 ThymeleafController

创建名为 com.ch.ch5_4.controller 的包，并在该包中创建名为 ThymeleafController 的控制器类。在该控制器类中实例化 Book 类的多个对象，并保存到 ArrayList<Book> 集合中。代码与例 5-5 中的 ThymeleafController 类一样，这里不再赘述。

❻ 整理脚本、样式等静态文件

JS 脚本、CSS 样式、图片等静态文件默认放置在 src/main/resources/static 目录下，ch5_4 应用引入的 BootStrap 和 jQuery 与例 5-5 中的一样，这里不再赘述。

❼ 创建 index.jsp 页面

从 application.properties 配置文件中可知，将 JSP 文件路径指定到/WEB-INF/jsp/目录，因此需要在 src/main 目录下创建目录 webapp/WEB-INF/jsp/，并在该目录下创建 JSP 文件 index.jsp，具体代码如下：

```
<%@ page language="java" contentType="text/html; charset=UTF-8" pageEncoding=
"UTF-8"%>
<!-- 引入 JSTL 标签 -->
<%@ taglib prefix="c" uri="http://java.sun.com/jsp/jstl/core" %>
<%
    String path = request.getContextPath();
    String basePath = request.getScheme() + "://" + request.getServerName() + ":"
+ request.getServerPort() + path + "/";
%>
<!DOCTYPE html>
<html>
<head>
<base href="<%=basePath%>">
<meta charset="UTF-8">
<title>JSP测试</title>
```

```
<link href="css/bootstrap.min.css" rel="stylesheet">
</head>
<body>
    <div class="panel panel-primary">
        <div class="panel-heading">
            <h3 class="panel-title">第一个基于JSP技术的Spring Boot Web应用</h3>
        </div>
    </div>
    <div class="container">
        <div>
            <h4>图书列表</h4>
        </div>
        <div class="row">
            <div class="col-md-4 col-sm-6">
                <!-- 使用EL表达式 -->
                <a href="">
<img src="images/${aBook.picture}" alt="图书封面" style="height: 180px;
width: 40%;"/>
                </a>
                <div class="caption">
                    <h4>${aBook.bname}</h4>
                    <p>${aBook.author}</p>
                    <p>${aBook.isbn}</p>
                    <p>${aBook.price}</p>
                    <p>${aBook.publishing}</p>
                </div>
            </div>
            <!-- 使用JSTL标签forEach循环取出集合数据 -->
            <c:forEach var="book" items="${books}">
                <div class="col-md-4 col-sm-6">
                <a href="">
<img src="images/${book.picture}" alt="图书封面" style="height:
180px; width: 40%;"/>
                </a>
                <div class="caption">
                    <h4>${book.bname}</h4>
                    <p>${book.author}</p>
                    <p>${book.isbn}</p>
                    <p>${book.price}</p>
                    <p>${book.publishing}</p>
                </div>
                </div>
            </c:forEach>
        </div>
    </div>
</body>
</html>
```

❽ 运行

首先运行Ch54Application主类,然后访问"http://localhost:8080/ch5_4/",运行结果如图5.15所示。

图 5.15　例 5-11 的运行结果

5.7　本章小结

本章首先介绍了 Spring Boot 的 Web 开发支持,然后详细介绍了 Spring Boot 推荐使用的 Thymeleaf 模板引擎,包括 Thymeleaf 的基础语法、常用属性以及国际化。本章还介绍了 Spring Boot 对 JSON 数据的处理、文件的上传与下载、异常统一处理和 Spring Boot 对 JSP 的支持等 Web 应用开发的常用功能。

习题 5

使用 Hibernate Validator 验证如图 5.16 所示的表单信息,具体要求如下:

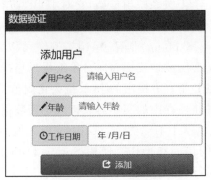

图 5.16　输入页面

(1) 用户名必须输入,并且长度的范围为 5~20。

(2) 年龄的范围为 18~60。

(3) 工作日期在系统时间之前。

学习目的与要求

本章将详细介绍 Spring Boot 访问数据库的解决方案。通过本章的学习,读者应该掌握 Spring Boot 访问关系数据库及非关系数据库的解决方案。

本章主要内容

- Spring Data JPA
- Spring Boot 整合 REST
- Spring Boot 整合 MongoDB
- Spring Boot 整合 Redis
- 数据缓存 Cache

Spring Data 是 Spring 访问数据库的解决方案,是一个伞形项目,包含大量关系数据库及非关系数据库的数据访问解决方案。本章将详细介绍 Spring Data JPA、Spring Data REST、Spring Data MongoDB、Spring Data Redis 等 Spring Data 的子项目。

6.1 Spring Data JPA

Spring Data JPA 是 Spring Data 的子项目。在讲解 Spring Data JPA 之前先了解一下 Hibernate,这是因为 Spring Data JPA 是由 Hibernate 默认实现的。

Hibernate 是一个开源的对象-关系映射框架,它对 JDBC 进行了非常轻量级的对象封装,它将 POJO(Plain Ordinary Java Object)的 Java 对象与数据库表建立映射关系,是一个全自动的 ORM(Object Relational Mapping)框架。Hibernate 可以自动生成 SQL 语句、自动执行,使得 Java 开发人员可以随心所欲地使用面向对象编程思想操作数据库。

JPA(Java Persistence API)是官方提出的 Java 持久化规范。JPA 通过注解或 XML 描述对象-关系(表)的映射关系,并将内存中的实体对象持久化到数据库。

Spring Data JPA 通过提供基于 JPA 的 Repository 极大地简化了 JPA 的写法,在几乎不写实现的情况下实现数据库的访问和操作。使用 Spring Data JPA 建立数据访问层十分方便,只需要定义一个继承 JpaRepository 接口的接口即可。

继承了 JpaRepository 接口的自定义数据访问接口具有 JpaRepository 接口的所有数据访问操作方法。JpaRepository 接口的核心源代码如下:

```
package org.springframework.data.jpa.repository;
...
@NoRepositoryBean
public interface JpaRepository<T, ID> extends ListCrudRepository<T, ID>,
ListPagingAndSortingRepository<T, ID>, QueryByExampleExecutor<T> {
    void flush();
    <S extends T> S saveAndFlush(S entity);
    <S extends T> List<S> saveAllAndFlush(Iterable<S> entities);
    void deleteAllInBatch(Iterable<T> entities);
    void deleteAllByIdInBatch(Iterable<ID> ids);
```

```
    void deleteAllInBatch();
    T getReferenceById(ID id);
    <S extends T> List<S> findAll(Example<S> example);
    <S extends T> List<S> findAll(Example<S> example, Sort sort);
}
```

JpaRepository 接口提供的常用方法如下。

void flush()：将缓存的对象数据操作更新到数据库。

<S extends T>S saveAndFlush(S entity)：在保存对象的同时立即更新到数据库。

<S extends T>List<S>saveAllAndFlush(Iterable<S>entities)：在保存多个对象的同时立即更新到数据库。

void deleteAllInBatch(Iterable<T>entities)：批量删除提供的实体对象。

void deleteAllByIdInBatch(Iterable<ID>ids)：根据 id 批量删除提供的实体对象。

void deleteAllInBatch()：批量删除所有的实体对象。

T getReferenceById(ID id)：根据 id 获得对应的实体对象。

<S extends T>List<S>findAll(Example<S>example)：根据提供的 example 实例查询实体对象数据。

<S extends T>List<S>findAll(Example<S>example，Sort sort)：根据提供的 example 实例并按照指定规则查询实体对象数据。

▶6.1.1　Spring Boot 的支持

在 Spring Boot 应用中，如果需要使用 Spring Data JPA 访问数据库，可以在 IDEA 中创建 Spring Boot 应用时选择 Spring Data JPA 模块依赖。

❶ JDBC 的自动配置

Spring Data JPA 模块的依赖关系如图 6.1 所示。从图 6.1 可知，spring-boot-starter-data-jpa 依赖于 spring-boot-starter-jdbc，而 Spring Boot 对 spring-boot-starter-jdbc 做了自动配置。JDBC 自动配置源代码位于 org.springframework.boot.autoconfigure.jdbc 包下。从 DataSourceProperties 类可以看出，能够使用以 spring.datasource 为前缀的属性在 application.properties 配置文件中配置 datasource。

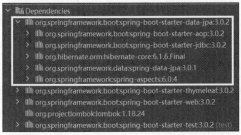

图 6.1　Spring Data JPA 模块的依赖关系

❷ JPA 的自动配置

Spring Boot 对 JPA 的自动配置位于 org.springframework.boot.autoconfigure.orm.jpa 包下。从 HibernateJpaAutoConfiguration 类可以看出，Spring Boot 对 JPA 的默认实现是 Hibernate。从 JpaProperties 类可以看出，能够使用以 spring.jpa 为前缀的属性在 application. properties 配置文件中配置 JPA。

❸ Spring Data JPA 的自动配置

Spring Boot 对 Spring Data JPA 的自动配置位于 org.springframework.boot.autoconfigure.data.jpa 包下。从 JpaRepositoriesAutoConfiguration 类可以看出，JpaRepositoriesAutoConfiguration 依赖于 HibernateJpaAutoConfiguration 配置；从 JpaRepositoriesRegistrar 类可以看出，Spring Boot 自动开启了对 Spring Data JPA 的支持，即开发人员无须在配置类中显式声明@EnableJpaRepositories。

❹ 在 Spring Boot 应用中使用 Spring Data JPA

从上述分析可知，在 Spring Boot 应用中使用 Spring Data JPA 访问数据库时，除了添加 spring-boot-starter-data-jpa 依赖外，只需要定义 DataSource、持久化实体类和数据访问层，并在需要使用数据访问的地方（如 Service 层）依赖注入数据访问层即可。

扫一扫

视频讲解

▶6.1.2 简单条件查询

从前面的学习可知，只需要定义一个继承 JpaRepository 接口的接口即可使用 Spring Data JPA 建立数据访问层。因此，自定义的数据访问接口完全继承了 JpaRepository 的接口方法。但更重要的是，在自定义的数据访问接口中可以根据查询关键字定义查询方法，这些查询方法需要符合它的命名规则，命名规则一般是根据持久化实体类的属性名确定的。

❶ 查询关键字

目前，Spring Data JPA 支持的查询关键字如表 6.1 所示。

表 6.1 查询关键字

关 键 字	示 例	JPQL 代码段
And	findByLastnameAndFirstname	… where x.lastname=?1 and x.firstname=?2
Or	findByLastnameOrFirstname	… where x.lastname=?1 or x.firstname=?2
Is,Equals	findByFirstname,findByFirstnameIs, findByFirstnameEquals	… where x.firstname=?1
Between	findByStartDateBetween	… where x.startDate between ?1 and ?2
LessThan	findByAgeLessThan	… where x.age <?1
LessThanEqual	findByAgeLessThanEqual	… where x.age <=?1
GreaterThan	findByAgeGreaterThan	… where x.age >?1
GreaterThanEqual	findByAgeGreaterThanEqual	… where x.age >=?1
After	findByStartDateAfter	… where x.startDate >?1
Before	findByStartDateBefore	… where x.startDate <?1
IsNull	findByAgeIsNull	… where x.age is null
IsNotNull,NotNull	findByAge(Is)NotNull	… where x.age not null
Like	findByFirstnameLike	… where x.firstname like ?1
NotLike	findByFirstnameNotLike	… where x.firstname not like ?1
StartingWith	findByFirstnameStartingWith	… where x.firstname like ?1 参数后加%，即以参数开头的模糊查询
EndingWith	findByFirstnameEndingWith	… where x.firstname like ?1 参数前加%，即以参数结尾的模糊查询
Containing	findByFirstnameContaining	… where x.firstname like ?1 参数两边加%，即包含参数的模糊查询

续表

关　键　字	示　　例	JPQL 代码段
OrderBy	findByAgeOrderByLastnameDesc	… where x.age＝?1 order by x.lastname desc
Not	findByLastnameNot	… where x.lastname <>?1
In	findByAgeIn(Collection<Age>ages)	… where x.age in ?1
NotIn	findByAgeNotIn(Collection<Age>ages)	… where x.age not in ?1
True	findByActiveTrue()	… where x.active＝true
False	findByActiveFalse()	… where x.active＝false
IgnoreCase	findByFirstnameIgnoreCase	… where UPPER(x.firstname)＝UPPER(?1)

❷ 限制查询结果数量

在 Spring Data JPA 中使用 Top 和 First 关键字限制查询结果数量,示例代码如下:

```
public interface UserRepository extends JpaRepository<MyUser, Integer>{
    /**
     * 获得符合查询条件的前 10 条
     */
    public List<MyUser> findTop10ByUnameLike(String uname);
    /**
     * 获得符合查询条件的前 15 条
     */
    public List<MyUser> findFirst15ByUnameLike(String uname);
}
```

❸ 简单条件查询示例

下面通过一个实例讲解在 Spring Boot Web 应用中如何使用 Spring Data JPA 进行简单条件查询。

【例 6-1】　使用 Spring Data JPA 进行简单条件查询。

其具体实现步骤如下。

1)创建数据库

本书使用的关系数据库是 MySQL 8,为了演示本例,首先通过命令"CREATE DATABASE springbootjpa;"创建名为 springbootjpa 的数据库。

2)创建基于 Lombok、Thymeleaf 和 Spring Data JPA 的 Spring Boot Web 应用 ch6_1

在 IDEA 中创建基于 Lombok、Thymeleaf 和 Spring Data JPA 的 Spring Boot Web 应用 ch6_1。

3)修改 pom.xml 文件,添加 MySQL 依赖

在 pom.xml 文件中添加如下依赖:

```
<dependency>
    <groupId>mysql</groupId>
    <artifactId>mysql-connector-java</artifactId>
    <version>8.0.29</version>
</dependency>
```

4)设置 Web 应用 ch6_1 的上下文路径及数据源配置信息

在 ch6_1 应用的 application.properties 文件中配置如下内容:

```
server.servlet.context-path=/ch6_1
#数据库地址
```

```
spring.datasource.url=jdbc:mysql://localhost:3306/springbootjpa?useUnicode=
true&characterEncoding=UTF-8&allowMultiQueries=true&serverTimezone=GMT%2B8
#数据库用户名
spring.datasource.username=root
#数据库密码
spring.datasource.password=root
#数据库驱动
spring.datasource.driver-class-name=com.mysql.cj.jdbc.Driver
####
#JPA持久化配置
####
#指定数据库类型
spring.jpa.database=MySQL
#指定是否在日志中显示SQL语句
spring.jpa.show-sql=true
#指定自动创建、更新数据库表等配置,update表示如果数据库中存在持久化类对应的表就不创建,
#不存在就创建
spring.jpa.hibernate.ddl-auto=update
#让控制器输出的JSON字符串格式更美观
spring.jackson.serialization.indent-output=true
```

5）创建持久化实体类 MyUser

创建名为 com.ch.ch6_1.entity 的包,并在该包中创建名为 MyUser 的持久化实体类,具体
代码如下：

```java
package com.ch.ch6_1.entity;
import jakarta.persistence. * ;
import lombok.Data;
import java.io.Serializable;
@Entity
@Table(name = "user_table")
@Data
public class MyUser implements Serializable{
    private static final long serialVersionUID = 1L;
    @Id
    @GeneratedValue(strategy = GenerationType.IDENTITY)
    private int id;     //主键
    /**使用@Column注解,可以配置列相关属性(列名、长度等),
     * 可以省略,默认为属性名小写,如果属性名是词组,将在中间加上"_"。
     * /
    private String uname;
    private String usex;
    private int age;
}
```

在持久化类中,@Entity 注解表明该实体类是一个与数据库表映射的实体类。@Table
表示实体类与哪个数据库表映射,如果没有通过 name 属性指定表名,默认为小写的类名。如
果类名为词组,将在中间加上"_"(如 MyUser 类对应的表名为 my_user)。使用@Id 注解的属
性表示该属性映射为数据库表的主键。@GeneratedValue 注解默认使用的主键生成方式为
自增,如果是 MySQL、SQL Server 等关系型数据库,可以映射成一个递增的主键;如果是 Oracle
等关系数据库,Hibernate 将自动生成一个名为 HIBERNATE_SEQUENCE 的序列。

6）创建数据访问层

创建名为 com.ch.ch6_1.repository 的包,并在该包中创建名为 UserRepository 的接口,
该接口继承 JpaRepository 接口,具体代码如下：

```
package com.ch.ch6_1.repository;
import java.util.List;
import org.springframework.data.jpa.repository.JpaRepository;
import com.ch.ch6_1.entity.MyUser;
/**
 * 这里不需要使用@Repository 注解数据访问层,
 * 因为 Spring Boot 自动配置了 JpaRepository
 */
public interface UserRepository extends JpaRepository<MyUser, Integer>{
    public MyUser findByUname(String uname);
    public List<MyUser> findByUnameLike(String uname);
}
```

由于 UserRepository 接口继承了 JpaRepository 接口,所以 UserRepository 接口中除了上述自定义的两个接口方法外(方法名的命名规范参照表 6.1),还拥有 JpaRepository 的接口方法。

7) 创建业务层

创建名为 com.ch.ch6_1.service 的包,并在该包中创建 UserService 接口和接口的实现类 UserServiceImpl。这里省略 UserService 接口的代码。

UserServiceImpl 实现类的核心代码如下:

```
@Service
public class UserServiceImpl implements UserService{
    @Autowired        //依赖注入数据访问层
    private UserRepository userRepository;
    @Override
    public void saveAll() {
        MyUser mu1 = new MyUser();
        mu1.setUname("陈恒 1");
        mu1.setUsex("男");
        mu1.setAge(88);
        MyUser mu2 = new MyUser();
        mu2.setUname("陈恒 2");
        mu2.setUsex("女");
        mu2.setAge(18);
        MyUser mu3 = new MyUser();
        mu3.setUname("陈恒 3");
        mu3.setUsex("男");
        mu3.setAge(99);
        List<MyUser> users = new ArrayList<MyUser>();
        users.add(mu1);
        users.add(mu2);
        users.add(mu3);
        //调用父接口中的方法 saveAllAndFlush
        userRepository.saveAllAndFlush(users);
    }
    @Override
    public List<MyUser> findAll() {
        //调用父接口中的方法 findAll
        return userRepository.findAll();
    }
    @Override
    public MyUser findByUname(String uname) {
        return userRepository.findByUname(uname);
    }
    @Override
```

```
    public List<MyUser> findByUnameLike(String uname) {
        return userRepository.findByUnameLike("%" + uname + "%");
    }
    @Override
    public MyUser getOne(int id) {
        //调用父接口中的方法 getReferenceById
        return userRepository.getReferenceById(id);
    }
}
```

8）创建控制器类 UserTestController

创建名为 com.ch.ch6_1.controller 的包，并在该包中创建名为 UserTestController 的控制器类。UserTestController 的核心代码如下：

```
@Controller
public class UserTestController {
    @Autowired
    private UserService userService;
    @GetMapping("/save")
    @ResponseBody
    public String save() {
        userService.saveAll();
        return "保存用户成功!";
    }
    @GetMapping("/findByUname")
    public String findByUname(String uname, Model model) {
        model.addAttribute("title", "根据用户名查询一个用户");
        model.addAttribute("auser", userService.findByUname(uname));
        return "showAuser";
    }
    @GetMapping("/getOne")
    public String getOne(int id, Model model) {
        model.addAttribute("title", "根据用户 id查询一个用户");
        model.addAttribute("auser",userService.getOne(id));
        return "showAuser";
    }
    @GetMapping("/findAll")
    public String findAll(Model model){
        model.addAttribute("title", "查询所有用户");
        model.addAttribute("allUsers",userService.findAll());
        return "showAll";
    }
    @GetMapping("/findByUnameLike")
    public String findByUnameLike(String uname, Model model){
        model.addAttribute("title", "根据用户名模糊查询所有用户");
        model.addAttribute("allUsers",userService.findByUnameLike(uname));
        return "showAll";
    }
}
```

9）整理脚本、样式等静态文件

JS 脚本、CSS 样式、图片等静态文件默认放置在 src/main/resources/static 目录下，ch6_1 应用引入的 BootStrap 和 jQuery 与例 5-5 中的一样，这里不再赘述。

10）创建 View 视图页面

在 src/main/resources/templates 目录下创建视图页面 showAll.html 和 showAuser.html。

showAll.html 的代码如下：

```
<!DOCTYPE html>
<html xmlns:th="http://www.thymeleaf.org">
<head>
<meta charset="UTF-8">
<title>显示查询结果</title>
<link rel="stylesheet" th:href="@{css/bootstrap.min.css}"/>
</head>
<body>
    <div class="panel panel-primary">
        <div class="panel-heading">
            <h3 class="panel-title">Spring Data JPA 简单查询</h3>
        </div>
    </div>
    <div class="container">
        <div class="panel panel-primary">
            <div class="panel-heading">
                <h3 class="panel-title"><span th:text="${title}"></span></h3>
            </div>
            <div class="panel-body">
                <div class="table table-responsive">
                    <table class="table table-bordered table-hover">
                        <tbody class="text-center">
                            <tr th:each="user:${allUsers}">
                                <td><span th:text="${user.id}"></span></td>
                                <td><span th:text="${user.uname}"></span></td>
                                <td><span th:text="${user.usex}"></span></td>
                                <td><span th:text="${user.age}"></span></td>
                            </tr>
                        </tbody>
                    </table>
                </div>
            </div>
        </div>
    </div>
</body>
</html>
```

showAuser.html 的代码如下：

```
<!DOCTYPE html>
<html xmlns:th="http://www.thymeleaf.org">
<head>
<meta charset="UTF-8">
<title>显示查询结果</title>
<link rel="stylesheet" th:href="@{css/bootstrap.min.css}"/>
</head>
<body>
    <div class="panel panel-primary">
        <div class="panel-heading">
            <h3 class="panel-title">Spring Data JPA 简单查询</h3>
        </div>
    </div>
    <div class="container">
        <div class="panel panel-primary">
            <div class="panel-heading">
                <h3 class="panel-title"><span th:text="${title}"></span></h3>
            </div>
```

```
                <div class="panel-body">
                    <div class="table table-responsive">
                        <table class="table table-bordered table-hover">
                            <tbody class="text-center">
                                <tr>
                                    <td><span th:text="${auser.id}"></span></td>
                                    <td><span th:text="${auser.uname}"></span></td>
                                    <td><span th:text="${auser.usex}"></span></td>
                                    <td><span th:text="${auser.age}"></span></td>
                                </tr>
                            </tbody>
                        </table>
                    </div>
                </div>
            </div>
    </body>
</html>
```

11）运行

首先运行 Ch61Application 主类，然后访问"http://localhost:8080/ch6_1/save/"，运行结果如图 6.2 所示。

"http://localhost:8080/ch6_1/save/"成功运行后，在 MySQL 的 springbootjpa 数据库中创建一个名为 user_table 的数据库表，并插入 3 条记录。

通过访问"http://localhost:8080/ch6_1/findAll"查询所有用户，运行结果如图 6.3 所示。

图 6.3   查询所有用户

图 6.2   保存用户

通过访问"http://localhost:8080/ch6_1/findByUnameLike?uname＝陈"模糊查询所有陈姓用户的信息，运行结果与图 6.3 一样。

通过访问"http://localhost:8080/ch6_1/findByUname?uname＝陈恒 2"查询名为"陈恒2"的用户的信息，运行结果如图 6.4 所示。

图 6.4   查询名为"陈恒 2"的用户的信息

通过访问"http://localhost:8080/ch6_1/getOne?id＝1"查询 id 为 1 的用户的信息，运行结果如图 6.5 所示。

图 6.5　查询 id 为 1 的用户的信息

▶6.1.3　关联查询

在 Spring Data JPA 中有一对一、一对多、多对多等关系映射,本节将针对这些关系映射进行讲解。

❶ @OneToOne

一对一关系在现实生活中是十分常见的,例如一个人只有一张身份证,一张身份证只属于一个人。

在 Spring Data JPA 中可以用两种方式描述一对一关系映射:一种是通过外键的方式(一个实体通过外键关联到另一个实体的主键);另一种是通过一张关联表保存两个实体的一对一关系。下面通过外键的方式讲解一对一关系映射。

【例 6-2】 使用 Spring Data JPA 实现人与身份证的一对一关系映射。

首先创建基于 Lombok 与 Spring Data JPA 依赖的 Spring Boot Web 应用 ch6_2。ch6_2 应用的数据库、pom.xml 以及 application.properties 与 ch6_1 应用基本一样,这里不再赘述。

其他内容的具体实现步骤如下。

1)创建持久化实体类

创建名为 com.ch.ch6_2.entity 的包,并在该包中创建名为 Person 和 IdCard 的持久化实体类。

Person 的代码如下:

```
package com.ch.ch6_2.entity;
import java.io.Serializable;
import jakarta.persistence.*;
import com.fasterxml.jackson.annotation.JsonIgnore;
import com.fasterxml.jackson.annotation.JsonIgnoreProperties;
import lombok.Data;
@Entity
@Table(name="person_table")
/**解决 No serializer found for class org.hibernate.proxy.pojo.bytebuddy.
ByteBuddyInterceptor 异常 */
@JsonIgnoreProperties(value = {"hibernateLazyInitializer"})
@Data
public class Person implements Serializable{
    private static final long serialVersionUID = 1L;
    @Id
    @GeneratedValue(strategy = GenerationType.IDENTITY)
    private int id;          //自动递增的主键
    private String pname;
    private String psex;
    private int page;
    @OneToOne(
```

```
            optional = true,
            fetch = FetchType.LAZY,
            targetEntity = IdCard.class,
            cascade = CascadeType.ALL
    )
    /* 指明 Person 对应表的 id_Card_id 列作为外键与 IdCard 对应表的 id 列进行关联,
       unique= true 指明 id_Card_id 列的值不可以重复 */
    @JoinColumn(
            name = "id_Card_id",
            referencedColumnName = "id",
            unique= true
    )
    @JsonIgnore
    /* 如果 A 对象持有 B 的引用,B 对象持有 A 的引用,这样就形成了循环引用,如果直接使用 JSON
       转换会报错,使用@JsonIgnore 解决该错误 */
    private IdCard idCard;
}
```

在上述实体类 Person 中,@OneToOne 注解有 5 个属性:targetEntity、cascade、fetch、optional 和 mappedBy。

targetEntity 属性:class 类型属性。该属性定义关系类的类型,默认是该成员属性对应的类类型,所以通常不需要提供定义。

cascade 属性:CascadeType[]类型。该属性定义类和类之间的级联关系,定义的级联关系将被容器视为对当前类对象及其关联类对象采取相同的操作,而且这种关系是递归调用的。cascade 的值只能从 CascadeType.PERSIST(级联新建)、CascadeType.REMOVE(级联删除)、CascadeType.REFRESH(级联刷新)、CascadeType.MERGE(级联更新)中选择一个或多个,还有一个选择是使用 CascadeType.ALL,表示选择全部 4 项。

FetchType.LAZY:懒加载,在加载一个实体时,定义懒加载的属性不会立即从数据库中加载。FetchType.EAGER:急加载,在加载一个实体时,定义急加载的属性会立即从数据库中加载。

optional 属性:optional=true 表示 idCard 属性可以为 null,也就是允许一些人没有身份证,例如未成年人可以没有身份证。

mappedBy 属性:mappedBy 属性定义在关系的被维护端,它指向关系的维护端;只有@OneToOne、@OneToMany、@ManyToMany 才有 mappedBy 属性,@ManyToOne 不存在该属性。在实体类的定义中,含有 mappedBy 属性的实体类为关系的被维护端。

IdCard 的代码如下:

```
package com.ch.ch6_2.entity;
import java.io.Serializable;
import java.util.Calendar;
import jakarta.persistence.*;
import com.fasterxml.jackson.annotation.JsonIgnoreProperties;
import lombok.Data;
@Entity
@Table(name = "idcard_table")
@JsonIgnoreProperties(value = {"hibernateLazyInitializer"})
@Data
public class IdCard implements Serializable{
    private static final long serialVersionUID = 1L;
    @Id
    @GeneratedValue(strategy = GenerationType.IDENTITY)
```

```
        private int id;            //自动递增的主键
        private String code;
        /**
         * @Temporal 主要用来指明 java.util.Date 或 java.util.Calendar 类型的属性具体
         * 与数据库(date、time、timestamp)3 个类型中的哪一个进行映射
         */
        @Temporal(value = TemporalType.DATE)
        private Calendar birthday;
        private String address;
        /**
         * optional = false 设置 person 属性值不能为 null,也就是身份证必须有对应的人
         * mappedBy = "idCard"与 Person 类中的 idCard 属性一致
         * 含有 mappedBy 属性的实体类为关系的被维护端
         */
        @OneToOne(
                optional = false,
                fetch = FetchType.LAZY,
                targetEntity = Person.class,
                mappedBy = "idCard",
                cascade = CascadeType.ALL
        )
        private Person person;           //对应的人
}
```

2) 创建数据访问层

创建名为 com. ch. ch6 _ 2. repository 的包,并在该包中创建名为 IdCardRepository 和 PersonRepository 的接口。

IdCardRepository 的代码如下:

```
package com.ch.ch6_2.repository;
import java.util.List;
import org.springframework.data.jpa.repository.JpaRepository;
import com.ch.ch6_2.entity.IdCard;
public interface IdCardRepository extends JpaRepository<IdCard, Integer>{
    /**
     * 根据人员 ID 查询身份信息(关联查询,根据 person 属性的 id)
     * 相当于 JPQL 语句 select ic from IdCard ic where ic.person.id = ?1
     */
    public IdCard findByPerson_id(Integer id);
    /**
     * 根据地址和身份证号查询身份信息
     * 相当于 JPQL 语句 select ic from IdCard ic where ic.address = ?1 and ic.code =?2
     */
    public List<IdCard> findByAddressAndCode(String address, String code);
}
```

按照 Spring Data JPA 的规则,查询两个有关联关系的对象可以通过方法名中的下画线 "_"标识,例如根据人员 ID 查询身份信息 findByPerson_id。JPQL(Java Persistence Query Language)是一种和 SQL 非常类似的可移植的面向对象的查询语言,它最终被编译成针对不同底层数据库的 SQL 查询,从而屏蔽不同数据库的差异。JPQL 语句可以是 select 语句、update 语句或 delete 语句,它们都通过 Query 接口封装执行。JPQL 的具体内容不是本书的重点,需要学习的读者请参考相关资料。

PersonRepository 的代码如下:

```
package com.ch.ch6_2.repository;
import java.util.List;
import org.springframework.data.jpa.repository.JpaRepository;
import com.ch.ch6_2.entity.Person;
public interface PersonRepository extends JpaRepository<Person, Integer>{
    /**
     * 根据身份 ID 查询人员信息(关联查询,根据 idCard 属性的 id)
     * 相当于 JPQL 语句 select p from Person p where p.idCard.id = ?1
     */
    public Person findByIdCard_id(Integer id);
    /**
     * 根据人名和性别查询人员信息
     * 相当于 JPQL 语句 select p from Person p where p.pname = ?1 and p.psex = ?2
     */
    public List<Person> findByPnameAndPsex(String pname, String psex);
}
```

3）创建业务层

创建名为 com.ch.ch6_2.service 的包,并在该包中创建名为 PersonAndIdCardService 的接口和接口实现类 PersonAndIdCardServiceImpl。这里省略 PersonAndIdCardService 接口的代码。PersonAndIdCardServiceImpl 的核心代码如下：

```
@Service
public class PersonAndIdCardServiceImpl implements PersonAndIdCardService{
    @Autowired
    private IdCardRepository idCardRepository;
    @Autowired
    private PersonRepository personRepository;
    @Override
    public void saveAll() {
        //保存身份证
        IdCard ic1 = new IdCard();
        ic1.setCode("123456789");
        ic1.setAddress("北京");
        Calendar c1 = Calendar.getInstance();
        c1.set(2023, 8, 13);
        ic1.setBirthday(c1);
        IdCard ic2 = new IdCard();
        ic2.setCode("000123456789");
        ic2.setAddress("上海");
        Calendar c2 = Calendar.getInstance();
        c2.set(2023, 8, 14);
        ic2.setBirthday(c2);
        IdCard ic3 = new IdCard();
        ic3.setCode("1111123456789");
        ic3.setAddress("广州");
        Calendar c3 = Calendar.getInstance();
        c3.set(2023, 8, 15);
        ic3.setBirthday(c3);
        List<IdCard> idCards = new ArrayList<IdCard>();
        idCards.add(ic1);
        idCards.add(ic2);
        idCards.add(ic3);
        idCardRepository.saveAllAndFlush(idCards);
        //保存人员
        Person p1 = new Person();
        p1.setPname("陈恒 1");
```

```java
            p1.setPsex("男");
            p1.setPage(88);
            p1.setIdCard(ic1);
            Person p2 = new Person();
            p2.setPname("陈恒 2");
            p2.setPsex("女");
            p2.setPage(99);
            p2.setIdCard(ic2);
            Person p3 = new Person();
            p3.setPname("陈恒 3");
            p3.setPsex("女");
            p3.setPage(18);
            p3.setIdCard(ic3);
            List<Person> persons = new ArrayList<Person>();
            persons.add(p1);
            persons.add(p2);
            persons.add(p3);
            personRepository.saveAllAndFlush(persons);
    }
    @Override
    public List<Person> findAllPerson() {
        return personRepository.findAll();
    }
    @Override
    public List<IdCard> findAllIdCard() {
        return idCardRepository.findAll();
    }
    /**
     * 根据人员 ID 查询身份信息(关联查询)
     */
    @Override
    public IdCard findByPerson_id(Integer id) {
        return idCardRepository.findByPerson_id(id);
    }
    @Override
    public List<IdCard> findByAddressAndCode(String address, String code) {
        return idCardRepository.findByAddressAndCode(address, code);
    }
    /**
     * 根据身份 ID 查询人员信息(关联查询)
     */
    @Override
    public Person findByIdCard_id(Integer id) {
        return personRepository.findByIdCard_id(id);
    }
    @Override
    public List<Person> findByPnameAndPsex(String pname, String psex) {
        return personRepository.findByPnameAndPsex(pname, psex);
    }
    @Override
    public IdCard getOneIdCard(Integer id) {
        return idCardRepository.getReferenceById(id);
    }
    @Override
    public Person getOnePerson(Integer id) {
        return personRepository.getReferenceById(id);
    }
}
```

4）创建控制器类

创建名为 com.ch.ch6_2.controller 的包，并在该包中创建名为 TestOneToOneController 的控制器类。

TestOneToOneController 的核心代码如下：

```java
@RestController
public class TestOneToOneController {
    @Autowired
    private PersonAndIdCardService personAndIdCardService;
    @GetMapping("/save")
    public String save() {
        personAndIdCardService.saveAll();
        return "人员和身份保存成功!";
    }
    @GetMapping("/findAllPerson")
    public List<Person> findAllPerson() {
        return personAndIdCardService.findAllPerson();
    }
    @GetMapping("/findAllIdCard")
    public List<IdCard>findAllIdCard() {
        return personAndIdCardService.findAllIdCard();
    }
    /**
     * 根据人员 ID 查询身份信息(关联查询)
     */
    @GetMapping("/findByPerson_id")
    public IdCard findByPerson_id(Integer id) {
        return personAndIdCardService.findByPerson_id(id);
    }
    @GetMapping("/findByAddressAndCode")
    public List<IdCard> findByAddressAndCode(String address, String code) {
        return personAndIdCardService.findByAddressAndCode(address, code);
    }
    /**
     * 根据身份 ID 查询人员信息(关联查询)
     */
    @GetMapping("/findByIdCard_id")
    public Person findByIdCard_id(Integer id) {
        return personAndIdCardService.findByIdCard_id(id);
    }
    @GetMapping("/findByPnameAndPsex")
    public List<Person> findByPnameAndPsex(String pname, String psex) {
        return personAndIdCardService.findByPnameAndPsex(pname, psex);
    }
    @GetMapping("/getOneIdCard")
    public IdCard getOneIdCard(Integer id) {
        return personAndIdCardService.getOneIdCard(id);
    }
    @GetMapping("/getOnePerson")
    public Person getOnePerson(Integer id) {
        return personAndIdCardService.getOnePerson(id);
    }
}
```

5）运行

首先运行 Ch62Application 主类，然后访问"http://localhost:8080/ch6_2/save"，运行结果如图 6.6 所示。

localhost:8080/ch6_2/save
人员和身份保存成功！

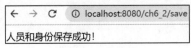

图 6.6 保存数据

“http://localhost:8080/ch6_2/save”成功运行后，在 MySQL 的 springbootjpa 数据库中创建名为 idcard_table 和 person_table 的数据库表(实体类成功加载后就已经创建好数据表)，并分别插入 3 条记录。

通过“http://localhost:8080/ch6_2/findByIdCard_id?id=1”查询身份证 id 为 1 的人员信息(关联查询)，运行结果如图 6.7 所示。

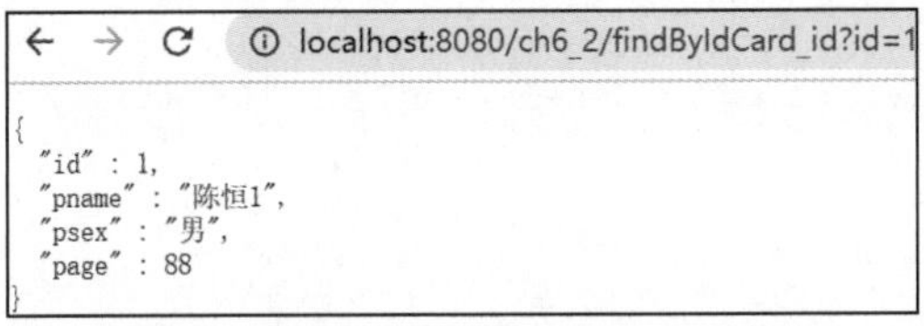
localhost:8080/ch6_2/findByIdCard_id?id=1
{
"id" : 1,
"pname" : "陈恒1",
"psex" : "男",
"page" : 88
}

图 6.7 查询身份证 id 为 1 的人员信息

通过“http://localhost:8080/ch6_2/findByPerson_id?id=1”查询人员 id 为 1 的身份证信息(关联查询)，运行结果如图 6.8 所示。

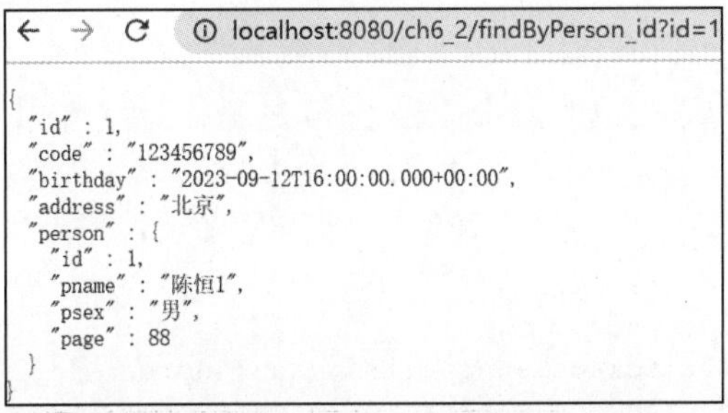
localhost:8080/ch6_2/findByPerson_id?id=1
{
"id" : 1,
"code" : "123456789",
"birthday" : "2023-09-12T16:00:00.000+00:00",
"address" : "北京",
"person" : {
"id" : 1,
"pname" : "陈恒1",
"psex" : "男",
"page" : 88
}
}

图 6.8 查询人员 id 为 1 的身份证信息

❷ @OneToMany 和@ManyToOne

在实际生活中，作者和文章是一对多的双向关系。那么在 Spring Data JPA 中如何描述一对多的双向关系呢？

在 Spring Data JPA 中，使用@OneToMany 和@ManyToOne 表示一对多的双向关联。例如，一端(Author)使用@OneToMany，多端(Article)使用@ManyToOne。

在 JPA 规范中，一对多的双向关系由多端(如 Article)维护。也就是说，多端为关系的维护端，负责关系的增、删、改、查；一端则为关系的被维护端，不能维护关系。

一端(Author)使用@OneToMany 注解的 mappedBy="author"属性表明是关系的被维护端。多端(Article)使用@ManyToOne 和@JoinColumn 注解属性 author，@ManyToOne 表明 Article 是多端，@JoinColumn 设置在 article 表的关联字段(外键)上。

【例 6-3】 使用 Spring Data JPA 实现 Author 与 Article 的一对多关系映射。

在 ch6_2 应用中实现例 6-3，具体实现步骤如下。

1）创建持久化实体类

在 com.ch.ch6_2.entity 包中创建名为 Author 和 Article 的持久化实体类。

Author 的代码如下：

```
package com.ch.ch6_2.entity;
package com.ch.ch6_2.entity;
import java.io.Serializable;
import java.util.List;
import jakarta.persistence.*;
import com.fasterxml.jackson.annotation.JsonIgnoreProperties;
import lombok.Data;
@Entity
@Table(name = "author_table")
@JsonIgnoreProperties(value = {"hibernateLazyInitializer"})
@Data
public class Author implements Serializable{
    private static final long serialVersionUID = 1L;
    @Id
    @GeneratedValue(strategy = GenerationType.IDENTITY)
    private int id;
    //作者名
    private String aname;
    //文章列表,作者与文章是一对多的关系
    @OneToMany(
            mappedBy = "author",
            cascade = CascadeType.ALL,
            targetEntity = Article.class,
            fetch=FetchType.LAZY
    )
    private List<Article> articleList;
}
```

Article 的代码如下：

```
package com.ch.ch6_2.entity;
import java.io.Serializable;
import jakarta.persistence.*;
import com.fasterxml.jackson.annotation.JsonIgnore;
import com.fasterxml.jackson.annotation.JsonIgnoreProperties;
import lombok.Data;
@Entity
@Table(name = "article_table")
@JsonIgnoreProperties(value = {"hibernateLazyInitializer"})
@Data
public class Article implements Serializable{
    private static final long serialVersionUID = 1L;
    @Id
    @GeneratedValue(strategy = GenerationType.IDENTITY)
    private int id;
    //标题
    @Column(nullable = false, length = 50)
    private String title;
    //文章内容
    @Lob        //大对象,映射为 MySQL 的 Long 文本类型
    @Basic(fetch = FetchType.LAZY)
    @Column(nullable = false)
    private String content;
    //所属作者,文章与作者是多对一的关系
    @ManyToOne(cascade={CascadeType.MERGE,CascadeType.REFRESH},optional=false)
    //可选属性 optional=false 表示 author 不能为空。删除文章不影响用户
    @JoinColumn(name="id_author_id")        //设置在 article 表的关联字段(外键)上
```

```
    @JsonIgnore
    private Author author;
}
```

2）创建数据访问层

在 com.ch.ch6_2.repository 包中创建名为 AuthorRepository 和 ArticleRepository 的接口。

AuthorRepository 的代码如下：

```
package com.ch.ch6_2.repository;
import org.springframework.data.jpa.repository.JpaRepository;
import com.ch.ch6_2.entity.Author;
public interface AuthorRepository extends JpaRepository<Author, Integer>{
    /**
     * 根据文章标题包含的内容查询作者(关联查询)
     * 相当于 JPQL 语句 select a from Author a inner join a.articleList t where
       t.title like %?1%
     */
    public Author findByArticleList_titleContaining(String title);
}
```

ArticleRepository 的代码如下：

```
package com.ch.ch6_2.repository;
import java.util.List;
import org.springframework.data.jpa.repository.JpaRepository;
import com.ch.ch6_2.entity.Article;
public interface ArticleRepository extends JpaRepository<Article, Integer>{
    /**
     * 根据作者 ID 查询文章信息(关联查询,根据 author 属性的 id)
     * 相当于 JPQL 语句 select a from Article a where a.author.id = ?1
     */
    public List<Article> findByAuthor_id(Integer id);
    /**
     * 根据作者名查询文章信息(关联查询,根据 author 属性的 aname)
     * 相当于 JPQL 语句 select a from Article a where a.author.aname = ?1
     */
    public List<Article> findByAuthor_aname(String aname);
}
```

3）创建业务层

在 com.ch.ch6_2.service 包中创建名为 AuthorAndArticleService 的接口和接口实现类 AuthorAndArticleServiceImpl。这里省略 AuthorAndArticleService 接口的代码。

AuthorAndArticleServiceImpl 的核心代码如下：

```
@Service
public class AuthorAndArticleServiceImpl implements AuthorAndArticleService{
    @Autowired
    private AuthorRepository authorRepository;
    @Autowired
    private ArticleRepository articleRepository;
    @Override
    public void saveAll() {
        //保存作者(先保存一的一端)
        Author a1 = new Author();
        a1.setAname("陈恒 1");
        Author a2 = new Author();
```

```
        a2.setAname("陈恒 2");
        ArrayList<Author> allAuthor = new ArrayList<Author>();
        allAuthor.add(a1);
        allAuthor.add(a2);
        authorRepository.saveAll(allAuthor);
        //保存文章
        Article at1 = new Article();
        at1.setTitle("JPA 的一对多 111");
        at1.setContent("其实一对多映射关系很常见 111。");
        //设置关系
        at1.setAuthor(a1);
        Article at2 = new Article();
        at2.setTitle("JPA 的一对多 222");
        at2.setContent("其实一对多映射关系很常见 222。");
        //设置关系
        at2.setAuthor(a1);        //文章 2 与文章 1 的作者相同
        Article at3 = new Article();
        at3.setTitle("JPA 的一对多 333");
        at3.setContent("其实一对多映射关系很常见 333。");
        //设置关系
        at3.setAuthor(a2);
        Article at4 = new Article();
        at4.setTitle("JPA 的一对多 444");
        at4.setContent("其实一对多映射关系很常见 444。");
        //设置关系
        at4.setAuthor(a2);        //文章 3 与文章 4 的作者相同
        ArrayList<Article> allAt = new ArrayList<Article>();
        allAt.add(at1);
        allAt.add(at2);
        allAt.add(at3);
        allAt.add(at4);
        articleRepository.saveAll(allAt);
    }
    @Override
    public List<Article> findByAuthor_id(Integer id) {
        return articleRepository.findByAuthor_id(id);
    }
    @Override
    public List<Article> findByAuthor_aname(String aname) {
        return articleRepository.findByAuthor_aname(aname);
    }
    @Override
    public Author findByArticleList_titleContaining(String title) {
        return authorRepository.findByArticleList_titleContaining(title);
    }
}
```

4）创建控制器类

在 com.ch.ch6_2.controller 包中创建名为 TestOneToManyController 的控制器类。
TestOneToManyController 的核心代码如下：

```
@RestController
public class TestOneToManyController {
    @Autowired
    private AuthorAndArticleService authorAndArticleService;
    @GetMapping("/saveOneToMany")
    public String save() {
        authorAndArticleService.saveAll();
```

```
        return "作者和文章保存成功!";
    }
    @GetMapping("/findArticleByAuthor_id")
    public List<Article> findByAuthor_id(Integer id) {
        return authorAndArticleService.findByAuthor_id(id);
    }
    @GetMapping("/findArticleByAuthor_aname")
    public List<Article> findByAuthor_aname(String aname){
        return authorAndArticleService.findByAuthor_aname(aname);
    }
    @GetMapping("/findByArticleList_titleContaining")
    public Author findByArticleList_titleContaining(String title) {
        return authorAndArticleService.findByArticleList_titleContaining(title);
    }
}
```

5）运行

首先运行 Ch62Application 主类,然后访问"http://localhost:8080/ch6_2/saveOneToMany",运行结果如图 6.9 所示。

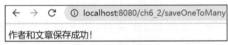

图 6.9　保存数据

"http://localhost:8080/ch6_2/saveOneToMany"成功运行后,在 MySQL 的 springbootjpa 数据库中创建名为 author_table 和 article_table 的数据库表,并在 author_table 表中插入两条记录,同时在 article_table 表中插入 4 条记录。

通过"http://localhost:8080/ch6_2/findArticleByAuthor_id? id=2"查询作者 ID 为 2 的文章列表(关联查询),运行结果如图 6.10 所示。

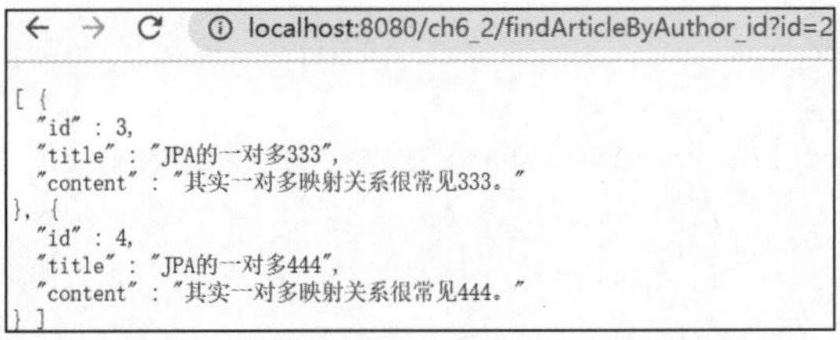

```
← → C  ① localhost:8080/ch6_2/findArticleByAuthor_id?id=2

[ {
  "id" : 3,
  "title" : "JPA的一对多333",
  "content" : "其实一对多映射关系很常见333。"
}, {
  "id" : 4,
  "title" : "JPA的一对多444",
  "content" : "其实一对多映射关系很常见444。"
} ]
```

图 6.10　查询作者 ID 为 2 的文章列表

通过"http://localhost:8080/ch6_2/findArticleByAuthor_aname? aname=陈恒 1"查询作者名为"陈恒 1"的文章列表(关联查询),运行结果如图 6.11 所示。

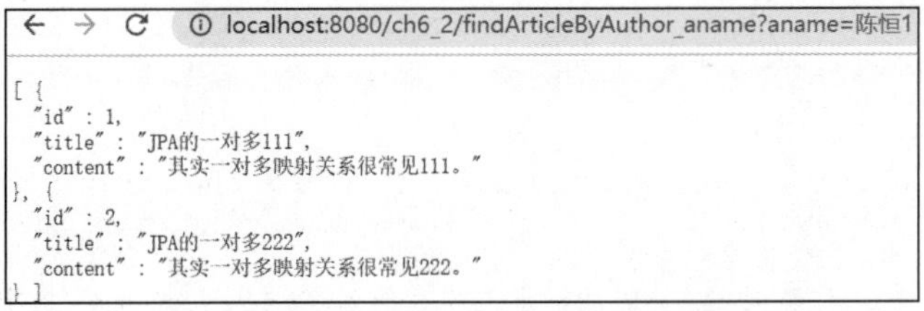

```
← → C  ① localhost:8080/ch6_2/findArticleByAuthor_aname?aname=陈恒1

[ {
  "id" : 1,
  "title" : "JPA的一对多111",
  "content" : "其实一对多映射关系很常见111。"
}, {
  "id" : 2,
  "title" : "JPA的一对多222",
  "content" : "其实一对多映射关系很常见222。"
} ]
```

图 6.11　查询作者名为"陈恒 1"的文章列表

通过"http://localhost:8080/ch6_2/findByArticleList_titleContaining? title=一对多"查询文章标题包含"一对多"的作者(关联查询),运行结果如图 6.12 所示。

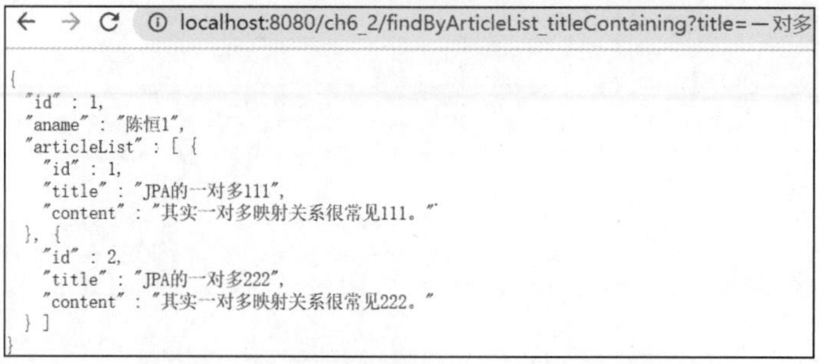

图 6.12　查询文章标题包含"一对多"的作者

❸ @ManyToMany

在实际生活中,用户和权限是多对多的关系。一个用户可以有多个权限;一个权限也可以被很多用户拥有。

在 Spring Data JPA 中使用@ManyToMany 注解多对多的映射关系,由一个关联表维护。关联表的表名默认为主表名+下画线+从表名(主表是指关系维护端对应的表;从表是指关系被维护端对应的表)。关联表只有两个外键字段,分别指向主表 ID 和从表 ID。字段的名称默认为主表名+下画线+主表中的主键列名,从表名+下画线+从表中的主键列名。需要注意的是,在多对多关系中一般不设置级联保存、级联删除、级联更新等操作。

【例 6-4】　使用 Spring Data JPA 实现用户(User)与权限(Authority)的多对多关系映射。在 ch6_2 应用中实现例 6-4,具体实现步骤如下。

1) 创建持久化实体类

在 com.ch.ch6_2.entity 包中创建名为 User 和 Authority 的持久化实体类。

User 的代码如下:

```
package com.ch.ch6_2.entity;
import java.io.Serializable;
import java.util.List;
import jakarta.persistence.*;
import com.fasterxml.jackson.annotation.JsonIgnoreProperties;
import lombok.Data;
@Entity
@Table(name = "user")
@JsonIgnoreProperties(value = {"hibernateLazyInitializer"})
@Data
public class User implements Serializable{
    private static final long serialVersionUID = 1L;
    @Id
    @GeneratedValue(strategy = GenerationType.IDENTITY)
    private int id;
    private String username;
    private String password;
    @ManyToMany
    @JoinTable(name = "user_authority",joinColumns = @JoinColumn(name = "user_id"),
        inverseJoinColumns = @JoinColumn(name = "authority_id"))
    /**1. 关系维护端,负责多对多关系的绑定和解除。
    2. @JoinTable 注解的 name 属性指定关联表的名字,joinColumns 指定外键的名字,关联到
关系维护端(User)。
    3. inverseJoinColumns 指定外键的名字,需要关联的关系称为被维护端(Authority)。
    4. 其实可以不使用@JoinTable 注解,默认生成关联表名称为主表名+下画线+从表名,即表
名为 user_authority。
```

　　　　关联到主表的外键名：主表名+下画线+主表中的主键列名，即 user_id。

　　　　关联到从表的外键名：主表中用于关联的属性名+下画线+从表的主键列名，即 authority_id。
主表是关系维护端对应的表，从表是关系被维护端对应的表。

```
         */
        private List<Authority> authorityList;
}
```

Authority 的代码如下：

```
package com.ch.ch6_2.entity;
import java.io.Serializable;
import java.util.List;
import jakarta.persistence.*;
import com.fasterxml.jackson.annotation.JsonIgnore;
import com.fasterxml.jackson.annotation.JsonIgnoreProperties;
import lombok.Data;
@Entity
@Table(name = "authority")
@JsonIgnoreProperties(value = {"hibernateLazyInitializer"})
@Data
public class Authority implements Serializable{
    private static final long serialVersionUID = 1L;
    @Id
    @GeneratedValue(strategy = GenerationType.IDENTITY)
    private int id;
    @Column(nullable = false)
    private String name;
    @ManyToMany(mappedBy = "authorityList")
    @JsonIgnore
    private List<User> userList;
}
```

2）创建数据访问层

在 com.ch.ch6_2.repository 包中创建名为 UserRepository 和 AuthorityRepository 的
接口。

UserRepository 的代码如下：

```
package com.ch.ch6_2.repository;
import java.util.List;
import org.springframework.data.jpa.repository.JpaRepository;
import com.ch.ch6_2.entity.User;
public interface UserRepository extends JpaRepository<User, Integer>{
    /**
     * 根据权限 ID 查询拥有该权限的用户(关联查询)
     * 相当于 JPQL 语句"select u from User u inner join u.authorityList a where
       a.id = ?1"
     */
    public List<User> findByAuthorityList_id(int id);
    /**
     * 根据权限名查询拥有该权限的用户(关联查询)
     * 相当于 JPQL 语句"select u from User u inner join u.authorityList a where
       a.name = ?1"
     */
    public List<User> findByAuthorityList_name(String name);
}
```

AuthorityRepository 的代码如下：

```
package com.ch.ch6_2.repository;
import java.util.List;
```

```
import org.springframework.data.jpa.repository.JpaRepository;
import com.ch.ch6_2.entity.Authority;
public interface AuthorityRepository extends JpaRepository<Authority, Integer>{
    /**
     * 根据用户 ID 查询用户所拥有的权限(关联查询)
     * 相当于 JPQL 语句"select a from Authority a inner join a.userList u where
       u.id = ?1"
     */
    public List<Authority> findByUserList_id(int id);
    /**
     * 根据用户名查询用户所拥有的权限(关联查询)
     * 相当于 JPQL 语句"select a from Authority a inner join a.userList u where
       u.username = ?1"
     */
    public List<Authority> findByUserList_Username(String username);
}
```

3)创建业务层

在 com.ch.ch6_2.service 包中创建名为 UserAndAuthorityService 的接口和接口实现类 UserAndAuthorityServiceImpl。这里省略 UserAndAuthorityService 接口的代码。

UserAndAuthorityServiceImpl 的核心代码如下:

```
@Service
public class UserAndAuthorityServiceImpl implements UserAndAuthorityService{
    @Autowired
    private AuthorityRepository authorityRepository;
    @Autowired
    private UserRepository userRepository;
    @Override
    public void saveAll() {
        //添加权限 1
        Authority at1 = new Authority();
        at1.setName("增加");
        authorityRepository.save(at1);
        //添加权限 2
        Authority at2 = new Authority();
        at2.setName("修改");
        authorityRepository.save(at2);
        //添加权限 3
        Authority at3 = new Authority();
        at3.setName("删除");
        authorityRepository.save(at3);
        //添加权限 4
        Authority at4 = new Authority();
        at4.setName("查询");
        authorityRepository.save(at4);
        //添加用户 1
        User u1 = new User();
        u1.setUsername("陈恒 1");
        u1.setPassword("123");
        ArrayList<Authority> authorityList1 = new ArrayList<Authority>();
        authorityList1.add(at1);
        authorityList1.add(at2);
        authorityList1.add(at3);
        u1.setAuthorityList(authorityList1);
        userRepository.save(u1);
        //添加用户 2
```

```
        User u2 = new User();
        u2.setUsername("陈恒 2");
        u2.setPassword("234");
        ArrayList<Authority> authorityList2 = new ArrayList<Authority>();
        authorityList2.add(at2);
        authorityList2.add(at3);
        authorityList2.add(at4);
        u2.setAuthorityList(authorityList2);
        userRepository.save(u2);
    }
    @Override
    public List<User> findByAuthorityList_id(int id) {
        return userRepository.findByAuthorityList_id(id);
    }
    @Override
    public List<User> findByAuthorityList_name(String name) {
        return userRepository.findByAuthorityList_name(name);
    }
    @Override
    public List<Authority> findByUserList_id(int id) {
        return authorityRepository.findByUserList_id(id);
    }
    @Override
    public List<Authority> findByUserList_Username(String username) {
        return authorityRepository.findByUserList_Username(username);
    }
}
```

4）创建控制器类

在 com.ch.ch6_2.controller 包中创建名为 TestManyToManyController 的控制器类。
TestManyToManyController 的核心代码如下：

```
@RestController
public class TestManyToManyController {
    @Autowired
    private UserAndAuthorityService userAndAuthorityService;
    @GetMapping("/saveManyToMany")
    public String save() {
        userAndAuthorityService.saveAll();
        return "权限和用户保存成功!";
    }
    @GetMapping("/findByAuthorityList_id")
    public List<User> findByAuthorityList_id(int id) {
        return userAndAuthorityService.findByAuthorityList_id(id);
    }
    @GetMapping("/findByAuthorityList_name")
    public List<User> findByAuthorityList_name(String name) {
        return userAndAuthorityService.findByAuthorityList_name(name);
    }
    @GetMapping("/findByUserList_id")
    public List<Authority> findByUserList_id(int id) {
        return userAndAuthorityService.findByUserList_id(id);
    }
    @GetMapping("/findByUserList_Username")
    public List<Authority> findByUserList_Username(String username) {
        return userAndAuthorityService.findByUserList_Username(username);
    }
}
```

5）运行

首先运行 Ch62Application 主类,然后访问"http://localhost:8080/ch6_2/saveManyToMany",运行结果如图 6.13 所示。

图 6.13　保存数据

通过"http://localhost:8080/ch6_2/findByAuthorityList_id?id=1"查询拥有 id 为 1 的权限的用户列表(关联查询),运行结果如图 6.14 所示。

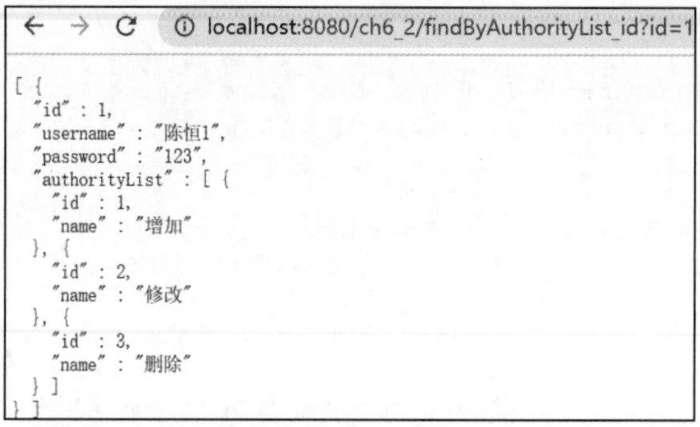

图 6.14　查询拥有 **id** 为 1 的权限的用户列表

通过"http://localhost:8080/ch6_2/findByAuthorityList_name?name=修改"查询拥有"修改"权限的用户列表(关联查询),运行结果如图 6.15 所示。

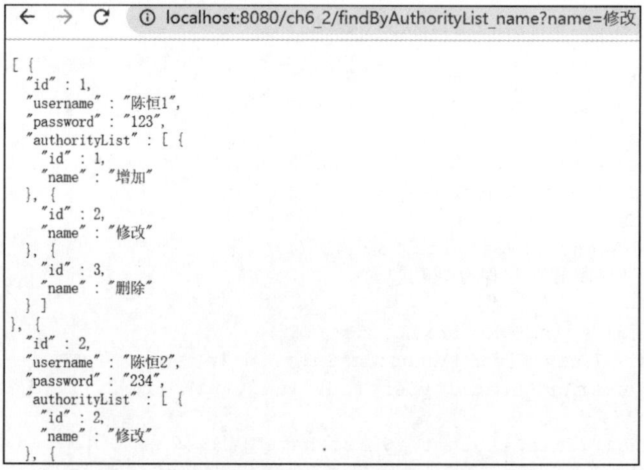

图 6.15　查询拥有"修改"权限的用户列表

通过"http://localhost:8080/ch6_2/findByUserList_id?id=2"查询 id 为 2 的用户的权限列表(关联查询),运行结果如图 6.16 所示。

通过"http://localhost:8080/ch6_2/findByUserList_Username?username=陈恒 2"查询用户名为"陈恒 2"的用户的权限列表(关联查询),运行结果如图 6.17 所示。

在 6.1.2 节和 6.1.3 节中查询方法必须严格按照 Spring Data JPA 的查询关键字的命名规范进行命名。如何摆脱查询关键字和关联查询命名规范的约束呢?可以通过@Query、@NamedQuery直接定义 JPQL 语句进行数据的访问操作。

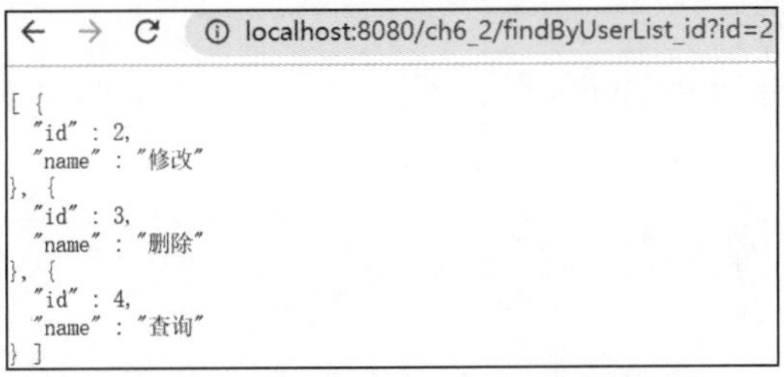

图 6.16 查询 id 为 2 的用户的权限列表

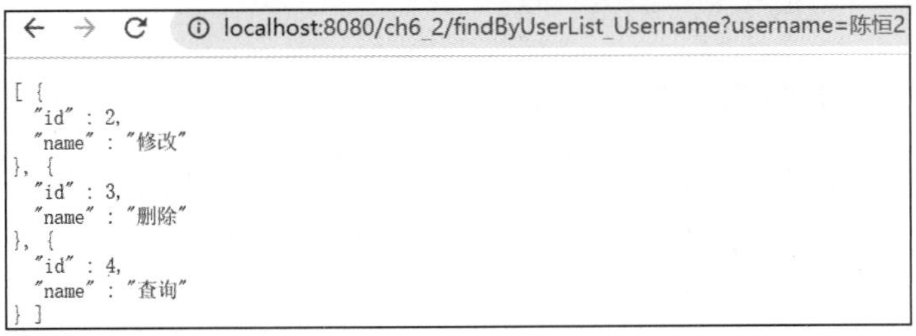

图 6.17 查询用户名为"陈恒 2"的用户的权限列表

▶6.1.4 @Query 和@Modifying 注解

❶ @Query 注解

使用@Query 注解可以将 JPQL 语句直接定义在数据访问接口方法上,并且接口方法名不受查询关键字和关联查询命名规范的约束。示例代码如下:

```
public interface AuthorityRepository extends JpaRepository<Authority, Integer>{
    /**
     * 根据用户名查询用户所拥有的权限(关联查询)
     */
    @Query("select a from Authority a inner join a.userList u where u.username = ?1")
    public List<Authority> findByUserListUsername(String username);
}
```

使用@Query 注解定义 JPQL 语句,可以直接返回 List<Map<String,Object>>对象。示例代码如下:

```
/**
 * 根据作者 ID 查询文章信息(标题和内容)
 */
@Query("select new Map(a.title as title, a.content as content) from Article a where
a.author.id = ?1 ")
public List<Map<String, Object>> findTitleAndContentByAuthorId(Integer id);
```

使用@Query 注解定义 JPQL 语句的方法是使用参数位置("?1"指获取方法形参列表中的第 1 个参数值,1 代表参数位置,以此类推)获取参数值。除此之外,Spring Data JPA 还支持使用名称获取参数值,格式为":参数名称"。示例代码如下:

```
/**
 * 根据作者名和作者 ID 查询文章信息
 */
@Query("select a from Article a where a.author.aname = :aname1 and a.author.id = :
id1")
public List< Article > findArticleByAuthorAnameAndId (@ Param ( "aname1") String
aname, @Param("id1") Integer id);
```

❷ **@Modifying 注解**

可以使用@Modifying 和@Query 注解组合定义在数据访问接口方法上,进行更新查询操作,示例代码如下:

```
/**
 * 根据作者 ID 删除作者
 */
@Modifying
@Query("delete from Author a where a.id = ?1")
public int deleteAuthorByAuthorId(int id);
```

扫一扫

视频讲解

▶**6.1.5　排序与分页查询**

在实际应用开发中,排序与分页查询是必需的。幸运的是,Spring Data JPA 充分考虑了排序与分页查询的场景,为用户提供了 Sort 类、Page 接口以及 Pageable 接口。

例如,有以下数据访问接口:

```
public interface AuthorRepository extends JpaRepository<Author, Integer>{
    List<Author> findByAnameContaining(String aname, Sort sort);
}
```

那么,在 Service 层可以这样使用排序:

```
public List<Author> findByAnameContaining(String aname, String sortColumn) {
    //按 sortColumn 降序排序
    return authorRepository.findByAnameContaining(aname, new Sort(Direction.
DESC, sortColumn));
}
```

可以使用 Pageable 接口的实现类 PageRequest 的 of 方法构造分页查询对象,示例代码如下:

```
Page<Author> pageData = authorRepository.findAll(PageRequest.of(page-1, size,
new Sort(Direction.DESC, "id")));
```

其中,Page 接口可以获得当前页面的记录、总页数、总记录数等信息,示例代码如下:

```
//获得当前页面的记录
List<Author> allAuthor = pageData.getContent();
model.addAttribute("allAuthor",allAuthor);
//获得总记录数
model.addAttribute("totalCount", pageData.getTotalElements());
//获得总页数
model.addAttribute("totalPage", pageData.getTotalPages());
```

下面通过一个实例讲解 Spring Data JPA 的排序与分页查询的使用方法。

【例 6-5】　排序与分页查询的使用方法。

首先为本例创建基于 Thymeleaf、Lombok 和 Spring Data JPA 的 Spring Boot Web 应用 ch6_3。ch6_3 应用的数据库、pom.xml、application.properties 以及静态资源等内容与 ch6_1 应用基本一样,这里不再赘述。

其他内容的具体实现步骤如下。

❶ **创建持久化实体类**

在 ch6_3 应用的 src/main/java 目录下创建名为 com.ch.ch6_3.entity 的包,并在该包中创建名为 Article 和 Author 的持久化实体类。其具体代码分别与 ch6_2 应用中 Article 和

Author 的代码一样,这里不再赘述。

❷ 创建数据访问层

在 ch6_3 应用的 src/main/java 目录下创建名为 com.ch.ch6_3.repository 的包,并在该包中创建名为 AuthorRepository 的接口。

AuthorRepository 的代码如下:

```
package com.ch.ch6_3.repository;
import java.util.List;
import org.springframework.data.domain.Sort;
import org.springframework.data.jpa.repository.JpaRepository;
import com.ch.ch6_3.entity.Author;
public interface AuthorRepository extends JpaRepository<Author, Integer>{
    /**
     * 查询作者名中含有 name 的作者列表,并排序
     */
    List<Author> findByAnameContaining(String aname, Sort sort);
}
```

❸ 创建业务层

在 ch6_3 应用的 src/main/java 目录下创建名为 com.ch.ch6_3.service 的包,并在该包中创建名为 ArticleAndAuthorService 的接口和接口实现类 ArticleAndAuthorServiceImpl。

ArticleAndAuthorService 的代码如下:

```
package com.ch.ch6_3.service;
import java.util.List;
import org.springframework.ui.Model;
import com.ch.ch6_3.entity.Author;
public interface ArticleAndAuthorService {
    /**
     * name 代表作者名的一部分(模糊查询),sortColumn 代表排序列
     */
    List<Author> findByAnameContaining(String aname,String sortColumn);
    /**
     * 分页查询作者,page 代表第几页
     */
    public String findAllAuthorByPage(Integer page, Model model);
}
```

ArticleAndAuthorServiceImpl 的核心代码如下:

```
@Service
public class ArticleAndAuthorServiceImpl implements ArticleAndAuthorService{
    @Autowired
    private AuthorRepository authorRepository;
    @Override
    public List<Author> findByAnameContaining(String aname, String sortColumn) {
        //按 sortColumn 降序排序
        return authorRepository.findByAnameContaining(aname, Sort.by(Direction.
        DESC, sortColumn));
    }
    @Override
    public String findAllAuthorByPage(Integer page, Model model) {
        if(page == null) {       //第一次访问 findAllAuthorByPage 方法时
            page = 1;
        }
        int size = 2;             //每页显示两条记录
```

```
//分页查询,of 方法的第一个参数代表第几页(比实际小 1),
//第二个参数代表页面大小,第三个参数代表排序规则
Page<Author> pageData = authorRepository.findAll(PageRequest.of(page-1,
size, Sort.by(Direction.DESC, "id")));
//获得当前页面数据并转换为 List<Author>,转发到视图页面显示
List<Author> allAuthor = pageData.getContent();
model.addAttribute("allAuthor",allAuthor);
//共多少条记录
model.addAttribute("totalCount", pageData.getTotalElements());
//共多少页
model.addAttribute("totalPage", pageData.getTotalPages());
//当前页
model.addAttribute("page", page);
return "index";
    }
}
```

❹ 创建控制器类

在 ch6_3 应用的 src/main/java 目录下创建名为 com.ch.ch6_3.controller 的包,并在该包中创建名为 TestSortAndPage 的控制器类。

TestSortAndPage 的核心代码如下:

```
@Controller
public class TestSortAndPage {
    @Autowired
    private ArticleAndAuthorService articleAndAuthorService;
    @GetMapping("/findByAnameContaining")
    @ResponseBody
    public List<Author> findByAnameContaining(String aname, String sortColumn) {
        return articleAndAuthorService.findByAnameContaining(aname, sortColumn);
    }
    @GetMapping("/findAllAuthorByPage")
    public String findAllAuthorByPage(Integer page, Model model) {
        return articleAndAuthorService.findAllAuthorByPage(page, model);
    }
}
```

❺ 创建 View 视图页面

在 src/main/resources/templates 目录下创建视图页面 index.html。

index.html 的代码如下:

```
<!DOCTYPE html>
<html xmlns:th="http://www.thymeleaf.org">
<head>
<meta charset="UTF-8">
<title>显示分页查询结果</title>
<link rel="stylesheet" th:href="@{css/bootstrap.min.css}"/>
<link rel="stylesheet" th:href="@{css/bootstrap-theme.min.css}"/>
</head>
<body>
    <div class="panel panel-primary">
        <div class="panel-heading">
            <h3 class="panel-title">Spring Data JPA 分页查询</h3>
        </div>
    </div>
    <div class="container">
        <div class="panel panel-primary">
```

```
                <div class="panel-body">
                    <div class="table table-responsive">
                        <table class="table table-bordered table-hover">
                            <tbody class="text-center">
                                <tr th:each="author:${allAuthor}">
                                    <td><span th:text="${author.id}"></span></td>
                                    <td><span th:text="${author.aname}"></span></td>
                                </tr>
                                <tr>
                                <td colspan="2" align="right">
                                    <ul class="pagination">
                                    <li><a>第<span th:text="${page}"></span>页</a></li>
                                    <li><a>共<span th:text="${totalPage}"></span>页
                                    </a></li>
                                    <li><a>共<span th:text="${totalCount}"></span>条
                                    </a></li>
                                    <li>
         <a th:href="@{findAllAuthorByPage(page=${page-1})}" th:if="${page != 1}">上
一页</a>
                                    </li>
                                    <li>
<a th:href="@{findAllAuthorByPage(page=${page+1})}" th:if="${page != 
totalPage}">下一页</a>
                                    </li>
                                    </ul>
                                </td>
                            </tr>
                            </tbody>
                        </table>
                    </div>
                </div>
            </div>
</body>
</html>
```

❻ 运行

首先运行 Ch63Application 主类,然后通过"http://localhost:8080/ch6_3/findByAnameContaining?aname=陈 & sortColumn=id"查询作者名中含有"陈"的作者列表,并按照 id 降序排序。

通过"http://localhost:8080/ch6_3/findAllAuthorByPage?page=1"分页查询作者,并按照 id 降序排序,运行结果如图 6.18 所示。

图 6.18　分页查询作者

6.2 REST

本节介绍 RESTful 风格接口,并通过 Spring Boot 实现 RESTful。

▶6.2.1 REST 简介

REST 即表现层状态转化(Representational State Transfer,REST),是 Roy Thomas Fielding 博士于 2000 年在他的博士论文中提出的一种软件架构风格。它是一种针对网络应用的设计和开发方式,可以降低开发的复杂性,提高系统的可伸缩性,目前应用在 3 种主流的 Web 服务实现方案中。因为 REST 模式的 Web 服务与复杂的 SOAP 和 XML-RPC 相比更加简洁,越来越多的 Web 服务开始使用 REST 风格设计和实现。

REST 是一组架构约束条件和原则。

(1) 使用客户/服务器模型:客户和服务器之间通过一个统一的接口互相通信。

(2) 层次化的系统:在一个 REST 系统中,客户端并不会固定地与一个服务器打交道。

(3) 无状态:在一个 REST 系统中,服务器端并不会保存有关客户的任何状态。也就是说,客户端自身负责用户状态的维持,并在每次发送请求时都需要提供足够的信息。

(4) 可缓存:REST 系统需要恰当地缓存请求,以尽量减少服务器端和客户端之间的信息传输,从而提高性能。

(5) 统一的接口:一个 REST 系统需要使用一个统一的接口完成子系统之间以及服务与用户之间的交互,这使得 REST 系统中的各个子系统可以独自完成演化。

满足这些约束条件和原则的应用程序或设计就是 RESTful。需要注意的是,REST 是设计风格而不是标准。REST 通常基于 HTTP、URI、XML 以及 HTML 这些现有的广泛流行的协议和标准。

理解 RESTful 架构,应该先理解 Representational State Transfer 这个词组到底是什么意思,它的每一个词表达了什么含义。

1) 资源(Resources)

"表现层状态转化"中的"表现层"其实指的是"资源"的"表现层"。

"资源"就是网络上的一个实体,或者说是网络上的一个具体信息。"资源"可以是一段文本、一张图片、一段视频,总之就是一个具体的实体。可以使用一个 URL(统一资源定位符)指向资源,每种资源对应一个特定的 URL。当需要获取资源时,访问它的 URL 即可,因此 URL 是每个资源的地址或独一无二的标识符。REST 风格的 Web 服务通过一个简洁、清晰的 URL 提供资源链接,客户端通过对 URL 发送 HTTP 请求获得这些资源,而获取和处理资源的过程让客户端应用的状态发生改变。

2) 表现层(Representation)

"资源"是一种信息实体,可以有多种外在的表现形式,通常将"资源"呈现出来的形式称为它的"表现层"。例如,文本可以使用 TXT 格式表现,也可以使用 XML 格式、JSON 格式表现。

3) 状态转化(State Transfer)

客户端访问一个网站代表了它和服务器的一个互动过程。在这个互动过程中,将涉及数据和状态的变化。HTTP 是一个无状态的通信协议,这意味着所有状态都保存在服务器端。因此,如果客户端操作服务器,需要通过某种手段(如 HTTP)让服务器端发生"状态变化"。

而这种转化是建立在表现层之上的,所以就是"表现层状态转化"。

在流行的各种 Web 框架中,包括 Spring Boot,都支持 REST 开发。REST 并不是一种技术或者规范,而是一种架构风格,包括如何标识资源、如何标识操作接口及操作的版本、如何标识操作的结果等。REST 的主要内容如下。

❶ 使用"api"作为上下文

在 REST 架构中,建议使用"api"作为上下文,示例如下:

```
http://localhost:8080/api
```

❷ 增加一个版本标识

在 REST 架构中,可以通过 URL 标识版本信息,示例如下:

```
http://localhost:8080/api/v1.0
```

❸ 标识资源

在 REST 架构中,可以将资源名称放到 URL 中,示例如下:

```
http://localhost:8080/api/v1.0/user
```

❹ 确定 HTTP Method

HTTP 有 5 个常用的表示操作方式的动词:GET、POST、PUT、DELETE 和 PATCH。它们分别对应 5 种基本操作:GET 用来获取资源;POST 用来增加资源(也可以用来更新资源);PUT 用来更新资源;DELETE 用来删除资源;PATCH 用来更新资源的部分属性。示例如下:

1)新增用户

```
POST http://localhost:8080/api/v1.0/user
```

2)查询 id 为 123 的用户

```
GET http://localhost:8080/api/v1.0/user/123
```

3)更新 id 为 123 的用户

```
PUT http://localhost:8080/api/v1.0/user/123
```

4)删除 id 为 123 的用户

```
DELETE http://localhost:8080/api/v1.0/user/123
```

5)更新 id 为 123 的用户的 email 属性值

```
PATCH http://localhost:8080/api/v1.0/user/123?email=gogo@126.com
```

❺ 确定 HTTP Status

HTTP Status 是服务器向用户返回的状态码和提示信息,常用以下几种。

(1) 200 OK - [GET]:服务器成功返回用户请求的数据。

(2) 201 CREATED - [POST/PUT/PATCH]:用户新建或修改数据成功。

(3) 202 Accepted - [*]:表示一个请求已经进入后台排队(异步任务)。

(4) 204 NO CONTENT - [DELETE]:用户删除数据成功。

(5) 400 INVALID REQUEST - [POST/PUT/PATCH]:用户发出的请求有错误,服务器没有进行新建或修改数据的操作。

(6) 401 Unauthorized - [*]：表示用户没有权限(令牌、用户名、密码错误)。

(7) 403 Forbidden - [*]：表示用户得到授权(与401错误相对)，但是访问是被禁止的。

(8) 404 NOT FOUND - [*]：用户发出的请求针对的是不存在的记录，服务器没有进行操作。

(9) 406 Not Acceptable - [GET]：用户请求的格式不可得(例如用户请求 JSON 格式，但是只有 XML 格式)。

(10) 410 Gone - [GET]：用户请求的资源被永久删除，且不会再得到。

(11) 422 Unprocesable entity - [POST/PUT/PATCH]：在创建一个对象时，发生一个验证错误。

(12) 500 INTERNAL SERVER ERROR - [*]：服务器发生错误，用户将无法判断发出的请求是否成功。

▶6.2.2　Spring Boot 整合 REST

在 Spring Boot 的 Web 应用中自动支持 REST。也就是说，只要 spring-boot-starter-web 依赖在 pom.xml 文件中，就支持 REST。

【例 6-6】　一个 RESTful 应用示例。

假如在 ch6_2 应用的控制器类中有如下处理方法：

```
@RequestMapping("/findArticleByAuthor_id/{id}")
public List<Article> findByAuthor_id(@PathVariable("id") Integer id) {
    return authorAndArticleService.findByAuthor_id(id);
}
```

那么，可以使用如下 REST 风格的 URL 访问上述处理方法：

```
http://localhost:8080/ch6_2/findArticleByAuthor_id/2
```

在本例中使用了 URL 模板模式映射@RequestMapping("/findArticleByAuthor_id/{id}")，其中{XXX}为占位符，请求的 URL 可以是"/findArticleByAuthor_id/1"或"/findArticleByAuthor_id/2"。通过在处理方法中使用@PathVariable 获取{XXX}中的 XXX 变量值。@PathVariable 用于将请求 URL 中的模板变量映射到功能处理方法的参数上。如果{XXX}中的变量名 XXX 和形参名称一致，则@PathVariable 不用指定名称。

▶6.2.3　Spring Data REST

Spring Data JPA 基于 Spring Data 的 repository 之上，可以将 repository 自动输出为 REST 资源。目前，Spring Data REST 支持将 Spring Data JPA、Spring Data MongoDB、Spring Data Neo4j、Spring Data GemFire 以及 Spring Data Cassandra 的 repository 自动转换成 REST 服务。

Spring Boot 对 Spring Data REST 的自动配置存放在 org.springframework.boot. autoconfigure.data.rest 包中。通过 SpringBootRepositoryRestConfigurer 类的源代码可以得出，Spring Boot 已经自动配置了 RepositoryRestConfiguration，所以在 Spring Boot 应用中使用 Spring Data REST 只需要引入 spring-boot-starter-data-rest 的依赖即可。

下面通过一个实例讲解 Spring Data REST 的构建过程。

【例 6-7】　Spring Data REST 的构建过程。

其具体实现步骤如下。

❶ 创建 Spring Boot 应用 ch6_4

创建 Spring Boot 应用 ch6_4，依赖为 Lombok、Spring Data JPA 和 Rest Repositories，并在 pom.xml 文件中添加 MySQL 依赖。

❷ 设置 ch6_4 应用的上下文路径及数据源配置信息

在 ch6_4 应用的 application.properties 文件中配置如下内容：

```
server.servlet.context-path=/api
#数据库地址
spring.datasource.url=jdbc:mysql://localhost:3306/springbootjpa?useUnicode=
true&characterEncoding=UTF-8&allowMultiQueries=true&serverTimezone=GMT%2B8
#数据库用户名
spring.datasource.username=root
#数据库密码
spring.datasource.password=root
#数据库驱动
spring.datasource.driver-class-name=com.mysql.cj.jdbc.Driver
#指定数据库类型
spring.jpa.database=MYSQL
#指定是否在日志中显示 SQL 语句
spring.jpa.show-sql=true
#指定自动创建、更新数据库表等配置,update 表示如果数据库中存在持久化类对应的表就不创建,
#不存在就创建
spring.jpa.hibernate.ddl-auto=update
#让控制器输出的 JSON 字符串格式更美观
spring.jackson.serialization.indent-output=true
```

❸ 创建持久化实体类 Student

在 ch6_4 应用的 src/main/java 目录下创建名为 com.ch.ch6_4.entity 的包，并在该包中创建名为 Student 的持久化实体类。具体代码如下：

```
package com.ch.ch6_4.entity;
import java.io.Serializable;
import jakarta.persistence.*;
import lombok.Data;
@Entity
@Table(name = "student_table")
@Data
public class Student implements Serializable{
    private static final long serialVersionUID = 1L;
    @Id
    @GeneratedValue(strategy = GenerationType.IDENTITY)
    private int id;         //主键
    private String sno;
    private String sname;
    private String ssex;
    public Student() {
        super();
    }
    public Student(int id, String sno, String sname, String ssex) {
        super();
        this.id = id;
        this.sno = sno;
        this.sname = sname;
        this.ssex = ssex;
    }
}
```

❹ 创建数据访问层

在 ch6_4 应用的 src/main/java 目录下创建名为 com.ch.ch6_4.repository 的包,并在该包中创建名为 StudentRepository 的接口,该接口继承 JpaRepository 接口。具体代码如下:

```java
package com.ch.ch6_4.repository;
import java.util.List;
import org.springframework.data.jpa.repository.JpaRepository;
import org.springframework.data.repository.query.Param;
import org.springframework.data.rest.core.annotation.RestResource;
import com.ch.ch6_4.entity.Student;
public interface StudentRepository extends JpaRepository<Student, Integer>{
    /**
     * 自定义接口查询方法,暴露为 REST 资源
     */
    @RestResource(path = "snameStartsWith", rel = "snameStartsWith")
    List<Student> findBySnameStartsWith(@Param("sname") String sname);
}
```

在上述数据访问接口中定义了 findBySnameStartsWith,并使用 @RestResource 注解将该方法暴露为 REST 资源。

至此,基于 Spring Data 的 REST 资源服务已经构建完毕,接下来就是使用 REST 客户端测试此服务。

▶6.2.4　REST 服务测试

在 Web 和移动端开发时,经常会调用服务器端的 RESTful 接口进行数据请求,为了调试,一般会先用工具进行测试,通过测试后才开始在开发中使用。本节将介绍如何使用 Postman 进行 6.2.3 节的 RESTful 接口请求测试。

Postman 是一个接口测试工具,在做接口测试时,Postman 相当于一个客户端,它可以模拟用户发起的各类 HTTP 请求,将请求数据发送至服务器端,获取对应的响应结果,从而验证响应中的结果数据是否和预期值相匹配。

Postman 主要用来模拟各种 HTTP 请求(例如 GET、POST、DELETE、PUT 等),Postman 与浏览器的区别在于有的浏览器不能输出 JSON 格式,而 Postman 可以更直观地显示接口返回的结果。

用户可以从官网"https://www.postman.com/"下载对应的 Postman 安装程序。在安装成功后,不需要创建账号即可使用。

❶ 获得列表数据

在 RESTful 架构中,每个网址代表一种资源(resource),所以网址中不能有动词,只能有名词,而且所用的名词往往与实体名对应。一般来说,数据库中的表都是同种记录的"集合"(collection),所以 API 中的名词也应该使用复数,如 students。

运行 ch6_4 应用的主类 Ch64Application,在 student_table 中手动添加几条学生信息,然后在 Postman 中使用 GET 方式访问"http://localhost:8080/api/students"请求路径获得所有学生信息,如图 6.19 所示。

❷ 获得单一对象

在 Postman 中,使用 GET 方式访问"http://localhost:8080/api/students/1"请求路径获得 id 为 1 的学生信息,如图 6.20 所示。

图 6.19　获得所有学生信息界面

图 6.20　获得 id 为 1 的学生信息界面

❸ 查询

在 Postman 中，search 调用自定义的接口查询方法，因此可以使用 GET 方式访问"http://localhost:8080/api/students/search/snameStartsWith?sname＝陈"请求路径调用 List <Student> findBySnameStartsWith(@Param("sname") String sname)接口方法，获得姓名前缀为"陈"的学生信息，如图 6.21 所示。

❹ 分页查询

在 Postman 中，使用 GET 方式访问"http://localhost:8080/api/students?page＝0&size＝2"请求路径获得第一页的学生信息(page＝0，即第一页；size＝2，即每页数量为 2)，如图 6.22 所示。

从图 6.22 返回的结果可以看出，不仅获得了当前分页的数据，还给出了上一页、下一页、第一页、最后一页的 REST 资源路径。

❺ 排序

在 Postman 中，使用 GET 方式访问"http://localhost:8080/api/students?sort＝sno, desc"请求路径获得按照 sno 属性倒序的列表，如图 6.23 所示。

图 6.21　获得姓名前缀为“陈”的学生信息界面

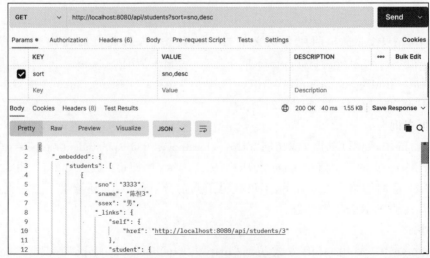

图 6.22　获得分页查询界面

图 6.23　获得排序查询界面

❻ 保存

在 Postman 中,发起 POST 方式请求"http://localhost:8080/api/students"实现新增功能,将要保存的数据放置在请求体中,数据类型为 JSON,如图 6.24 所示。

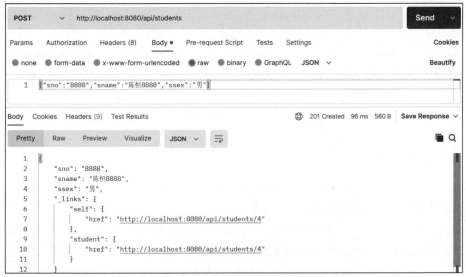

图 6.24　保存数据

从图 6.24 可以看出,保存成功后,新数据的 id 为 4。

❼ 更新

如果需要更新新增的 id 为 4 的数据,可以在 Postman 中使用 PUT 方式访问"http://localhost:8080/api/students/4",修改提交的数据,如图 6.25 所示。

图 6.25　更新数据

❽ 删除

如果需要删除新增的 id 为 4 的数据,可以在 Postman 中使用 DELETE 方式访问 "http://localhost:8080/api/students/4",删除数据,如图 6.26 所示。

图 6.26　删除成功

6.3　MongoDB

MongoDB 是一个基于分布式文件存储的 NoSQL 数据库，用 C++ 语言编写，旨在为 Web 应用提供可扩展的高性能数据存储解决方案。

MongoDB 是一个介于关系型数据库和非关系型数据库之间的产品，是非关系型数据库中功能最丰富，最像关系型数据库的数据库。它支持的数据结构非常松散，是类似于 JSON 的 BSON（Binary JSON，二进制 JSON）格式，因此可以存储比较复杂的数据类型。MongoDB 最大的特点是它支持的查询语言非常强大，其语法有点类似于面向对象的查询语言，几乎可以实现类似于关系型数据库单表查询的绝大部分功能，而且还支持对数据建立索引。

本节不介绍太多关于 MongoDB 数据库本身的知识，主要介绍 Spring Boot 对 MongoDB 的支持，以及基于 Spring Boot 和 MongoDB 的实例。

▶6.3.1　安装 MongoDB

用户可以从官方网站"https://www.mongodb.com/download-center/community"下载自己的计算机上操作系统对应版本的 MongoDB，编者在编写本书时使用的 MongoDB 是 mongodb-win32-x86_64-2012plus-4.2.0-signed.msi。在成功下载后，双击 mongodb-win32-x86_64-2012plus-4.2.0-signed.msi，按照默认安装即可。

用户可以使用 MongoDB 的图形界面管理工具 MongoDB Compass 可视化操作 MongoDB 数据库；可以使用 mongodb-win32-x86_64-2012plus-4.2.0-signed.msi 自带的 MongoDB Compass，也可以从官方网站"https://www.mongodb.com/download-center/compass"下载。

▶6.3.2　Spring Boot 整合 MongoDB

❶ Spring 对 MongoDB 的支持

Spring 对 MongoDB 的支持主要是通过 Spring Data MongoDB 实现的。Spring Data MongoDB 提供了如下功能。

1）对象-文档映射注解

Spring Data MongoDB 提供了如表 6.2 所示的注解。

2）MongoTemplate

与 JdbcTemplate 一样，Spring Data MongoDB 也提供了一个 MongoTemplate，而 MongoTemplate 提供了数据访问的方法。

表 6.2　Spring Data MongoDB 提供的对象-文档映射注解

注　解	含　义	注　解	含　义
@Document	映射领域对象与 MongoDB 的一个文档	@Field	为文档的属性定义名称
@Id	映射当前属性是文档对象 ID	@Version	将当前属性作为版本
@DBRef	当前属性将参考其他文档		

3）Repository

类似于 Spring Data JPA，Spring Data MongoDB 也提供了对 Repository 的支持，使用方式和 Spring Data JPA 一样，示例如下：

```
public interface PersonRepository extends MongoRepository<Person, String>{
}
```

❷ Spring Boot 对 MongoDB 的支持

Spring Boot 对 MongoDB 的自动配置位于 org. springframework. boot. autoconfigure. mongo 包中，主要配置了数据库连接、MongoTemplate，用户可以在配置文件中使用以"spring.data.mongodb"为前缀的属性配置 MongoDB 的相关信息。Spring Boot 对 MongoDB 提供了一些默认属性，如默认端口号为 27017、默认服务器为 localhost、默认数据库为 test、默认无用户名和无密码访问方式，并默认开启了对 Repository 的支持。因此，在 Spring Boot 应用中，只需要引入 spring-boot-starter-data-mongodb 依赖即可按照默认配置操作 MongoDB 数据库。

▶6.3.3　增、删、改、查

本节通过实例讲解如何在 Spring Boot 应用中对 MongoDB 数据库进行增、删、改、查。

【例 6-8】　在 Spring Boot 应用中对 MongoDB 数据库进行增、删、改、查。

其具体实现步骤如下。

❶ 创建基于 spring-boot-starter-data-mongodb 依赖的 Spring Boot Web 应用 ch6_5

在 IDEA 中创建基于 Lombok、Spring Web 与 Spring Data Mongo 依赖的 Spring Boot Web 应用 ch6_5。

❷ 配置 application.properties 文件

在 ch6_5 应用中使用 MongoDB 的默认数据库连接，所以不需要在 application.properties 文件中配置数据库连接信息。application.properties 文件的具体内容如下：

```
server.servlet.context-path=/ch6_5
#让控制器输出的 JSON 字符串格式更美观
spring.jackson.serialization.indent-output=true
```

❸ 创建领域模型

在 ch6_5 应用的 src/main/java 目录下创建名为 com.ch.ch6_5.domain 的包，并在该包中创建领域模型 Person（人）以及 Person 去过的 Location（地点）。在 Person 类中，使用@Document 注解将 Person 领域模型和 MongoDB 的文档进行映射。

Person 的代码如下：

```
package com.ch.ch6_5.domain;
import java.util.ArrayList;
import java.util.List;
import lombok.Data;
import org.springframework.data.annotation.Id;
import org.springframework.data.mongodb.core.mapping.Document;
import org.springframework.data.mongodb.core.mapping.Field;
@Document
@Data
public class Person {
    @Id
    private String pid;
    private String pname;
    private Integer page;
    private String psex;
    @Field("plocs")
    private List<Location> locations = new ArrayList<Location>();
    public Person() {
        super();
    }
    public Person(String pname, Integer page, String psex) {
        super();
        this.pname = pname;
        this.page = page;
        this.psex = psex;
    }
}
```

Location 的代码如下：

```
package com.ch.ch6_5.domain;
import lombok.Data;
@Data
public class Location {
    private String locName;
    private String year;
    public Location() {
        super();
    }
    public Location(String locName, String year) {
        super();
        this.locName = locName;
        this.year = year;
    }
}
```

❹ 创建数据访问接口

在 ch6_5 应用的 src/main/java 目录下创建名为 com.ch.ch6_5.repository 的包，并在该包中创建数据访问接口 PersonRepository，该接口继承 MongoRepository 接口。PersonRepository 接口的代码如下：

```
package com.ch.ch6_5.repository;
import java.util.List;
import org.springframework.data.mongodb.repository.MongoRepository;
import org.springframework.data.mongodb.repository.Query;
import com.ch.ch6_5.domain.Person;
public interface PersonRepository extends MongoRepository<Person, String>{
```

```
        Person findByPname(String pname);        //支持方法名查询,方法名的命名规范参照表 6.1
        @Query("{'psex':?0}")                    //JSON 字符串
        List<Person> selectPersonsByPsex(String psex);
    }
```

❺ 创建控制器层

由于本实例业务简单,这里直接在控制器层调用数据访问层。创建名为 com.ch.ch6_5.controller 的包,并在该包中创建控制器类 TestMongoDBController。

TestMongoDBController 的核心代码如下:

```java
@RestController
public class TestMongoDBController {
    @Autowired
    private PersonRepository personRepository;
    @RequestMapping("/save")
    public List<Person> save() {
        List<Location> locations1 = new ArrayList<Location>();
        Location loc1 = new Location("北京","2023");
        Location loc2 = new Location("上海","2024");
        locations1.add(loc1);
        locations1.add(loc2);
        List<Location> locations2 = new ArrayList<Location>();
        Location loc3 = new Location("广州","2025");
        Location loc4 = new Location("深圳","2026");
        locations2.add(loc3);
        locations2.add(loc4);
        List<Person> persons = new ArrayList<Person>();
        Person p1 = new Person("陈恒 1", 88, "男");
        p1.setLocations(locations1);
        Person p2 = new Person("陈恒 2", 99, "女");
        p2.setLocations(locations2);
        persons.add(p1);
        persons.add(p2);
        return personRepository.saveAll(persons);
    }
    @RequestMapping("/findByPname")
    public Person findByPname(String pname) {
        return personRepository.findByPname(pname);
    }
    @RequestMapping("/selectPersonsByPsex")
    public List<Person> selectPersonsByPsex(String psex) {
        return personRepository.selectPersonsByPsex(psex);
    }
    @RequestMapping("/updatePerson")
    public Person updatePerson(String oldPname, String newPname) {
        Person p1 = personRepository.findByPname(oldPname);
        if(p1 != null)
            p1.setPname(newPname);
        return personRepository.save(p1);
    }
    @RequestMapping("/deletePerson")
    public void updatePerson(String pname) {
        Person p1 = personRepository.findByPname(pname);
        personRepository.delete(p1);
    }
}
```

❻ 运行

首先运行 Ch65Application 主类,然后访问"http://localhost:8080/ch6_5/save"测试存储数据,运行结果如图 6.27 所示。

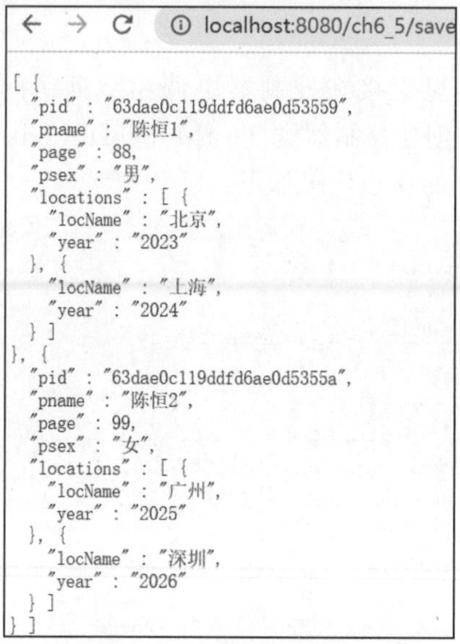

图 6.27　测试存储数据

成功运行后,使用 MongoDB 的图形界面管理工具 MongoDB Compass 查看已保存的数据,如图 6.28 所示。

图 6.28　查看已保存的数据

通过"http://localhost:8080/ch6_5/findByPname?pname=陈恒 1"查询人名为"陈恒 1"的文档数据。

通过"http://localhost:8080/ch6_5/selectPersonsByPsex?psex=女"查询性别为"女"的文档数据。

通过"http://localhost:8080/ch6_5/updatePerson?oldPname=陈恒 1&newPname=陈恒 111"将人名为"陈恒 1"的数据修改成人名为"陈恒 111"的文档数据。

通过"http://localhost:8080/ch6_5/deletePerson?pname=陈恒 111"将人名为"陈恒 111"的文档数据删除。

至此,通过 Spring Boot Web 应用对 MongoDB 数据库的操作演示完毕。

6.4　Redis

Redis 是一个开源的使用 ANSI C 语言编写、支持网络、可基于内存亦可持久化的日志型、Key-Value 数据库,并提供多种语言的 API。它支持字符串、哈希表、列表、集合、有序集合、位图、地理空间信息等数据类型,同时也可以作为高速缓存和消息队列代理。但是,Redis 在内存中存储数据,因此存放在 Redis 中的数据不应该大于内存容量,否则会导致操作系统的性能降低。

本节不介绍太多关于 Redis 数据库本身的知识,主要介绍 Spring Boot 对 Redis 的支持,以及基于 Spring Boot 和 Redis 的实例。

▶6.4.1　安装 Redis

❶ 下载 Redis

在编写本书时,Redis 官方网站只提供 Linux 版本的下载,因此只能通过"https://github.com/MSOpenTech/redis/tags"从 github 上下载 Redis,本书下载的版本是 Redis-x64-3.2.100.zip。在"运行"对话框中输入 cmd,然后将目录切换到解压缩的 Redis 目录,如图 6.29 所示。

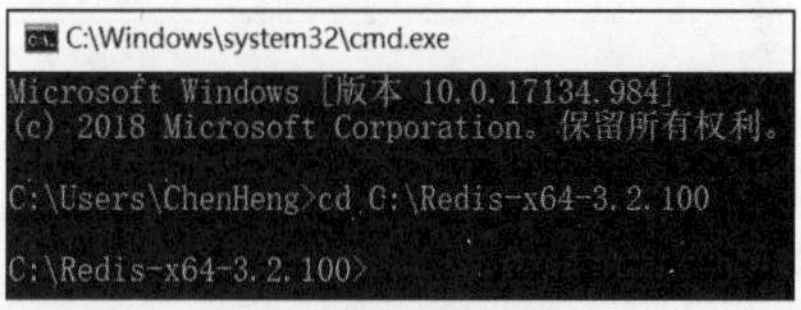

图 6.29　将目录切换到解压缩的 Redis 目录

❷ 启动 Redis 服务(方法一)

使用 redis-server redis.windows.conf 命令行启动 Redis 服务,出现如图 6.30 所示的显示,表示成功启动 Redis 服务。

图 6.30　启动 Redis 服务(方法一)

图 6.30 虽然启动了 Redis 服务,但是如果关闭 cmd 窗口,Redis 服务就会消失,所以需要把 Redis 设置成 Windows 下的服务。

关闭 cmd 窗口,然后重新打开 cmd 窗口,进入 Redis 解压缩目录。执行以下设置服务命令,如图 6.31 所示。

```
redis-server --service-install redis.windows-service.conf --loglevel verbose
```

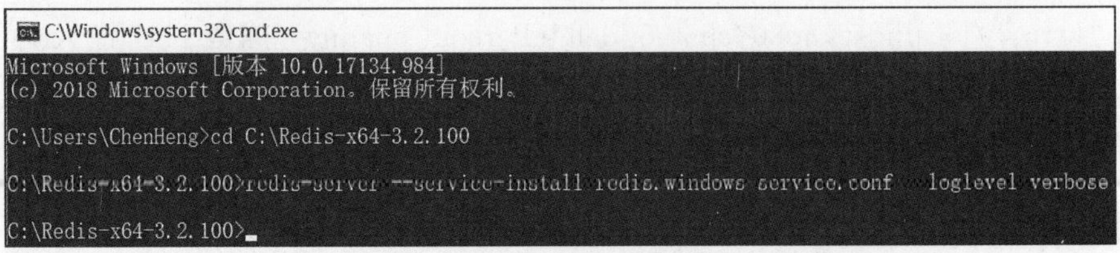

图 6.31 将 Redis 服务设置成 Windows 下的服务

在图 6.31 中没有报错,表示将 Redis 服务成功设置成 Windows 下的服务,刷新会看到 Redis 服务,如图 6.32 所示。

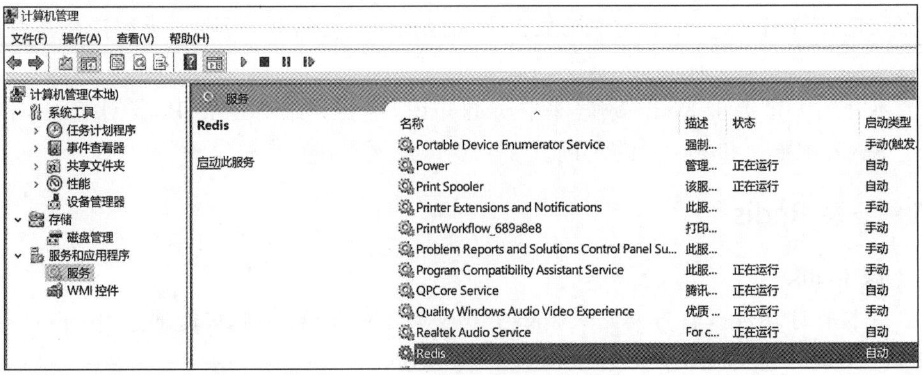

图 6.32 Windows 下的 Redis 服务

❸ 常用的 Redis 服务命令

卸载服务:redis-server - -service-uninstall。

开启服务:redis-server - -service-start。

停止服务:redis-server - -service-stop。

❹ 启动 Redis 服务(方法二)

用户可以在 cmd 窗口中使用 redis-server - -service-start 命令启动 Redis 服务,如图 6.33 所示。另外,还可以在图 6.32 中启动 Redis 服务。

图 6.33 启动 Redis 服务(方法二)

❺ 操作、测试 Redis

如图 6.34 所示，在启动 Redis 服务后，首先使用 redis-cli.exe -h 127.0.0.1 -p 6379 命令创建一个地址为 127.0.0.1、端口号为 6379 的 Redis 数据库服务，然后使用 set key value 和 get key 命令保存和获得数据。

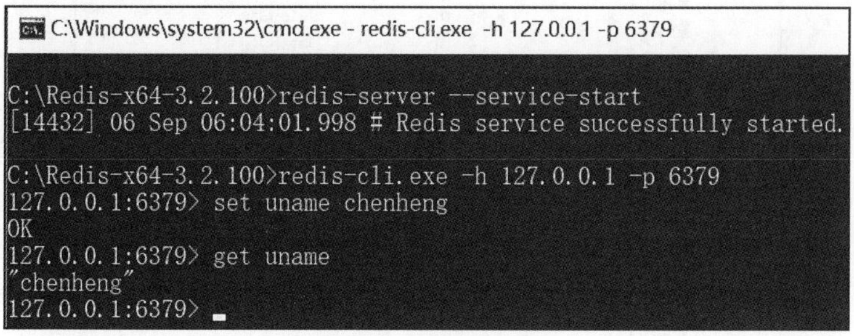

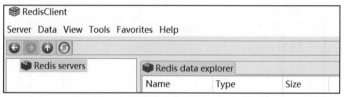

图 6.34　测试 Redis

用户也可以使用 Redis 客户端查看数据（相当于 get key 命令）。本书提供了一个使用 Java 开发的 Redis 客户端 RedisClient，下载地址是"https://github.com/caoxinyu/RedisClient"，解压缩后双击运行 C:\RedisClient-windows\release 目录下的 redisclient-win32.x86_64.2.0.jar，打开如图 6.35 所示的界面。

图 6.35　Redis 客户端 RedisClient 界面

选择 Server→Add server 命令，添加一个地址为 127.0.0.1、端口号为 6379 的 Redis 数据库服务，如图 6.36 和图 6.37 所示。

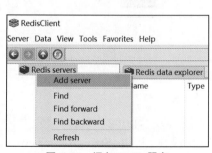 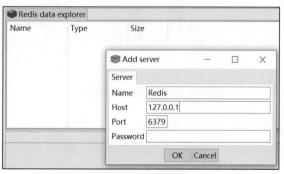

图 6.36　添加 Redis 服务　　　　图 6.37　输入 Redis 服务信息界面

单击 OK 按钮，打开如图 6.38 所示的界面。从该界面可以看出 Redis 服务共有 16 个数据库。其中，db0 是默认的数据库，也就是说前面存进去的 uname 就在该数据库中。因此，展开 db0 数据库即可看到 uname 数据，如图 6.39 所示。

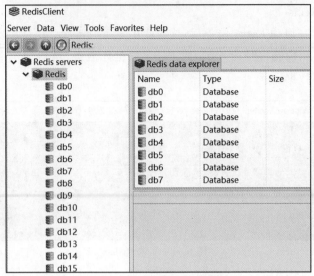

图 6.38　Redis 服务中的数据库

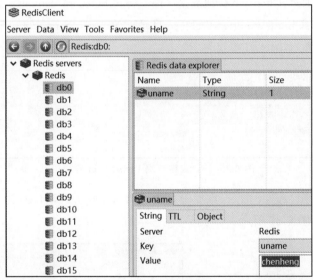

图 6.39　查看数据

▶6.4.2　Spring Boot 整合 Redis

❶ Spring Data Redis

Spring 对 Redis 的支持是通过 Spring Data Redis 实现的。Spring Data Redis 提供了 RedisTemplate 和 StringRedisTemplate 两个模板进行数据操作,其中,StringRedisTemplate 只针对键-值都是字符串类型的数据进行操作。

RedisTemplate 和 StringRedisTemplate 模板提供的主要数据访问方法如表 6.3 所示。

❷ Serializer

当数据存储到 Redis 时,键和值都是通过 Spring 提供的 Serializer 序列化到数据的。RedisTemplate 默认使用 JdkSerializationRedisSerializer 序列化,StringRedisTemplate 默认使用 StringRedisSerializer 序列化。

表 6.3　RedisTemplate 和 StringRedisTemplate 模板提供的主要数据访问方法

方　　法	说　　明	方　　法	说　　明
opsForValue()	操作只有简单属性的数据	opsForZSet()	操作含有 ZSet(有序的 Set)的数据
opsForList()	操作含有 List 的数据	opsForHash()	操作含有 Hash 的数据
opsForSet()	操作含有 Set 的数据		

❸ **Spring Boot 的支持**

Spring Boot 对 Redis 的支持位于 org.springframework.boot.autoconfigure.data.redis 包下,在 RedisAutoConfiguration 配置类中默认配置了 RedisTemplate 和 StringRedisTemplate,用户可以直接使用 Redis 存储数据。

在 RedisProperties 类中,可以使用以 spring.redis 为前缀的属性在 application.properties 中配置 Redis。其主要属性默认配置如下:

```
spring.redis.database = 0        #数据库名 db0
spring.redis.host = localhost    #服务器地址
spring.redis.port = 6379         #连接端口号
spring.redis.max-idle = 8        #连接池的最大连接数
spring.redis.min-idle = 0        #连接池的最小连接数
spring.redis.max-active = 8      #在给定时间连接池可以分配的最大连接数
spring.redis.max-wait = -1       #当连接池被耗尽时,抛出异常之前连接分配应该阻塞的
                                 #最大时间量(以毫秒为单位)。使用负值表示无限期地阻止
```

从上述默认属性值可以看出,默认配置了数据库名为 db0、服务器地址为 localhost、端口号为 6379 的 Redis。

因此,在 Spring Boot 应用中,只要引入 spring-boot-starter-data-redis 依赖就可以使用默认配置的 Redis 进行数据操作。

▶6.4.3　使用 StringRedisTemplate 和 RedisTemplate

本节通过一个实例讲解如何在 Spring Boot 应用中使用 StringRedisTemplate 和 RedisTemplate 模板操作 Redis 数据库。

【例 6-9】　在 Spring Boot 应用中使用 StringRedisTemplate 和 RedisTemplate 模板操作 Redis 数据库。

其具体实现步骤如下。

❶ **创建基于 spring-boot-starter-data-redis 依赖的 Spring Boot Web 应用 ch6_6**

在 IDEA 中创建基于 Lombok、Spring Web 与 Spring Data Redis 依赖的 Spring Boot Web 应用 ch6_6。

❷ **配置 application.properties 文件**

在 ch6_6 应用中使用 Redis 的默认数据库连接,所以不需要在 application.properties 文件中配置数据库连接信息。

❸ **创建实体类**

在 ch6_6 应用的 src/main/java 目录下创建名为 com.ch.ch6_6.entity 的包,并在该包中创建名为 Student 的实体类。该类必须实现序列化接口,这是因为使用 Jackson 做序列化需要一个空构造。

Student 的代码如下：

```
package com.ch.ch6_6.entity;
import lombok.Data;
import java.io.Serializable;
@Data
public class Student implements Serializable{
    private static final long serialVersionUID = 1L;
    private String sno;
    private String sname;
    private Integer sage;
    public Student() {
        super();
    }
    public Student(String sno, String sname, Integer sage) {
        super();
        this.sno = sno;
        this.sname = sname;
        this.sage = sage;
    }
}
```

❹ 创建数据访问层

在 ch6_6 应用的 src/main/java 目录下创建名为 com.ch.ch6_6.repository 的包，并在该包中创建名为 StudentRepository 的类，该类使用@Repository 注解标注为数据访问层。

StudentRepository 的代码如下：

```
package com.ch.ch6_6.repository;
import java.util.List;
import jakarta.annotation.Resource;
import org.springframework.beans.factory.annotation.Autowired;
import org.springframework.data.redis.core.RedisTemplate;
import org.springframework.data.redis.core.StringRedisTemplate;
import org.springframework.data.redis.core.ValueOperations;
import org.springframework.stereotype.Repository;
import com.ch.ch6_6.entity.Student;
@Repository
public class StudentRepository{
    @SuppressWarnings("unused")
    @Autowired
    private StringRedisTemplate stringRedisTemplate;
    @SuppressWarnings("unused")
    @Autowired
    private RedisTemplate<Object, Object> redisTemplate;
    /**
     * 使用@Resource 注解指定 stringRedisTemplate,可注入基于字符串的简单属性操作方法
     * ValueOperations<String, String> valueOpsStr = stringRedisTemplate.opsForValue();
     */
    @Resource(name="stringRedisTemplate")
    ValueOperations<String, String> valueOpsStr;
    /**
     * 使用@Resource 注解指定 redisTemplate,可注入基于对象的简单属性操作方法
     * ValueOperations<Object, Object> valueOpsObject = redisTemplate.opsForValue();
     */
    @Resource(name="redisTemplate")
    ValueOperations<Object, Object> valueOpsObject;
```

```
    /**
     * 保存字符串到 Redis
     */
    public void saveString(String key, String value) {
        valueOpsStr.set(key, value);
    }
    /**
     * 保存对象到 Redis
     */
    public void saveStudent(Student stu) {
        valueOpsObject.set(stu.getSno(), stu);
    }
    /**
     * 保存 List 数据到 Redis
     */
    public void saveMultiStudents(Object key, List<Student> stus) {
        valueOpsObject.set(key, stus);
    }
    /**
     * 从 Redis 中获得字符串数据
     */
    public String getString(String key) {
        return valueOpsStr.get(key);
    }
    /**
     * 从 Redis 中获得对象数据
     */
    public Object getObject(Object key) {
        return valueOpsObject.get(key);
    }
}
```

❺ 创建控制器层

由于本实例业务简单,直接在控制器层调用数据访问层。在 ch6_6 应用的 src/main/java 目录下创建名为 com.ch.ch6_6.controller 的包,并在该包中创建控制器类 TestRedisController 。

TestRedisController 的核心代码如下:

```
@RestController
public class TestRedisController {
    @Autowired
    private StudentRepository studentRepository;
    @GetMapping("/save")
    public void save() {
        studentRepository.saveString("uname", "陈恒");
        Student s1 = new Student("111","陈恒 1",77);
        studentRepository.saveStudent(s1);
        Student s2 = new Student("222","陈恒 2",88);
        Student s3 = new Student("333","陈恒 3",99);
        List<Student> stus = new ArrayList<Student>();
        stus.add(s2);
        stus.add(s3);
        studentRepository.saveMultiStudents("mutilStus",stus);
    }
    @GetMapping("/getUname")
    public String getUname(String key) {
        return studentRepository.getString(key);
    }
```

```
@GetMapping("/getStudent")
public Student getStudent(String key) {
    return (Student)studentRepository.getObject(key);
}
@GetMapping("/getMultiStus")
public List<Student> getMultiStus(String key) {
    return (List<Student>)studentRepository.getObject(key);
}
}
```

❻ 修改配置类 Ch66Application

RedisTemplate 默认使用 JdkSerializationRedisSerializer 序列化数据,这对使用 Redis Client 查看数据很不直观,因为 JdkSerializationRedisSerializer 使用二进制形式存储数据,所以在此配置 RedisTemplate,并定义 Serializer。

修改后的配置类 Ch66Application 的代码如下:

```
package com.ch.ch6_6;
import org.springframework.boot.SpringApplication;
import org.springframework.boot.autoconfigure.SpringBootApplication;
import org.springframework.context.annotation.Bean;
import org.springframework.data.redis.connection.RedisConnectionFactory;
import org.springframework.data.redis.core.RedisTemplate;
import org.springframework.data.redis.serializer.Jackson2JsonRedisSerializer;
import org.springframework.data.redis.serializer.StringRedisSerializer;
import com.fasterxml.jackson.annotation.JsonAutoDetect;
import com.fasterxml.jackson.annotation.PropertyAccessor;
import com.fasterxml.jackson.databind.ObjectMapper;
@SpringBootApplication
public class Ch66Application {
    public static void main(String[] args) {
        SpringApplication.run(Ch66Application.class, args);
    }
    @Bean
    public RedisTemplate<Object, Object> redisTemplate(RedisConnectionFactory
redisConnectionFactory){
        RedisTemplate<Object, Object> rTemplate = new RedisTemplate<Object, Object>();
        rTemplate.setConnectionFactory(redisConnectionFactory);
        @SuppressWarnings({"unchecked", "rawtypes"})
        Jackson2JsonRedisSerializer<Object> jackson2JsonRedisSerializer =
        new Jackson2JsonRedisSerializer(Object.class);
        ObjectMapper om = new ObjectMapper();
        om.setVisibility(PropertyAccessor.ALL, JsonAutoDetect.Visibility.ANY);
        om.enableDefaultTyping(ObjectMapper.DefaultTyping.NON_FINAL);
        jackson2JsonRedisSerializer.setObjectMapper(om);
        //设置值的序列化使用 Jackson2JsonRedisSerializer
        rTemplate.setValueSerializer(jackson2JsonRedisSerializer);
        //设置键的序列化使用 StringRedisSerializer
        rTemplate.setKeySerializer(new StringRedisSerializer());
        return rTemplate;
    }
}
```

❼ 运行与测试

首先运行 Ch66Application 主类,然后通过"http://localhost:8080/save"测试存储数据。成功运行后,通过 Redis Client 查看数据,如图 6.40 所示。

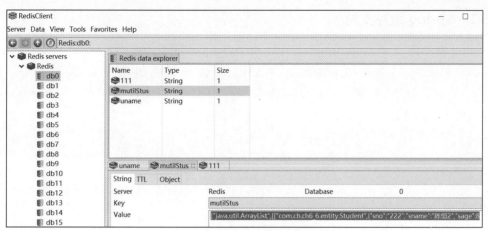

图 6.40　查看保存的数据

通过"http://localhost:8080/getUname?key＝uname"查询 key 为 uname 的字符串值,如图 6.41 所示。

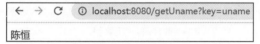

图 6.41　根据 key 查询字符串值

通过"http://localhost:8080/getStudent?key＝111"查询 key 为 111 的 Student 对象值,如图 6.42 所示。

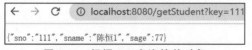

图 6.42　根据 key 查询简单对象

通过"http://localhost:8080/getMultiStus?key＝mutilStus"查询 key 为 mutilStus 的 List 集合,如图 6.43 所示。

图 6.43　根据 key 查询 List 集合

6.5　数据缓存 Cache

扫一扫

视频讲解

大家知道内存的读取速度远大于硬盘的读取速度。当需要重复获取相同数据时,一次一次地请求数据库或者远程服务会导致大量的时间消耗在数据库查询或者远程方法调用上,最终导致程序的性能降低,这就是数据缓存要解决的问题。

本节将介绍 Spring Boot 应用中 Cache 的概念,Spring Cache 对 Cache 进行了抽象,提供了 CacheManager 和 Cache 接口,并提供了 @Cacheable、@CachePut、@CacheEvict、@Caching、@CacheConfig 等注解。Spring Boot 应用基于 Spring Cache,既提供了基于内存实现的缓存管理器用于单体应用系统,也集成了 Redis、EhCache 等缓存服务器用于大型系统或分布式系统。

▶6.5.1　Spring 缓存支持

Spring 框架定义了 org.springframework.cache.CacheManager 和 org.springframework.cache.Cache 接口,用来统一不同的缓存技术。针对不同的缓存技术,需要实现不同的 CacheManager。例如,在使用 EhCache 作为缓存技术时,需要注册实现 CacheManager 的 Bean,示例代码如下:

```
@Bean
public EhCacheCacheManager cacheManager(CacheManager ehCacheCacheManager) {
    return new EhCacheCacheManager(ehCacheCacheManager);
}
```

CacheManager 的常用实现如表 6.4 所示。

表 6.4　CacheManager 的常用实现

CacheManager	描　　述
SimpleCacheManager	使用简单的 Collection 存储缓存,主要用于测试
NoOpCacheManager	仅用于测试,不会实际存储缓存
ConcurrentMapCacheManager	使用 ConcurrentMap 存储缓存,Spring 默认使用此技术存储缓存
EhCacheCacheManager	使用 EhCache 作为缓存技术
JCacheCacheManager	支持 JCache(JSR-107) 标准实现作为缓存技术,如 Apache Commons JCS
RedisCacheManager	使用 Redis 作为缓存技术
HazelcastCacheManager	使用 Hazelcast 作为缓存技术

一旦配置好 Spring 缓存支持,就可以在 Spring 容器管理的 Bean 中使用缓存注解(基于 AOP 原理)。在一般情况下,都是在业务层(Service 类)使用这些注解。

❶ @Cacheable

@Cacheable 可以标注在一个方法上,也可以标注在一个类上。当标注在一个方法上时,表示该方法是支持缓存的;当标注在一个类上时,则表示该类的所有方法都是支持缓存的。对于一个支持缓存的方法,在方法执行前,Spring 先检查缓存中是否存在方法返回的数据,如果存在,则直接返回缓存数据;如果不存在,则调用方法并将方法的返回值存入缓存。

@Cacheable 注解经常使用 value、key、condition 等属性。

value:缓存的名称,指定一个或多个缓存名称,例如@Cacheable(value="mycache")或者@Cacheable(value={"cache1","cache2"})。该属性与 cacheNames 属性的含义相同。

key:缓存的 key,可以为空。如果指定,需要按照 SpEL 表达式编写;如果不指定,则默认按照方法的所有参数进行组合。例如@Cacheable(value="testcache",key="♯student.id")。

condition:缓存的条件,可以为空。如果指定,需要按照 SpEL 表达式编写,返回 true 或者 false,只有在为 true 时才进行缓存。例如@Cacheable(value="testcache",condition="♯student.id>2")。该属性与 unless 相反,当条件成立时,不进行缓存。

❷ @CacheEvict

@CacheEvict 可以标注在需要清除缓存元素的方法或类上。当标注在一个类上时,表示其中所有方法的执行都会触发缓存的清除操作。@CacheEvict 可以指定的属性有 value、key、condition、allEntries 和 beforeInvocation。其中,value、key 和 condition 的含义与@Cacheable 对应的属性类似。

allEntries：是否清空所有缓存内容，默认为 false。如果指定为 true，则方法调用后将立即清空所有缓存。例如@CacheEvict(value="testcache"，allEntries=true)。

beforeInvocation：是否在方法执行前就清空缓存，默认为 false。如果指定为 true，则在方法还没有执行时就清空缓存。在默认情况下，如果方法执行抛出异常，则不会清空缓存。

❸ @CachePut

@CachePut 也可以声明一个方法支持缓存功能，与@Cacheable 不同的是，使用@CachePut 标注的方法在执行前不会去检查缓存中是否存在之前执行过的结果，而是每次都会执行该方法，并将执行结果以键-值对的形式存入指定的缓存中。

@CachePut 也可以标注在类或方法上。@CachePut 的属性与@Cacheable 的属性一样。

❹ @Caching

@Caching 注解可以在一个方法或者类上同时指定多个 Spring Cache 相关注解。其拥有 3 个属性：cacheable、put 和 evict，分别用于指定@Cacheable、@CachePut 和@CacheEvict。示例如下：

```
@Caching(
cacheable = @Cacheable("cache1"),
evict = {@CacheEvict("cache2"),@CacheEvict(value = "cache3", allEntries = true)}
)
```

❺ @CacheConfig

所有的 Cache 注解都需要提供 Cache 名称，如果每个 Service 方法上都包含相同的 Cache 名称，写起来可能会重复。此时，可以使用@CacheConfig 注解作用在类上，设置当前缓存的一些公共设置。

▶6.5.2　Spring Boot 缓存支持

在 Spring 中使用缓存技术的关键是配置缓存管理器 CacheManager，而 Spring Boot 为用户自动配置了多个 CacheManager 的实现。Spring Boot 的 CacheManager 的自动配置位于 org.springframework.boot.autoconfigure.cache 包中。Spring Boot 自动配置了 EhCacheCacheConfiguration、GenericCacheConfiguration、HazelcastCacheConfiguration、HazelcastJCacheCustomizationConfiguration、InfinispanCacheConfiguration、JCacheCacheConfiguration、NoOpCacheConfiguration、RedisCacheConfiguration 和 SimpleCacheConfiguration。在默认情况下，Spring Boot 使用的是 SimpleCacheConfiguration，即使用 ConcurrentMapCacheManager。Spring Boot 支持使用以 spring.cache 为前缀的属性进行缓存的相关配置。

在 Spring Boot 应用中，使用缓存技术只需要在应用中引入相关缓存技术的依赖，并在配置类中使用@EnableCaching 注解开启缓存支持即可。

下面通过一个实例讲解如何在 Spring Boot 应用中使用默认的缓存技术 ConcurrentMapCacheManager。

【例 6-10】　在 Spring Boot 应用中使用默认的缓存技术 ConcurrentMapCacheManager。其具体实现步骤如下。

❶ 创建基于 Lombok、spring-boot-starter-cache 和 spring-boot-starter-data-jpa 依赖的 Spring Boot Web 应用 ch6_7

在 IDEA 中创建基于 Lombok、Spring Web、Spring Cache Abstraction 和 Spring Data

JPA 依赖的 Spring Boot Web 应用 ch6_7。

❷ 配置 application.properties 文件

在 ch6_7 应用中使用 Spring Data JPA 访问 MySQL 数据库,所以在 application.properties 文件中配置数据库连接信息,但因为使用默认的缓存技术 ConcurrentMapCacheManager,不需要缓存的相关配置。

ch6_7 应用的 application.properties 文件内容以及在 pom.xml 中添加 MySQL 连接依赖与例 6-1 基本一样,这里不再赘述。

❸ 创建持久化实体类

在 ch6_7 应用的 src/main/java 目录下创建名为 com.ch.ch6_7.entity 的包,并在该包中创建持久化实体类 Student。

Student 的代码如下:

```java
package com.ch.ch6_7.entity;
import java.io.Serializable;
import jakarta.persistence.*;
import com.fasterxml.jackson.annotation.JsonIgnoreProperties;
import lombok.Data;
@Entity
@Table(name = "student_table")
@JsonIgnoreProperties(value = {"hibernateLazyInitializer"})
@Data
public class Student implements Serializable{
    private static final long serialVersionUID = 1L;
    @Id
    @GeneratedValue(strategy = GenerationType.IDENTITY)
    private int id;              //主键
    private String sno;
    private String sname;
    private String ssex;
    public Student() {
        super();
    }
    public Student(int id, String sno, String sname, String ssex) {
        super();
        this.id = id;
        this.sno = sno;
        this.sname = sname;
        this.ssex = ssex;
    }
}
```

❹ 创建数据访问接口

在 ch6_7 应用的 src/main/java 目录下创建名为 com.ch.ch6_7.repository 的包,并在该包中创建名为 StudentRepository 的数据访问接口。

StudentRepository 的代码如下:

```java
package com.ch.ch6_7.repository;
import org.springframework.data.jpa.repository.JpaRepository;
import com.ch.ch6_7.entity.Student;
public interface StudentRepository extends JpaRepository<Student, Integer>{}
```

❺ 创建业务层

在 ch6_7 应用的 src/main/java 目录下创建名为 com.ch.ch6_7.service 的包,并在该包中

创建 StudentService 接口和该接口的实现类 StudentServiceImpl。这里省略 StudentService
接口的代码。

StudentServiceImpl 的核心代码如下：

```
@Service
public class StudentServiceImpl implements StudentService{
    @Autowired
    private StudentRepository studentRepository;
    @Override
    @CachePut(value = "student", key="#student.id")
    public Student saveStudent(Student student) {
        Student s = studentRepository.save(student);
        System.out.println("为 key=" + student.getId() + "数据做了缓存");
        return s;
    }
    @Override
    @CacheEvict(value = "student", key="#student.id")
    public void deleteCache(Student student) {
        System.out.println("删除了 key=" + student.getId() + "的数据缓存");
    }
    @Override
    @Cacheable(value = "student")
    public Student selectOneStudent(Integer id) {
        Student s = studentRepository.getOne(id);
        System.out.println("为 key=" + id + "数据做了缓存");
        return s;
    }
}
```

在上述 Service 的实现类中，使用@CachePut 注解将新增的或更新的数据保存到缓存，其
中缓存名为 student，数据的 key 是 student 的 id；使用@CacheEvict 注解从缓存 student 中删
除 key 为 student 的 id 的数据；使用@Cacheable 注解将 key 为 student 的 id 的数据缓存到名
为 student 的缓存中。

❻ 创建控制器层

在 ch6_7 应用的 src/main/java 目录下创建名为 com.ch.ch6_7.controller 的包，并在该包
中创建名为 TestCacheController 的控制器类。

TestCacheController 的核心代码如下：

```
@RestController
public class TestCacheController {
    @Autowired
    private StudentService studentService;
    @GetMapping("/savePut")
    public Student save(Student student) {
        return studentService.saveStudent(student);
    }
    @GetMapping("/selectAble")
    public Student select(Integer id) {
        return studentService.selectOneStudent(id);
    }
    @GetMapping("/deleteEvict")
    public String deleteCache(Student student) {
        studentService.deleteCache(student);
        return "ok";
    }
}
```

❼ 开启缓存支持

在 ch6_7 应用的主类 Ch67Application 中使用@EnableCaching 注解开启缓存支持,核心代码如下:

```
@EnableCaching
@SpringBootApplication
public class Ch67Application {}
```

❽ 运行与测试

1）测试@Cacheable

在启动应用程序的主类后,第一次访问"http://localhost:8080/ch6_7/selectAble?id=3"时将调用方法查询数据库,并将查询到的数据存储到缓存 student 中,此时控制台输出如图 6.44 所示。

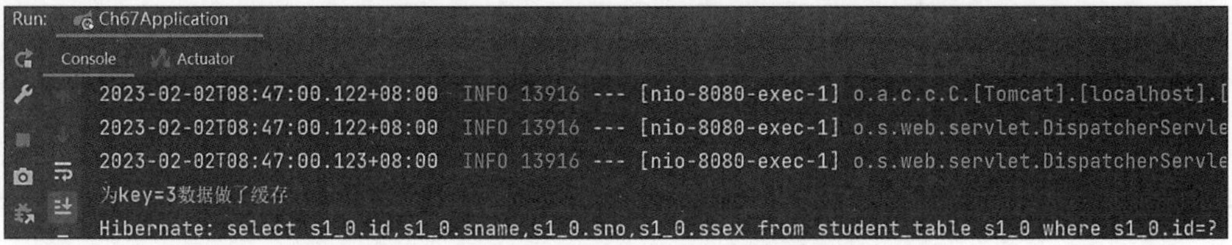

图 6.44 第一次访问查询时控制台的输出结果

页面显示数据如图 6.45 所示。

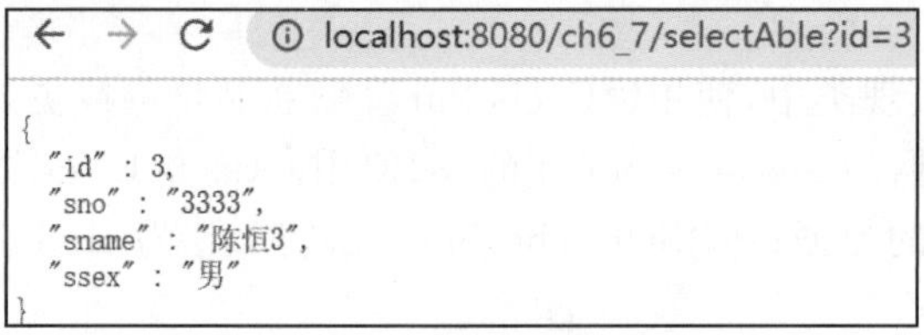

图 6.45 第一次访问查询时的页面显示数据

再次访问"http://localhost:8080/ch6_7/selectAble?id=3",此时控制台没有输出"为 key=3数据做了缓存"以及 Hibernate 的查询语句,这表明没有调用查询方法,页面数据直接从数据缓存中获得。

2）测试@CachePut

重启应用程序的主类,访问"http://localhost:8080/ch6_7/savePut?sname=陈恒 5&sno=555&ssex=男",此时控制台输出结果如图 6.46 所示,页面数据如图 6.47 所示。

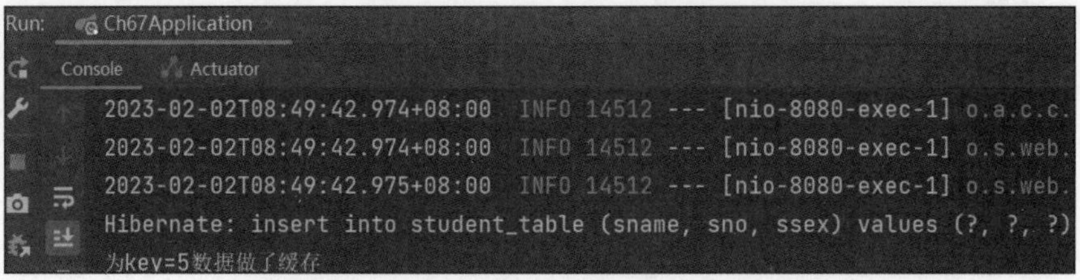

图 6.46 测试@CachePut 的控制台输出结果

这时访问"http://localhost:8080/ch6_7/selectAble?id=5",控制台无输出,从缓存直接获得数据,页面数据如图 6.47 所示。

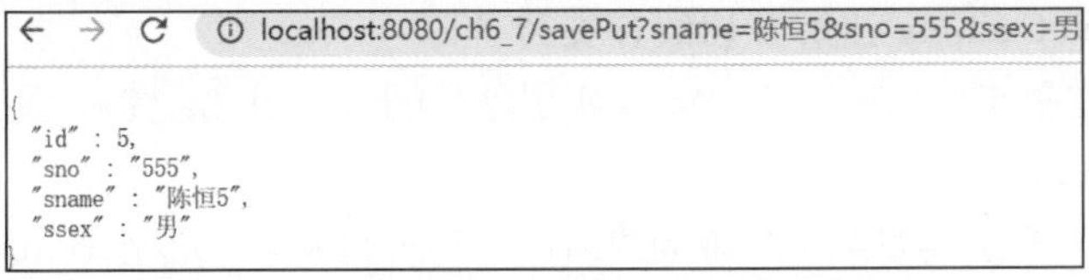

图 6.47　测试@CachePut 的页面数据

3）测试@CacheEvict

重启应用程序的主类，首先访问"http://localhost:8080/ch6_7/selectAble?id＝1"，为 key 为 1 的数据做缓存，再次访问"http://localhost:8080/ch6_7/selectAble?id＝1"，确认数据已经从缓存中获取。然后访问"http://localhost:8080/ch6_7/deleteEvict?id＝1"，从缓存 student 中删除 key 为 1 的数据，此时控制台输出结果如图 6.48 所示。

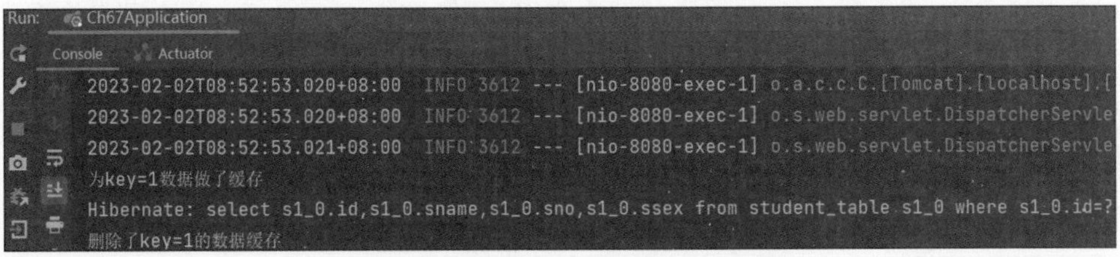

图 6.48　测试@CacheEvict 删除缓存数据

最后，再次访问"http://localhost:8080/ch6_7/selectAble?id＝1"，此时重新做了缓存，控制台输出结果如图 6.49 所示。

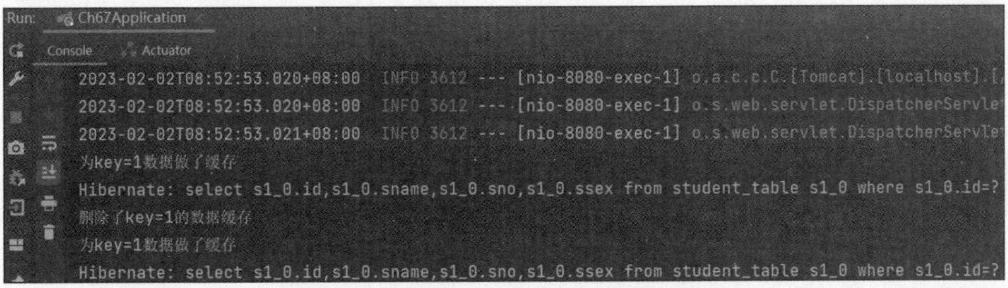

图 6.49　测试@CacheEvict 重做缓存数据

▶6.5.3　使用 Redis Cache

在 Spring Boot 中使用 Redis Cache，只需要添加 spring-boot-starter-data-redis 依赖即可。下面通过一个实例测试 Redis Cache。

【例 6-11】　在 6.4.3 节中例 6-9 的基础上测试 Redis Cache。

其具体实现步骤如下。

❶ 使用@Cacheable 注解修改控制器方法

将控制器中的方法 getUname 修改如下：

```
@GetMapping("/getUname")
@Cacheable(value = "myuname")
public String getUname(String key) {
    System.out.println("测试缓存");
    return personRepository.getString(key);
}
```

❷ **使用@EnableCaching注解开启缓存支持**

在应用程序的主类 Ch66Application 上使用@EnableCaching 注解开启缓存支持。

❸ **测试 Redis Cache**

在启动应用程序的主类后，多次访问"http：//localhost：8080/getUname？key＝uname"，但"测试缓存"字样在控制台仅打印一次，页面查询结果不变。这说明只有第一次访问时调用了查询方法，后面的多次访问都是从缓存直接获得数据。

6.6 本章小结

本章是本书的重点章节，重点讲解了 Spring Data JPA、Spring Data REST、Spring Boot 整合 MongoDB、Spring Boot 整合 Redis 以及数据缓存 Cache。通过本章的学习，读者不仅可以掌握 Spring Boot 访问关系型数据库的解决方案，还能掌握 Spring Boot 访问非关系型数据库的解决方案。

扫一扫

自测题

习题 6

1. 在 Spring Boot 应用中，数据缓存技术解决了什么问题？

2. 什么是 RESTful 架构？什么是 REST 服务？

3. Spring 框架提供了哪些缓存注解？这些注解如何使用？

4. 在 Spring Data JPA 中，如何实现一对一、一对多、多对多关联查询？请举例说明。

扫一扫

视频讲解

学习目的与要求

本章将重点介绍 MyBatis 与 MyBatis-Plus 的基础知识,并详细介绍 Spring Boot 如何整合 MyBatis 与 MyBatis-Plus。通过本章的学习,读者应该掌握 Spring Boot 整合 MyBatis 与 MyBatis-Plus 的基本步骤。

本章主要内容

- Spring Boot 整合 MyBatis
- MyBatis 基础
- Spring Boot 整合 MyBatis-Plus
- MyBatis-Plus 基础

MyBatis-Plus 是增强版的 MyBatis,本章将学习 MyBatis 与 MyBatis-Plus 的基础知识以及在 Spring Boot 应用中如何整合 MyBatis 与 MyBatis-Plus。

7.1 Spring Boot 整合 MyBatis

MyBatis 本是 Apache Software Foundation 的一个开源项目 iBatis,2010 年这个项目由 Apache Software Foundation 迁移到 Google Code,并改名为 MyBatis。

MyBatis 是一个基于 Java 的持久层框架,包括 SQL Maps 和 Data Access Objects (DAO),它消除了几乎所有的 JDBC 代码和参数的手动设置以及结果集的检索。MyBatis 把简单的 XML 或注解用于配置和原始映射,将接口和 Java 的 POJOs(Plain Old Java Objects,普通的 Java 对象)映射成数据库中的记录。

目前,Java 的持久层框架产品很多,常见的有 Hibernate 和 MyBatis。MyBatis 是一个半自动映射的框架,因为 MyBatis 需要手动匹配 POJO、SQL 和映射关系;而 Hibernate 是一个全自动映射的框架,只需要提供 POJO 和映射关系即可。MyBatis 是一个小巧、方便、高效、简单、直接、半自动化的持久层框架;Hibernate 是一个强大、方便、高效、复杂、间接、全自动化的持久层框架。两个持久层框架各有优缺点,开发者可根据实际应用选择它们。

下面通过一个实例讲解如何在 Spring Boot 应用中使用 MyBatis 框架操作数据库(基于 XML 的映射配置)。

【例 7-1】 在 Spring Boot 应用中使用 MyBatis 框架操作数据库(基于 XML 的映射配置)。

其具体实现步骤如下。

❶ 创建 Spring Boot Web 应用

在创建 Spring Boot Web 应用 ch7_1 时选择 MyBatis Framework (mybatis-spring-boot-starter)依赖,如图 7.1 所示。在该应用中操作的数据库与 1.6.3 节一样,都是 springtest,操作的数据表是 user 表。

图 7.1 ch7_1 应用的依赖

❷ 修改 pom.xml 文件

在 pom.xml 文件中添加 MySQL 连接器依赖,具体如下:

```
<dependency>
    <groupId>mysql</groupId>
    <artifactId>mysql-connector-java</artifactId>
    <version>8.0.29</version>
</dependency>
```

❸ 设置 Web 应用 ch7_1 的上下文路径及数据源配置信息

在 ch7_1 应用的 application.properties 文件中配置如下内容:

```
server.servlet.context-path=/ch7_1
#数据库地址
spring.datasource.url=jdbc:mysql://localhost:3306/springtest?useUnicode=
true&characterEncoding=UTF-8&allowMultiQueries=true&serverTimezone=GMT%2B8
#数据库用户名
spring.datasource.username=root
#数据库密码
spring.datasource.password=root
#数据库驱动
spring.datasource.driver-class-name=com.mysql.cj.jdbc.Driver
#设置包别名(在 Mapper 映射文件中直接使用实体类名)
mybatis.type-aliases-package=com.ch.ch7_1.entity
#告诉系统到哪里去找 mapper.xml 文件(映射文件)
mybatis.mapperLocations=classpath:mappers/*.xml
#在控制台输出 SQL 语句日志
logging.level.com.ch.ch7_1.repository=debug
#让控制器输出的 JSON 字符串格式更美观
spring.jackson.serialization.indent-output=true
```

❹ 创建实体类

创建名为 com.ch.ch7_1.entity 的包,并在该包中创建 MyUser 实体类,代码如下:

```
package com.ch.ch7_1.entity;
import lombok.Data;
@Data
public class MyUser {
    private Integer uid;          //与数据表中的字段名相同
    private String uname;
    private String usex;
}
```

❺ 创建数据访问接口

创建名为 com.ch.ch7_1.repository 的包,并在该包中创建 MyUserRepository 接口。
MyUserRepository 的核心代码如下:

```
/*
 * @Repository 可有可无,但有时提示依赖注入找不到(不影响运行),
 * 加上后可以消去依赖注入的报错信息。
 * 这里不再需要@Mapper,是因为在启动类中使用@MapperScan注解,
 * 将数据访问层的接口都注解为 Mapper 接口的实现类,
 * @Mapper 与@MapperScan 二者用其一即可
 */
@Repository
public interface MyUserRepository {
    List<MyUser> findAll();
}
```

❻ **创建 Mapper 映射文件**

在 src/main/resources 目录下创建名为 mappers 的包,并在该包中创建 SQL 映射文件
MyUserMapper.xml,具体代码如下:

```xml
<?xml version="1.0" encoding="UTF-8"?>
<!DOCTYPE mapper
PUBLIC "-//mybatis.org//DTD Mapper 3.0//EN"
"http://mybatis.org/dtd/mybatis-3-mapper.dtd">
<mapper namespace="com.ch.ch7_1.repository.MyUserRepository">
    <select id="findAll" resultType="MyUser">
        select * from user
    </select>
</mapper>
```

❼ **创建业务层**

创建名为 com.ch.ch7_1.service 的包,并在该包中创建 MyUserService 接口和 MyUserServiceImpl
实现类。这里省略 MyUserService 的代码。

MyUserServiceImpl 的核心代码如下:

```java
@Service
public class MyUserServiceImpl implements MyUserService{
    @Autowired
    private MyUserRepository myUserRepository;
    @Override
    public List<MyUser> findAll() {
        return myUserRepository.findAll();
    }
}
```

❽ **创建控制器类 MyUserController**

创建名为 com.ch.ch7_1.controller 的包,并在该包中创建控制器类 MyUserController。
MyUserController 的核心代码如下:

```java
@RestController
public class MyUserController {
    @Autowired
    private MyUserService myUserService;
    @GetMapping("/findAll")
    public List<MyUser> findAll(){
        return myUserService.findAll();
    }
}
```

❾ **在应用程序的主类中扫描 Mapper 接口**

在应用程序的 Ch71Application 主类中使用@MapperScan 注解扫描 MyBatis 的 Mapper 接
口,核心代码如下:

```java
@SpringBootApplication
//配置扫描 MyBatis 接口的包路径
@MapperScan(basePackages={"com.ch.ch7_1.repository"})
public class Ch71Application {
    public static void main(String[] args) {
        SpringApplication.run(Ch71Application.class, args);
    }
}
```

❿ 运行

首先运行 Ch71Application 主类,然后访问"http://localhost:8080/ch7_1/findAll",运行结果如图 7.2 所示。

```
[ {
  "uid" : 1,
  "uname" : "张三",
  "usex" : "女"
}, {
  "uid" : 13,
  "uname" : "陈恒",
  "usex" : "男"
} ]
```

图 7.2　查询所有用户信息

7.2　MyBatis 基础

映射器是 MyBatis 最复杂且最重要的组件,由一个接口和一个 XML 文件(SQL 映射文件)组成。MyBatis 的映射器也可以使用注解完成,但在实际应用中使用不多,原因主要来自这几个方面:其一,注解面对复杂的 SQL 会显得无力;其二,注解的可读性较差;其三,注解丢失了 XML 上下文相互引用的功能。因此,推荐大家使用 XML 文件开发 MySQL 的映射器。

SQL 映射文件的常用配置元素如表 7.1 所示。

表 7.1　SQL 映射文件的常用配置元素

元素名称	描　　述	备　　注
select	查询语句,是最常用、最复杂的元素之一	可以自定义参数,返回结果集等
insert	插入语句	执行后返回一个整数,代表插入的行数
update	更新语句	执行后返回一个整数,代表更新的行数
delete	删除语句	执行后返回一个整数,代表删除的行数
sql	定义一部分 SQL,在多个位置被引用	例如,一张表的列名,一次定义,可以在多个 SQL 语句中使用
resultMap	用来描述从数据库结果集中加载对象,是最复杂、最强大的元素之一	提供映射规则

▶7.2.1　<select>元素

在 SQL 映射文件中,<select>元素用于映射 SQL 的 select 语句,其示例代码如下。

```
<!-- 根据 uid查询一个用户信息 -->
<select id="selectUserById" parameterType="Integer" resultType="MyUser">
    select * from user where uid = #{uid}
</select>
```

在上述示例代码中,id 的值是唯一标识符(对应 Mapper 接口的某个方法),它接收一个 Integer 类型的参数,返回一个 MyUser 类型的对象,结果集自动映射到 MyUser 的属性。需要注意的是,MyUser 的属性名称一定要与查询结果集的列名相同。

<select>元素除上述示例代码中的几个属性外,还有一些常用的属性,如表 7.2 所示。

表 7.2　<select>元素的常用属性

属性名称	描　述
id	它和 Mapper 的命名空间组合起来使用(对应 Mapper 接口的某个方法),是唯一标识符,供 MyBatis 调用
parameterType	表示传入 SQL 语句的参数类型的全限定名或别名,是可选属性,MyBatis 能推断出具体传入语句的参数
resultType	SQL 语句执行后返回的类型(全限定名或者别名)。如果是集合类型,返回的是集合元素的类型。在返回时可以使用 resultType 或 resultMap 之一
resultMap	它是映射集的引用,与<resultMap>元素一起使用。在返回时可以使用 resultType 或 resultMap 之一
flushCache	它的作用是在调用 SQL 语句后判断是否要求 MyBatis 清空之前查询本地缓存和二级缓存,默认值为 false。如果设置为 true,则任何时候只要 SQL 语句被调用,都将清空本地缓存和二级缓存
useCache	启动二级缓存的开关,默认值为 true,表示将查询结果存入二级缓存中
timeout	用于设置超时参数,单位是秒。若超时将抛出异常
fetchSize	获取记录的总条数设定
statementType	告诉 MyBatis 使用哪个 JDBC 的 Statement 工作,取值为 STATEMENT(Statement)、PREPARED(PreparedStatement)、CALLABLE(CallableStatement),默认值为 PREPARED
resultSetType	这是针对 JDBC 的 ResultSet 接口而言,其值可以设置为 FORWARD_ONLY(只允许向前访问)、SCROLL_SENSITIVE(双向滚动,但不及时更新)、SCROLL_INSENSITIVE(双向滚动,及时更新)

❶ 使用 Map 接口传递参数

在实际开发中,SQL 语句经常需要多个参数,例如多条件查询。当多个参数传递时,<select>元素的 parameterType 属性值的类型是什么呢? 在 MyBatis 中,允许 Map 接口通过键-值对传递多个参数。

假设数据操作接口中有一个实现查询陈姓男性用户信息功能的方法:

```
List<MyUser> testMapSelect(Map<String, Object> param);
```

此时,传递给 MyBatis 映射器的是一个 Map 对象,使用该 Map 对象在 SQL 中设置对应的参数,对应 SQL 映射文件的代码如下:

```
<!-- 查询陈姓男性用户信息 -->
<select id="testMapSelect" resultType="MyUser" parameterType="map">
    select * from user
    where uname like concat('%',#{u_name},'%')
    and usex = #{u_sex}
</select>
```

在上述 SQL 映射文件中,参数名 u_name 和 u_sex 是 Map 中的 key。

【例 7-2】　在 7.1 节中例 7-1 的基础上实现用 Map 接口传递参数。为了节省篇幅,对于相同的实现不再赘述,其具体实现步骤如下。

1)添加接口方法

在 Spring Boot Web 应用 ch7_1 的 MyUserRepository 接口中添加接口方法(见上述),实现查询陈姓男性用户信息。

2)添加 SQL 映射

在 ch7_1 应用的 SQL 映射文件 MyUserMapper.xml 中添加 SQL 映射(见上述),实现查询陈姓男性用户信息。

3）添加请求处理方法

在 ch7_1 应用的 MyUserController 控制器类中添加测试方法 testMapSelect,具体代码如下:

```java
@GetMapping("/testMapSelect")
public List<MyUser> testMapSelect() {
    //查询所有陈姓男性用户
    Map<String, Object> map = new HashMap<>();
    map.put("u_name", "陈");
    map.put("u_sex", "男");
    return myUserRepository.testMapSelect(map);
}
```

❷ 使用 Java Bean 传递参数

在 MyBatis 中,当需要将多个参数传递给映射器时,可以将它们封装在一个 Java Bean 中。下面通过一个实例讲解如何使用 Java Bean 传递参数。

【例 7-3】 在例 7-2 的基础上实现用 Java Bean 传递参数。为了节省篇幅,对于相同的实现不再赘述,其具体实现步骤如下。

1）添加接口方法

在 Spring Boot Web 应用 ch7_1 的 MyUserRepository 接口中添加接口方法 selectAllUserByJavaBean(),并在该方法中使用 MyUser 类的对象将参数信息进行封装。接口方法 selectAllUserByJavaBean() 的定义如下:

```java
List<MyUser> selectAllUserByJavaBean(MyUser user);
```

2）添加 SQL 映射

在 ch7_1 应用的 SQL 映射文件 MyUserMapper.xml 中添加接口方法对应的 SQL 映射,具体代码如下:

```xml
<!-- 通过 Java Bean 传递参数查询陈姓男性用户信息,#{uname}的 uname 为参数 MyUser 的属性 -->
<select id="selectAllUserByJavaBean" resultType="MyUser" parameterType="MyUser">
    select * from user
    where uname like concat('%',#{uname},'%')
    and usex = #{usex}
</select>
```

3）添加请求处理方法

在 ch7_1 应用的 MyUserController 控制器类中添加请求处理方法 selectAllUserByJavaBean(),具体代码如下:

```java
@GetMapping("/selectAllUserByJavaBean")
public List<MyUser> selectAllUserByJavaBean() {
    //通过 MyUser 封装参数,查询所有陈姓男性用户
    MyUser mu = new MyUser();
    mu.setUname("陈");
    mu.setUsex("男");
    return myUserRepository.selectAllUserByJavaBean(mu);
}
```

❸ 使用@Param 注解传递参数

不管是 Map 传参,还是 Java Bean 传参,它们都是将多个参数封装在一个对象中,实际上

传递的还是一个参数,而使用@Param 注解可以将多个参数依次传递给 MyBatis 映射器。接口方法的示例代码如下。

```
List<MyUser> selectAllUserByParam(@Param("puname") String uname, @Param
("pusex") String usex);
```

在上述示例代码中,puname 和 pusex 是传递给 MyBatis 映射器的参数名。接口方法 selectAllUserByParam()对应的 SQL 映射的具体代码如下。

```
<!-- 通过@Param 注解传递参数查询陈姓男性用户信息,这里不需要定义参数类型 -->
<select id="selectAllUserByParam" resultType="MyUser">
    select * from user
    where uname like concat('%',#{puname},'%')
    and usex = #{pusex}
</select>
```

❹ 使用 POJO 存储结果集

在前面的例子中,都是直接使用 Java Bean(MyUser)存储结果集,这是因为 MyUser 的属性名与查询结果集的列名相同。如果查询结果集的列名与 Java Bean 的属性名不同,那么可以结合<resultMap>元素将 Java Bean 的属性与查询结果集的列名一一对应。具体步骤如下。

首先创建一个名为 MapUser 的 POJO(Plain Ordinary Java Object,普通的 Java 类)类:

```
package com.ch.ch7_1.entity;
import lombok.Data;
@Data
public class MapUser {
    private Integer m_uid;
    private String m_uname;
    private String m_usex;
    @Override
    public String toString() {
        return "User [uid=" + m_uid +",uname=" + m_uname + ",usex=" + m_usex +"]";
    }
}
```

然后添加数据操作接口方法 selectAllUserPOJO(),该方法的返回值的类型是 List<MapUser>:

```
List<MapUser> selectAllUserPOJO();
```

最后在 SQL 映射文件中使用<resultMap>元素将 MapUser 类的属性与查询结果集的列名一一对应,并添加接口方法 selectAllUserPOJO()对应的 SQL 映射:

```
<!-- 使用自定义结果集类型 -->
<resultMap type="com.ch.ch7_1.entity.MapUser" id="myResult">
    <!-- property 是 MapUser 类中的属性-->
    <!-- column 是查询结果集的列名,可以来自不同的表 -->
    <id property="m_uid" column="uid"/>
    <result property="m_uname" column="uname"/>
    <result property="m_usex" column="usex"/>
</resultMap>
<!-- 使用自定义结果集类型查询所有用户 -->
<select id="selectAllUserPOJO" resultMap="myResult">
    select * from user
</select>
```

❺ 使用 Map 存储结果集

在 MyBatis 中,任何查询结果集都可以使用 Map 存储,具体示例如下。

首先添加数据操作接口方法 selectAllUserMap(),该方法的返回值的类型是 List<Map<String,Object>>:

```
List<Map<String, Object>> selectAllUserMap();
```

然后在 SQL 映射文件中添加接口方法 selectAllUserMap()对应的 SQL 映射:

```
<!-- 使用 Map 存储查询结果集,查询结果的列名作为 Map 的 key,列值作为 Map 的 value -->
<select id="selectAllUserMap" resultType="map">
    select * from user
</select>
```

最后在控制器类中添加请求处理方法 selectAllUserMap():

```
@GetMapping("/selectAllUserMap")
public List<Map<String, Object>> selectAllUserMap() {
    //使用 Map 存储查询结果集
    return myUserRepository.selectAllUserMap();
}
```

▶7.2.2 <insert>、<update>以及<delete>元素

❶ <insert>元素

<insert>元素用于映射添加语句,MyBatis 在执行完一条添加语句后,将返回一个整数表示其影响的行数。它的属性与<select>元素的属性大部分相同,本节讲解它的几个特有属性。

keyProperty:在添加时将自动生成的主键值回填给 PO(Persistent Object)类的某个属性,通常会设置为主键对应的属性。如果是联合主键,可以在多个值之间用逗号隔开。

keyColumn:设置第几列是主键,当主键列不是表中的第一列时需要设置。如果是联合主键,可以在多个值之间用逗号隔开。

useGeneratedKeys:该属性将使 MyBatis 使用 JDBC 的 getGeneratedKeys()方法获取由数据库内部产生的主键,如 MySQL、SQL Server 等自动递增的字段,其默认值为 false。

MySQL、SQL Server 等数据库的表格可以使用自动递增的字段作为主键。有时可能需要使用这个刚产生的主键,用于关联其他业务。因为本书使用的数据库是 MySQL,所以可以直接使用自动递增主键回填的方法,具体步骤如下。

首先添加数据操作接口方法 addUserBack(),该方法的返回值的类型是 int:

```
int addUserBack(MyUser mu);
```

然后在 SQL 映射文件中添加接口方法 addUserBack()对应的 SQL 映射:

```
<!-- 添加一个用户,成功后将主键值回填给 uid(po 类的属性)-->
<insert id="addUserBack" parameterType="MyUser" keyProperty="uid"
useGeneratedKeys="true">
    insert into user(uname,usex) values(#{uname},#{usex})
</insert>
```

❷ <update>与<delete>元素

<update>和<delete>元素比较简单,它们的属性和<insert>元素的属性基本一样,在执行后也返回一个整数,表示影响数据库的记录的行数。SQL 映射文件的示例代码如下。

```
<!-- 修改一个用户 -->
<update id="updateUser" parameterType="MyUser">
    update user set uname = #{uname},usex = #{usex} where uid = #{uid}
</update>
<!-- 删除一个用户 -->
<delete id="deleteUser" parameterType="Integer">
    delete from user where uid = #{uid}
</delete>
```

▶7.2.3 动态 SQL

开发人员通常根据需求手动拼接 SQL 语句,这是一个极其麻烦的工作,而 MyBatis 提供了对 SQL 语句动态组装的功能,恰好能解决这一问题。MyBatis 的动态 SQL 元素和 JSTL 或其他类似基于 XML 的文本处理器相似,常用元素有<if>、<choose>、<when>、<otherwise>、<trim>、<where>、<foreach>和<bind>等。

❶ <if>元素

动态 SQL 通常要做的事情是有条件地包含 where 子句的一部分,所以在 MyBatis 中<if>元素是最常用的元素,它类似于 Java 中的 if 语句。示例代码如下:

```
<!-- 使用 if 元素,根据条件动态查询用户信息 -->
<select id="selectAllUserByIf" resultType="MyUser" parameterType="MyUser">
    select * from user where 1=1
    <if test="uname !=null and uname!=''">
        and uname like concat('%',#{uname},'%')
    </if>
    <if test="usex !=null and usex!=''">
        and usex = #{usex}
    </if>
</select>
```

❷ <choose>、<when>、<otherwise>元素

有时不需要用到所有的条件语句,而只需要择其一二。针对这种情况,MyBatis 提供了<choose>元素,它有点像 Java 中的 switch 语句,示例代码如下:

```
<!-- 使用 choose、when、otherwise 元素,根据条件动态查询用户信息 -->
<select id="selectUserByChoose" resultType="MyUser" parameterType="MyUser">
    select * from user where 1=1
    <choose>
    <when test="uname !=null and uname!=''">
        and uname like concat('%',#{uname},'%')
    </when>
    <when test="usex !=null and usex!=''">
        and usex = #{usex}
    </when>
    <otherwise>
        and uid > 3
    </otherwise>
    </choose>
</select>
```

❸ <trim>元素

<trim>元素可以在自己包含的内容前加上某些前缀,也可以在其后加上某些后缀,对应的属性是 prefix 和 suffix;可以把包含内容的首部的某些内容覆盖,即忽略,也可以把尾部的某些内容覆盖,对应的属性是 prefixOverrides 和 suffixOverrides。因为<trim> 元素有这样的

功能,所以可以非常简单地使用<trim>代替<where>元素。示例代码如下:

```
<!-- 使用 trim 元素,根据条件动态查询用户信息 -->
<select id="selectUserByTrim" resultType="MyUser" parameterType="MyUser">
    select * from user
    <trim prefix="where" prefixOverrides="and|or">
        <if test="uname !=null and uname!=''">
            and uname like concat('%',#{uname},'%')
        </if>
        <if test="usex !=null and usex!=''">
            and usex = #{usex}
        </if>
    </trim>
</select>
```

❹ <where>元素

<where>元素的作用是输出一个 where 语句,优点是不用考虑<where>元素的条件输出,
MyBatis 将智能处理。如果所有的条件都不满足,那么 MyBatis 将会查出所有记录;如果输出
是以 and 开头,MyBatis 将把第一个 and 忽略;如果输出是以 or 开头,MyBatis 也将把它忽略。
此外,在<where>元素中不考虑空格的问题,MyBatis 将智能加上。示例代码如下:

```
<!-- 使用 where 元素,根据条件动态查询用户信息 -->
<select id="selectUserByWhere" resultType="MyUser" parameterType="MyUser">
    select * from user
    <where>
        <if test="uname !=null and uname!=''">
            and uname like concat('%',#{uname},'%')
        </if>
        <if test="usex !=null and usex!=''">
            and usex = #{usex}
        </if>
    </where>
</select>
```

❺ <foreach>元素

<foreach>元素主要用于构建 in 条件,它可以在 SQL 语句中迭代一个集合。<foreach>
元素的属性主要有 item、index、collection、open、separator 和 close。item 表示集合中每一个
元素进行迭代时的别名;index 指定一个名字,用于表示在迭代过程中每次迭代到的位置;
open 表示该语句以什么开始;separator 表示在每个迭代之间以什么符号作为分隔符;close 表
示以什么结束。在使用<foreach>元素时,最关键、最容易出错的是 collection 属性,该属性是
必选的,但在不同情况下该属性的值是不一样的,主要有以下 3 种情况:

(1)如果传入的是单参数且参数类型是一个 List,collection 属性值为 list。

(2)如果传入的是单参数且参数类型是一个 array 数组,collection 属性值为 array。

(3)如果传入的参数是多个,需要把它们封装成一个 Map,当然单参数也可以封装成
Map。Map 的 key 是参数名,所以 collection 属性值是传入的 List 或 array 对象在自己封装的
Map 中的 key。

示例代码如下:

```
<!-- 使用 foreach 元素,查询用户信息 -->
<select id="selectUserByForeach" resultType="MyUser" parameterType="List">
```

```
select * from user where uid in
<foreach item="item" index="index" collection="list"
open="(" separator="," close=")">
    #{item}
</foreach>
</select>
```

❻ <bind>元素

在进行模糊查询时,如果使用"${}"拼接字符串,则无法防止 SQL 注入问题;如果使用字符串拼接函数或连接符号,不同数据库的拼接函数或连接符号不同,如 MySQL 的 concat 函数、Oracle 的连接符号"||",这样 SQL 映射文件就需要根据不同的数据库提供不同的实现,显然比较麻烦,且不利于代码的移植。幸运的是,MyBatis 提供了<bind>元素解决这一问题。示例代码如下:

```
<!-- 使用 bind 元素进行模糊查询 -->
<select id="selectUserByBind" resultType="MyUser" parameterType="MyUser">
    <!-- bind 中的 uname 是 com.po.MyUser 的属性名 -->
    <bind name="paran_uname" value="'%' + uname + '%'"/>
    select * from user where uname like #{paran_uname}
</select>
```

7.3　MyBatis-Plus 快速入门

扫一扫

视频讲解

▶7.3.1　MyBatis-Plus 简介

MyBatis-Plus 是一个 MyBatis 增强工具,在 MyBatis 的基础上只做增强不做改变,为简化开发、提高效率而生。MyBatis-Plus 的特性具体如下。

(1)无侵入:只做增强不做改变,引入它不会对现有工程产生影响。

(2)损耗小:启动即会自动注入基本 CURD,性能基本无损耗,直接面向对象操作。

(3)强大的 CRUD 操作:内置通用 Mapper、通用 Service,仅通过少量配置即可实现单表的大部分 CRUD 操作,更有强大的条件构造器,满足各类使用需求。

(4)支持 Lambda 形式调用:通过 Lambda 表达式,方便编写各类查询条件,开发者无须再担心将字段写错。

(5)支持主键自动生成:支持多种主键策略,可自由配置,完美解决主键问题。

(6)支持 ActiveRecord 模式:支持 ActiveRecord 形式调用,实体类只需要继承 Model 类即可进行强大的 CRUD 操作。

(7)支持自定义全局通用操作:支持全局通用方法注入。

(8)内置代码生成器:使用代码或者 Maven 插件可以快速生成 Mapper、Model、Service、Controller 层代码,支持模板引擎,提供更多自定义配置。

(9)内置分页插件:基于 MyBatis 物理分页,开发者无须关心具体操作,配置好插件之后,实现分页等同于普通 List 遍历。

▶7.3.2　Spring Boot 整合 MyBatis-Plus

在 Spring Boot 应用中,添加 mybatis-plus-boot-starter 依赖即可整合 MyBatis-Plus,具体如下:

```
<dependency>
    <groupId>com.baomidou</groupId>
    <artifactId>mybatis-plus-boot-starter</artifactId>
    <version>3.x.y.z</version>
</dependency>
```

在 Spring Boot 应用中,通过 mybatis-plus-boot-starter 引入 MyBatis-Plus 依赖后将自动引入 MyBatis、MyBatis-Spring 等相关依赖,所以不再需要引入这些依赖,以避免因版本差异导致问题。

下面通过一个实例讲解如何在 Spring Boot 应用中使用 MyBatis-Plus 框架操作数据库。

【例 7-4】 在 Spring Boot 应用中使用 MyBatis-Plus 框架操作数据库。

其具体实现步骤如下。

❶ 创建 Spring Boot Web 应用

创建基于 Lombok 依赖的 Spring Boot Web 应用 ch7_2。在该应用中操作的数据库与 7.1 节一样,都是 springtest,操作的数据表是 user 表。

❷ 修改 pom.xml 文件

在 pom.xml 文件中添加 MySQL 连接器与 MyBatis-Plus 依赖,具体如下:

```
<dependency>
    <groupId>mysql</groupId>
    <artifactId>mysql-connector-java</artifactId>
    <version>8.0.29</version>
</dependency>
<dependency>
    <groupId>com.baomidou</groupId>
    <artifactId>mybatis-plus-boot-starter</artifactId>
    <version>3.5.3.1</version>
</dependency>
```

❸ 设置 Web 应用 ch7_2 的上下文路径及数据源配置信息

在 ch7_2 应用的 application.properties 文件中配置如下内容:

```
server.servlet.context-path=/ch7_2
#数据库地址
spring.datasource.url=jdbc:mysql://localhost:3306/springtest?useUnicode=
true&characterEncoding=UTF-8&allowMultiQueries=true&serverTimezone=GMT%2B8
#数据库用户名
spring.datasource.username=root
#数据库密码
spring.datasource.password=root
#数据库驱动
spring.datasource.driver-class-name=com.mysql.cj.jdbc.Driver
#设置包的别名(在 Mapper 映射文件中直接使用实体类名)
mybatis-plus.type-aliases-package=com.ch.ch7_2.entity
#告诉系统到哪里去找 mapper.xml 文件(映射文件)
mybatis-plus.mapper-locations=classpath:mappers/*.xml
#在控制台输出 SQL 语句日志
logging.level.com.ch.ch7_2.mapper=debug
#让控制器输出的 JSON 字符串格式更美观
spring.jackson.serialization.indent-output=true
```

❹ 创建实体类

创建名为 com.ch.ch7_2.entity 的包,并在该包中创建 MyUser 实体类,具体代码如下:

```
package com.ch.ch7_2.entity;
import lombok.Data;
import com.baomidou.mybatisplus.annotation.TableName;
@Data
@TableName("user")
public class MyUser {
    private Integer uid;          //与数据表中的字段名相同
    private String uname;
    private String usex;
}
```

❺ 创建数据访问接口

创建名为 com.ch.ch7_2.mapper 的包,并在该包中创建 UserMapper 接口。UserMapper
接口通过继承 BaseMapper<MyUser>接口(在 7.4 节将讲解该接口)对实体类 MyUser 对应的
数据表 user 进行 CRUD 操作。UserMapper 接口的代码如下:

```
package com.ch.ch7_2.mapper;
import com.baomidou.mybatisplus.core.mapper.BaseMapper;
import com.ch.ch7_2.entity.MyUser;
import org.springframework.stereotype.Repository;
import java.util.List;
@Repository
public interface UserMapper extends BaseMapper<MyUser> {
    List<MyUser> myFindAll();
}
```

❻ 创建 Mapper 映射文件

在 src/main/resources 目录下创建名为 mappers 的包,并在该包中创建 SQL 映射文件
MyUserMapper.xml(当 Mapper 接口中没有自定义方法时可以不创建此文件),具体代码
如下:

```
<?xml version="1.0" encoding="UTF-8" ?>
<!DOCTYPE mapper
PUBLIC "-//mybatis.org//DTD Mapper 3.0//EN"
"http://mybatis.org/dtd/mybatis-3-mapper.dtd">
<mapper namespace="com.ch.ch7_2.mapper.UserMapper">
    <select id="myFindAll" resultType="MyUser">
        select * from user
    </select>
</mapper>
```

❼ 创建控制器类 MyUserController

创建名为 com.ch.ch7_2.controller 的包,并在该包中创建控制器类 MyUserController。
MyUserController 的核心代码如下:

```
@RestController
public class MyUserController {
    @Autowired
    private UserMapper userMapper;
    @GetMapping("/findAll")
    public List<MyUser> findAll(){
        //通过 BaseMapper 接口方法 selectList 查询
        return userMapper.selectList(null);
    }
    @GetMapping("/myFindAll")
```

```
public List<MyUser> myFindAll(){
        //通过自定义方法 myFindAll 查询
        return userMapper.myFindAll();
    }
}
```

❽ 在应用程序的主类中扫描 Mapper 接口

在应用程序的 Ch72Application 主类中使用@MapperScan 注解扫描 MyBatis 的 Mapper 接口,核心代码如下:

```
@SpringBootApplication
@MapperScan(basePackages={"com.ch.ch7_2.mapper"})
public class Ch72Application {
    public static void main(String[] args) {
        SpringApplication.run(Ch72Application.class, args);
    }
}
```

❾ 运行

首先运行 Ch72Application 主类,然后访问"http://localhost:8080/ch7_2/findAll"和"http://localhost:8080/ch7_2/myFindAll"进行测试。

7.4 MyBatis-Plus 基础

▶ 7.4.1 MyBatis-Plus 注解

本节将详细介绍 MyBatis-Plus 的相关注解类,具体如下。

❶ @TableName

当实体类的类名与要操作表的表名不一致时,需要使用@TableName 注解标识实体类对应的表。示例代码如下:

```
@TableName("user")
public class MyUser {}
```

@TableName 注解的所有属性都是非必须指定的,如表 7.3 所示。

表 7.3　@TableName 注解的属性

属　　性	类型	默认值	描　　述
value	String	""	表名
schema	String	""	指定模式名称;如果是 MySQL 数据库,则指定数据库名称;如果是 Oracle,则为 schema。例如 schema="scott",scott 就是 Oracle 中的 schema
keepGlobalPrefix	boolean	false	是否保持使用全局的 tablePrefix 值(当设置全局 tablePrefix 时)
resultMap	String	""	XML 中 resultMap 的 id(用于满足特定类型的实体类对象的绑定)
autoResultMap	boolean	false	是否自动构建 resultMap,并使用(如果设置 resultMap,则不会进行 resultMap 的自动构建与注入)
excludeProperty	String[]	{}	需要排除的属性名

❷ @TableId

@TableId 注解为主键注解,指定实体类中的某属性为主键字段。示例代码如下:

```
@TableName("user")
public class MyUser {
    @TableId(type=IdType.AUTO)
    private Integer uid;
}
```

@TableId 注解有 value 与 type 两个属性。value 属性表示主键字段名,默认值为"";type 属性表示主键类型,默认值为 IdType.NONE。在 type 属性值中,IdType.AUTO 表示数据表 ID 自增;IdType.NONE 表示无状态,该类型为未设置主键类型;IdType.INPUT 表示 insert 前自行设置主键值;IdType.ASSIGN_ID 表示分配 ID(类型为 Long、Integer 或 String),使用 IdentifierGenerator 接口的 nextId 方法(默认实现类为 DefaultIdentifierGenerator);IdType. ASSIGN_UUID 表示分配 UUID,类型为 String,使用 IdentifierGenerator 接口的 nextUUID 方法。

❸ @TableField

@TableField 注解为非主键字段注解。若实体类中的属性使用的是驼峰命名风格,而表中的字段使用的是下画线命名风格,例如实体类属性为 userName,表中字段为 user_name,此时 MyBatis-Plus 会自动将下画线命名风格转换为驼峰命名风格。若实体类中的属性和表中的字段不满足上述条件,例如实体类属性为 name,表中字段为 username,此时需要在实体类属性上使用@TableField("username")设置属性所对应的字段名。

@TableField 注解的所有属性都是非必须指定的,如表 7.4 所示。

表 7.4　@TableField 注解的属性

属　　性	类　　型	默　认　值	描　　述
value	String	""	数据库字段名
exist	boolean	true	是否为数据库表字段
condition	String	""	字段 where 实体查询比较条件,有值设置则以设置的值为准,没有则为默认全局的%s=#{%s}
update	String	""	字段 update set 部分注入,例如当 version 字段上注解 update="%s+1" 表示更新时会 set version=version+1
insertStrategy	Enum	FieldStrategy.DEFAULT	IGNORED:忽略判断;NOT_NULL:非 NULL 判断;NOT_EMPTY:非空判断(只对字符串类型字段,其他类型字段依然为非 NULL 判断);DEFAULT:追随全局配置;NEVER:不加入 SQL。举例:NOT_NULL insert into table_a(<if test="columnProperty != null">column</if>) values (<if test="columnProperty != null">#{columnProperty}</if>)
updateStrategy	Enum	FieldStrategy.DEFAULT	举例: IGNORED update table_a set column=#{columnProperty}

续表

属　　性	类　　型	默　认　值	描　　述
whereStrategy	Enum	FieldStrategy.DEFAULT	举例： NOT_EMPTY where＜if test＝"columnProperty！＝null and columnProperty！＝''"＞column＝#{columnProperty}＜/if＞
fill	Enum	FieldFill.DEFAULT	字段自动填充策略。DEFAULT：默认不处理；INSERT：在插入时填充字段；UPDATE：在更新时填充字段；INSERT_UPDATE：在插入和更新时填充字段
select	boolean	true	是否进行 select 查询
keepGlobalFormat	boolean	false	是否保持使用全局的 format 进行处理
jdbcType	JdbcType	JdbcType.UNDEFINED	JDBC 类型（该默认值不代表会按照该值生效）
typeHandler	Class＜? extends TypeHandler＞	UnknownTypeHandler.class	类型处理器（该默认值不代表会按照该值生效）
numericScale	String	""	指定小数点后保留的位数

❹ @Version

乐观锁注解，@Version 标记在字段上。

乐观锁：当要更新一条记录时，希望这条记录没有被别人更新。

乐观锁实现方式：在取出记录时，获取当前 version；在更新时，带上这个 version；在执行更新时，set version ＝ newVersion where version ＝ oldVersion，如果 version 不对，则更新失败。

具体示例如下：

```
@Data
@TableName("t_product")
public class Product {
    private Long id;
    private String name;
    private Integer price;
    @Version
    private Integer version;
}
@Configuration
public class MybatisPlusConfig {
    @Bean
    public MybatisPlusInterceptor mybatisPlusInterceptor() {
        MybatisPlusInterceptor interceptor =
                new MybatisPlusInterceptor();
        //乐观锁插件
        interceptor.addInnerInterceptor(new OptimisticLockerInnerInterceptor());
        return interceptor;
    }
}
```

这个 @Version 注解就是实现乐观锁的重要注解，当更新数据库中的数据时，例如价格，version 就会加 1，如果 where 语句中的 version 版本不对，则更新失败。

❺ @EnumValue

普通枚举类注解,注解在枚举字段上。示例代码如下:

```
@Getter                    //类中属性都生成 getter 方法
public enum SexEnum {
    MALE(1, "男"),
    FEMALE(2, "女");
    @EnumValue             //标记数据库存的值是 sex
    private Integer sex;
    private String sexName;
    SexEnum(Integer sex, String sexName) {
        this.sex = sex;
        this.sexName = sexName;
    }
}
```

❻ @TableLogic

@TableLogic 注解的使用代表了实体类中的属性是逻辑删除的属性。逻辑删除即假删除,将对应数据中代表是否被删除字段的状态修改为"被删除状态",之后在数据库中仍然能看到此条数据记录。

▶7.4.2　CRUD 接口

MyBatis-Plus 使用 MyBatis 接口编程实现机制,默认提供了一系列增、删、改、查基础方法,并且开发人员对于这些基础操作方法不需要编写 SQL 语句即可进行处理。

❶ Mapper CRUD 接口

MyBatis-Plus 内置了可以实现对单表 CRUD 的 BaseMapper<T>接口,泛型 T 为任意实体对象。BaseMapper<T>接口针对 Dao 层的 CRUD 方法进行封装。

在自定义数据访问接口时继承 BaseMapper<T>接口,即可使用 BaseMapper<T>接口方法进行单表的 CRUD,例如 public interface UserMapper extends BaseMapper<MyUser>{}。

BaseMapper<T>接口方法具体如下。

1) insert

BaseMapper<T>接口提供了一个实现插入一条记录的方法,具体如下。

```
//插入一条记录
int insert(T entity);
```

2) delete

BaseMapper<T>接口提供了许多删除方法,具体如下。

```
//根据 entity 条件删除记录
int delete(@Param(Constants.WRAPPER) Wrapper<T> wrapper);
//删除(根据 ID 批量删除)
int deleteBatchIds(@Param(Constants.COLLECTION) Collection<? extends Serializable>
idList);
//根据 ID 删除
int deleteById(Serializable id);
//根据 columnMap 条件删除记录
int deleteByMap(@Param(Constants.COLUMN_MAP) Map<String, Object> columnMap);
```

在上述方法参数中,wrapper(Wrapper<T>)是实体对象封装操作类(即条件构造器,可以为 null);idList(Collection<? extends Serializable>)是主键 ID 列表(不能为 null 以及

empty);id(Serializable)是主键 ID;columnMap(Map<String，Object>)是表字段 map 对象。

3）update

BaseMapper<T>接口提供了两个更新方法,具体如下。

```
//根据 whereWrapper 条件更新记录
int update(@Param(Constants.ENTITY) T updateEntity, @Param(Constants.WRAPPER)
Wrapper<T> whereWrapper);
//根据 ID 修改
int updateById(@Param(Constants.ENTITY) T entity);
```

4）select

BaseMapper<T>接口提供了许多查询方法,具体如下。

```
//根据 ID 查询
T selectById(Serializable id);
//根据 entity 条件查询一条记录
T selectOne(@Param(Constants.WRAPPER) Wrapper<T> queryWrapper);
//根据 ID 批量查询
List < T > selectBatchIds (@ Param (Constants. COLLECTION) Collection <? extends
Serializable> idList);
//根据 entity 条件查询全部记录
List<T> selectList(@Param(Constants.WRAPPER) Wrapper<T> queryWrapper);
//根据 columnMap 条件查询
List<T> selectByMap(@Param(Constants.COLUMN_MAP) Map<String, Object> columnMap);
//根据 Wrapper 条件查询全部记录
List<Map<String, Object>> selectMaps(@Param(Constants.WRAPPER) Wrapper<T>
queryWrapper);
//根据 Wrapper 条件查询全部记录。注意,只返回第一个字段的值
List<Object> selectObjs(@Param(Constants.WRAPPER) Wrapper<T> queryWrapper);
//根据 entity 条件查询全部记录(并翻页)
IPage<T> selectPage(IPage<T> page, @Param(Constants.WRAPPER) Wrapper<T> queryWrapper);
//根据 Wrapper 条件查询全部记录(并翻页)
IPage<Map<String, Object>> selectMapsPage(IPage<T> page, @Param(Constants.
WRAPPER) Wrapper<T> queryWrapper);
//根据 Wrapper 条件查询总记录数
Integer selectCount(@Param(Constants.WRAPPER) Wrapper<T> queryWrapper);
```

5）ActiveRecord 模式

所谓 ActiveRecord 模式,在 Spring Boot 应用中,如果已注入对应实体的 BaseMapper,如
public interface UserMapper extends BaseMapper<MyUser>{},那么实体类 MyUser 只需要继承
Model 类即可进行强大的 CRUD 操作,如 public class MyUser extends Model<MyUser>{}。

❷ Service CRUD 接口

通用 Service CRUD 封装 IService<T>接口,进一步封装 CRUD,使用 get 查询单行、
remove 删除、list 查询集合、page 分页等前缀命名方式区分 Mapper 层,避免混淆。创建
Service 接口及其实现类,示例代码如下。

```
public interface UserService extends IService<MyUser> {}
/ * ServiceImpl 实现了 IService,提供了 IService 中基础功能的实现。若 ServiceImpl 无法
满足业务需求,则可以使用自定义的 UserService 定义方法,并在实现类中实现 * /
@Service
public class UserServiceImpl extends ServiceImpl<UserMapper, MyUser> implements
UserService {}
```

IService<T>接口针对业务逻辑层的封装,需要指定 Dao 层接口和对应的实体类,是在
BaseMapper<T>基础上的加强,ServiceImpl<M,T>是针对业务逻辑层的实现。

1）save

通用 Service CRUD 接口提供了如下 save 方法：

```
//插入一条记录(选择字段,策略插入)
boolean save(T entity);
//插入(批量)
boolean saveBatch(Collection<T> entityList);
//插入(批量)
boolean saveBatch(Collection<T> entityList, int batchSize);
//TableId 注解存在更新记录,否则插入一条记录
boolean saveOrUpdate(T entity);
//根据 updateWrapper 尝试更新,否则继续执行 saveOrUpdate(T)方法
boolean saveOrUpdate(T entity, Wrapper<T> updateWrapper);
//批量修改插入
boolean saveOrUpdateBatch(Collection<T> entityList);
//批量修改插入
boolean saveOrUpdateBatch(Collection<T> entityList, int batchSize);
```

2）remove

通用 Service CRUD 接口提供了如下 remove 方法：

```
//根据 entity 条件删除记录
boolean remove(Wrapper<T> queryWrapper);
//根据 ID 删除
boolean removeById(Serializable id);
//根据 columnMap 条件删除记录
boolean removeByMap(Map<String, Object> columnMap);
//根据 ID 批量删除
boolean removeByIds(Collection<? extends Serializable> idList);
```

3）update

通用 Service CRUD 接口提供了如下 update 方法：

```
//根据 UpdateWrapper 条件更新记录,需要设置 sqlset
boolean update(Wrapper<T> updateWrapper);
//根据 whereWrapper 条件更新记录
boolean update(T updateEntity, Wrapper<T> whereWrapper);
//根据 ID 选择修改
boolean updateById(T entity);
//根据 ID 批量更新
boolean updateBatchById(Collection<T> entityList);
//根据 ID 批量更新
boolean updateBatchById(Collection<T> entityList, int batchSize);
```

4）get、list、page 及 count

通用 Service CRUD 接口提供了如下 get、list、page 及 count 查询方法：

```
//根据 ID 查询
T getById(Serializable id);
//根据 Wrapper 查询一条记录。结果集如果是多个会抛出异常,随机取一条加上限制条件
  wrapper.last("LIMIT 1")
T getOne(Wrapper<T> queryWrapper);
//根据 Wrapper 查询一条记录
T getOne(Wrapper<T> queryWrapper, boolean throwEx);
//根据 Wrapper 查询一条记录
Map<String, Object> getMap(Wrapper<T> queryWrapper);
//根据 Wrapper 查询一条记录
<V> V getObj(Wrapper<T> queryWrapper, Function<? super Object, V> mapper);
//查询所有
```

```
List<T> list();
//查询列表
List<T> list(Wrapper<T> queryWrapper);
//根据 ID 批量查询
Collection<T> listByIds(Collection<? extends Serializable> idList);
//根据 columnMap 条件查询
Collection<T> listByMap(Map<String, Object> columnMap);
//查询所有列表
List<Map<String, Object>> listMaps();
//查询列表
List<Map<String, Object>> listMaps(Wrapper<T> queryWrapper);
//查询全部记录
List<Object> listObjs();
//查询全部记录
<V> List<V> listObjs(Function<? super Object, V> mapper);
//根据 Wrapper 条件查询全部记录
List<Object> listObjs(Wrapper<T> queryWrapper);
//根据 Wrapper 条件查询全部记录
<V> List < V> listObjs (Wrapper < T> queryWrapper, Function<? super Object, V>
mapper);
//无条件分页查询
IPage<T> page(IPage<T> page);
//条件分页查询
IPage<T> page(IPage<T> page, Wrapper<T> queryWrapper);
//无条件分页查询
IPage<Map<String, Object>> pageMaps(IPage<T> page);
//条件分页查询
IPage<Map<String, Object>> pageMaps(IPage<T> page, Wrapper<T> queryWrapper);
//查询总记录数
int count();
//根据 Wrapper 条件查询总记录数
int count(Wrapper<T> queryWrapper);
```

5）链式 query 及 update

通用 Service CRUD 接口提供了如下 query 及 update 链式方法：

```
//链式查询,普通
QueryChainWrapper<T> query();
//链式查询,lambda 式。注意,不支持 Kotlin
LambdaQueryChainWrapper<T> lambdaQuery();
//示例
query().eq("column", value).one();
lambdaQuery().eq(Entity::getId, value).list();
//链式更改,普通
UpdateChainWrapper<T> update();
//链式更改,lambda 式。注意,不支持 Kotlin
LambdaUpdateChainWrapper<T> lambdaUpdate();
//示例
update().eq("column", value).remove();
lambdaUpdate().eq(Entity::getId, value).update(entity);
```

下面通过一个实例演示 Mapper CRUD 接口和 Service CRUD 接口的使用方法。

【例 7-5】 演示 Mapper CRUD 接口和 Service CRUD 接口的使用方法。

其具体实现步骤如下。

1）创建 Spring Boot Web 应用

创建基于 Lombok 依赖的 Spring Boot Web 应用 ch7_3。在该应用中操作的数据库与 7.1 节一样，都是 springtest，操作的数据表是 user 表。

2）修改 pom.xml 文件

在 pom.xml 文件中添加 MySQL 连接器和 MyBatis-Plus 依赖，与例 7-4 相同，这里不再赘述。

3）设置 Web 应用 ch7_3 的上下文路径及数据源配置信息

在 ch7_3 应用的 application.properties 文件中配置上下文路径及数据源配置信息，配置内容与例 7-4 基本相同，这里不再赘述。

❸ 创建实体类

创建名为 com.ch.ch7_3.entity 的包，并在该包中创建 MyUser 实体类，具体代码如下。

```
package com.ch.ch7_3.entity;
import com.baomidou.mybatisplus.annotation.IdType;
import com.baomidou.mybatisplus.annotation.TableId;
import com.baomidou.mybatisplus.extension.activerecord.Model;
import lombok.Data;
import com.baomidou.mybatisplus.annotation.TableName;
@Data
@TableName("user")
public class MyUser extends Model<MyUser> {
    @TableId(value = "uid", type = IdType.AUTO)
    private Integer uid;
    private String uname;
    private String usex;
}
```

❹ 创建数据访问接口

创建名为 com.ch.ch7_3.mapper 的包，并在该包中创建 UserMapper 接口。UserMapper 接口通过继承 BaseMapper<MyUser>接口对实体类 MyUser 对应的数据表 user 进行 CRUD 操作。UserMapper 接口的代码如下：

```
package com.ch.ch7_3.mapper;
import com.baomidou.mybatisplus.core.mapper.BaseMapper;
import com.ch.ch7_3.entity.MyUser;
import org.springframework.stereotype.Repository;
@Repository
public interface UserMapper extends BaseMapper<MyUser> {
}
```

❺ 创建 Service 接口及实现类

创建名为 com.ch.ch7_3.service 的包，并在该包中创建 UserService 接口及实现类 UserServiceImpl。

UserService 接口继承 IService<MyUser>接口，具体代码如下：

```
package com.ch.ch7_3.service;
import com.baomidou.mybatisplus.extension.service.IService;
import com.ch.ch7_3.entity.MyUser;
public interface UserService extends IService<MyUser> {
}
```

实现类 UserServiceImpl 继承 ServiceImpl<UserMapper，MyUser>类，具体代码如下：

```
package com.ch.ch7_3.service;
import com.baomidou.mybatisplus.extension.service.impl.ServiceImpl;
import com.ch.ch7_3.entity.MyUser;
import com.ch.ch7_3.mapper.UserMapper;
import org.springframework.stereotype.Service;
```

```
@Service
public class UserServiceImpl extends ServiceImpl<UserMapper, MyUser> implements
UserService {}
```

❻ 配置分页插件 PaginationInnerInterceptor

MyBatis-Plus 基于 PaginationInnerInterceptor 拦截器实现分页查询功能,所以需要事先配置该拦截器才能实现分页查询功能。

创建名为 com.ch.ch7_3.config 的包,并在该包中创建 MybatisPlusConfig 配置类,具体代码如下:

```
package com.ch.ch7_3.config;
import com.baomidou.mybatisplus.annotation.DbType;
import com.baomidou.mybatisplus.extension.plugins.MybatisPlusInterceptor;
import com.baomidou.mybatisplus.extension.plugins.inner.PaginationInnerInterceptor;
import org.springframework.context.annotation.Bean;
import org.springframework.context.annotation.Configuration;
@Configuration
public class MybatisPlusConfig{
    @Bean
    public MybatisPlusInterceptor mybatisPlusInterceptor() {
        MybatisPlusInterceptor interceptor = new MybatisPlusInterceptor();
        interceptor.addInnerInterceptor(new PaginationInnerInterceptor(DbType.
        MYSQL));
        return interceptor;
    }
}
```

❼ 创建控制器类 MyUserController

创建名为 com.ch.ch7_3.controller 的包,并在该包中创建控制器类 MyUserController。MyUserController 的代码如下:

```
package com.ch.ch7_3.controller;
import com.baomidou.mybatisplus.core.metadata.IPage;
import com.baomidou.mybatisplus.extension.plugins.pagination.Page;
import com.ch.ch7_3.entity.MyUser;
import com.ch.ch7_3.mapper.UserMapper;
import com.ch.ch7_3.service.UserService;
import org.springframework.beans.factory.annotation.Autowired;
import org.springframework.web.bind.annotation.GetMapping;
import org.springframework.web.bind.annotation.RestController;
import java.util.Arrays;
import java.util.List;
@RestController
public class MyUserController {
    @Autowired
    private UserMapper userMapper;
    @Autowired
    private UserService userService;
    @GetMapping("/testMapperSave")
    public MyUser testMapperSave(){
        MyUser mu = new MyUser();
        mu.setUname("testMapperSave 陈恒 1");
        mu.setUsex("女");
        int result = userMapper.insert(mu);
        //实体类的主键属性使用@TableId注解后,主键自动回填
        return mu;
    }
```

```java
@GetMapping("/testMapperDelete")
public int testMapperDelete(){
    List<Long> list = Arrays.asList(17L, 7L, 19L);
    int result = userMapper.deleteBatchIds(list);
    return result;
}
@GetMapping("/testMapperUpdate")
public MyUser testMapperUpdate(){
    MyUser mu = new MyUser();
    mu.setUid(1);
    mu.setUname("李四");
    mu.setUsex("男");
    int result = userMapper.updateById(mu);
    return mu;
}
@GetMapping("/testMapperSelect")
public List<MyUser> testMapperSelect(){
    return userMapper.selectList(null);
}
@GetMapping("/testModelSave")
public MyUser testModelSave(){
    MyUser mu = new MyUser();
    mu.setUname("testModelSave 陈恒 2");
    mu.setUsex("男");
    mu.insert();
    return mu;
}
@GetMapping("/testServiceSave")
public List<MyUser> testServiceSave(){
    MyUser mu1 = new MyUser();
    mu1.setUname("testServiceSave 陈恒 1");
    mu1.setUsex("女");
    MyUser mu2 = new MyUser();
    mu2.setUname("testServiceSave 陈恒 2");
    mu2.setUsex("男");
    List<MyUser> list = Arrays.asList(mu1, mu2);
    boolean result = userService.saveBatch(list);
    return list;
}
@GetMapping("/testServiceUpdate")
public List<MyUser> testServiceUpdate(){
    MyUser mu1 = new MyUser();
    mu1.setUid(23);
    mu1.setUname("testServiceSave 陈恒 11");
    mu1.setUsex("女");
    MyUser mu2 = new MyUser();
    mu2.setUid(24);
    mu2.setUname("testServiceSave 陈恒 22");
    mu2.setUsex("男");
    List<MyUser> list = Arrays.asList(mu1, mu2);
    boolean result = userService.updateBatchById(list);
    return list;
}
@GetMapping("/testServicePage")
public List<MyUser> testServicePage(){
    //1 为当前页,5 为页面大小
    IPage<MyUser> iPage = new Page<>(1, 5);
    IPage<MyUser> page = userService.page(iPage);
    System.out.println(page.getPages());
```

```
            //返回当前页的记录
            return page.getRecords();
    }
}
```

❽ **在应用程序的主类中扫描 Mapper 接口**

在应用程序的 Ch73Application 主类中使用@MapperScan 注解扫描 MyBatis 的 Mapper 接口。核心代码如下：

```
@SpringBootApplication
@MapperScan(basePackages={"com.ch.ch7_3.mapper"})
public class Ch73Application {
    public static void main(String[] args) {
        SpringApplication.run(Ch73Application.class, args);
    }
}
```

❾ **运行**

首先运行 Ch73Application 主类，然后访问"http://localhost：8080/ch7_3/testMapperSave"进行测试。

▶7.4.3 条件构造器

MyBatis-Plus 提供了构造条件的类 Wrapper，用户可以根据自己的意图定义需要的条件。Wrapper 是一个抽象类，在一般情况下用它的子类 QueryWrapper 实现自定义条件查询。在查询前首先创建条件构造器 QueryWrapper wrapper＝new QueryWrapper<>()，然后调用构造器中的方法实现按条件查询。

AbstractWrapper 是 Wrapper 的子类，也是 QueryWrapper（LambdaQueryWrapper）和 UpdateWrapper（LambdaUpdateWrapper）的父类，用于生成 SQL 的 where 条件，entity 属性也用于生成 SQL 的 where 条件。条件构造器中的方法具体如下。

❶ **allEq**

```
allEq(Map<R, V> params)
allEq(Map<R, V> params, boolean null2IsNull)
allEq(boolean condition, Map<R, V> params, boolean null2IsNull)
```

其中，params 的值 key 为数据库字段名，value 为字段值；null2IsNull 为 true 则在 map 的 value 为 null 时调用 isNull 方法，为 false 则忽略 value 为 null 的条件。

示例 1：map.put("id", 1)，map.put("name", "老王")，map.put("age", null)，wrapper.allEq(map)，等价 SQL：id＝1 and name＝'老王' and age is null。

示例 2：wrapper.allEq(map, false)，等价 SQL：id＝1 and name＝'老王'.

```
allEq(BiPredicate<R, V> filter, Map<R, V> params)
allEq(BiPredicate<R, V> filter, Map<R, V> params, boolean null2IsNull)
allEq(boolean condition, BiPredicate< R, V> filter, Map< R, V> params, boolean
null2IsNull)
```

其中，filter 为过滤函数，设置是否允许字段传入比对条件中。

示例 1：wrapper.allEq((k,v) ->k.contains("a")，map)，等价 SQL：name＝'老王' and age is null。

示例 2：wrapper.allEq((k,v) ->k.contains("a")，map, false)，等价 SQL：name＝'老王'.

❷ **eq (等于,＝)**

```
eq(R column, Object val)
eq(boolean condition, R column, Object val)
```

示例：eq("name", "老王"),等价于 name＝'老王'。

❸ **ne (不等于,<>)**

```
ne(R column, Object val)
ne(boolean condition, R column, Object val)
```

示例：ne("name", "老王"),等价于 name <>'老王'。

❹ **gt (大于,>)**

```
gt(R column, Object val)
gt(boolean condition, R column, Object val)
```

示例：gt("age", 7),等价于 age > 7。

❺ **ge (大于或等于,>=)**

```
ge(R column, Object val)
ge(boolean condition, R column, Object val)
```

示例：ge("age", 7),等价于 age >= 7。

❻ **lt (小于,<)**

```
lt(R column, Object val)
lt(boolean condition, R column, Object val)
```

示例：lt("age", 7),等价于 age <7。

❼ **le (小于或等于,<=)**

```
le(R column, Object val)
le(boolean condition, R column, Object val)
```

示例：le("age", 7),等价于 age <= 7。

❽ **between**

```
between(R column, Object val1, Object val2)
between(boolean condition, R column, Object val1, Object val2)
```

示例：between("age", 7, 30),等价于 age between 7 and 30。

❾ **notBetween**

```
notBetween(R column, Object val1, Object val2)
notBetween(boolean condition, R column, Object val1, Object val2)
```

示例：notBetween("age", 7, 30),等价于 age not between 7 and 30。

❿ **like**

```
like(R column, Object val)
like(boolean condition, R column, Object val)
```

示例：like("name", "王"),等价于 name like '%王%'。

⓫ **notLike**

```
notLike(R column, Object val)
notLike(boolean condition, R column, Object val)
```

示例：notLike("name"，"王")，等价于 name not like '%王%'.

⓬ likeLeft

```
likeLeft(R column, Object val)
likeLeft(boolean condition, R column, Object val)
```

示例：likeLeft("name"，"王")，等价于 name like '%王'.

⓭ likeRight

```
likeRight(R column, Object val)
likeRight(boolean condition, R column, Object val)
```

示例：likeRight("name"，"王")，等价于 name like '王%'.

⓮ isNull 及 isNotNull

```
isNull(R column)
isNull(boolean condition, R column)
isNotNull(R column)
isNotNull(boolean condition, R column)
```

示例1：isNull("name")，等价于 name is null。

示例2：isNotNull("name")，等价于 name is not null。

⓯ in 及 notIn

```
in(R column, Collection<?> value)
in(boolean condition, R column, Collection<?> value)
notIn(R column, Collection<?> value)
notIn(boolean condition, R column, Collection<?> value)
```

示例1：in("age",{1,2,3})，等价于 age in (1,2,3)。

示例2：notIn("age",{1,2,3})，等价于 age not in (1,2,3)。

⓰ inSql 及 notInSql

```
inSql(R column, String inValue)
inSql(boolean condition, R column, String inValue)
notInSql(R column, String inValue)
notInSql(boolean condition, R column, String inValue)
```

示例1：inSql("age"，"1,2,3,4,5,6")，等价于 age in (1,2,3,4,5,6)。

示例2：inSql("id"，"select id from table where id<3")，等价于 id in(select id from table where id<3)。

示例3：notInSql("age"，"1,2,3,4,5,6")，等价于 age not in(1,2,3,4,5,6)。

示例4：notInSql("id"，"select id from table where id<3")，等价于 id not in(select id from table where id<3)。

⓱ groupBy

```
groupBy(R... columns)
groupBy(boolean condition, R... columns)
```

示例：groupBy("id"，"name")，等价于 group by id,name。

⓲ orderByAsc、orderByDesc 及 orderBy

```
orderByAsc(R... columns)
orderByAsc(boolean condition, R... columns)
```

```
orderByDesc(R... columns)
orderByDesc(boolean condition, R... columns)
orderBy(boolean condition, boolean isAsc, R... columns)
```

示例 **1**：orderByAsc("id"，"name")，等价于 order by id ASC,name ASC。

示例 **2**：orderByDesc("id"，"name")，等价于 order by id DESC,name DESC。

示例 **3**：orderBy(true，true，"id"，"name")，等价于 order by id ASC,name ASC。

⑲ having

```
having(String sqlHaving, Object... params)
having(boolean condition, String sqlHaving, Object... params)
```

示例 **1**：having("sum(age)>10")，等价于 having sum(age)>10。

示例 **2**：having("sum(age)>{0}"，11)，等价于 having sum(age)>11。

⑳ func

```
func(Consumer<Children> consumer)
func(boolean condition, Consumer<Children> consumer)
```

示例：func(i ->if(true) {i.eq("id"，1)} else {i.ne("id"，1)})。

㉑ or 及 and

```
or()
or(boolean condition)
or(Consumer<Param> consumer)
or(boolean condition, Consumer<Param> consumer)
and(Consumer<Param> consumer)
and(boolean condition, Consumer<Param> consumer)
```

示例 **1**：eq("id",1).or().eq("name","老王")，等价于 id=1 or name='老王'.

示例 **2**：or(i ->i.eq("name"，"李白").ne("status"，"活着"))，等价于 or（name='李白' and status <>'活着'）。

示例 **3**：and(i ->i.eq("name"，"李白").ne("status"，"活着"))，等价于 and（name='李白' and status <>'活着'）。

㉒ nested（正常嵌套，不带 and 或者 or）

```
nested(Consumer<Param> consumer)
nested(boolean condition, Consumer<Param> consumer)
```

示例：nested(i ->i.eq("name"，"李白").ne("status"，"活着"))，等价于（name='李白' and status <>'活着'）。

㉓ apply（拼接 SQL）

```
apply(String applySql, Object... params)
apply(boolean condition, String applySql, Object... params)
```

示例 **1**：apply("id=1")，等价于 id=1。

示例 **2**：apply("date_format(dateColumn,'%Y-%m-%d')='2008-08-08'")，等价于 date_format(dateColumn,'%Y-%m-%d'='2008-08-08')。

示例 **3**：apply("date_format(dateColumn,'%Y-%m-%d')={0}"，"2008-08-08")，等价于 date_format(dateColumn,'%Y-%m-%d'='2008-08-08')。

㉔ last（无视优化规则，直接拼接到 SQL 的最后）

```
last(String lastSql)
last(boolean condition, String lastSql)
```

示例：last("limit 1")。

㉕ exists 及 notExists

```
exists(String existsSql)
exists(boolean condition, String existsSql)
notExists(String notExistsSql)
notExists(boolean condition, String notExistsSql)
```

示例 1：exists("select id from table where age＝1")，等价于 exists（select id from table where age＝1)。

示例 2：notExists("select id from table where age＝1")，等价于 not exists（select id from table where age＝1)。

㉖ select（设置查询字段）

```
select(String... sqlSelect)
select(Predicate<TableFieldInfo> predicate)
select(Class<T> entityClass, Predicate<TableFieldInfo> predicate)
```

示例 1：select("id"，"name"，"age")。

示例 2：select(i ->i.getProperty().startsWith("test"))。

㉗ set 及 setSql

```
set(String column, Object val)
set(boolean condition, String column, Object val)
setSql(String sql)
```

示例 1：set("name"，"老李头")。

示例 2：set("name"，"")，数据库字段值变为空字符串。

示例 3：set("name"，null)，数据库字段值变为 null。

示例 4：setSql("name＝'老李头'")。

7.5　本章小结

MyBatis-Plus 是增强版的 MyBatis，对 MyBatis 只做增强不做改变，因此灵活使用 MyBatis-Plus 的前提是掌握 MyBatis 基础知识。

本章详细介绍了 Spring Boot 如何整合 MyBatis 及 MyBatis-Plus，希望读者掌握 MyBatis 及 MyBatis-Plus 在 Spring Boot 应用中的整合开发过程。

习题 7

1. 简述 MyBatis 与 MyBatis-Plus 的关系。

2. 简述 MyBatis-Plus 的特性。

3. 在 MyBatis-Plus 中，当实体类的类名与要操作表的表名不一致时，需要使用（　　）注解标识实体类对应的表。

A. @TableName　　B. @TableId　　C. @TableField　　D. @TableLogic

第 8 章　Spring Boot 的安全控制

学习目的与要求

本章首先重点讲解 Spring Security 安全控制机制，然后介绍 Spring Boot Security 操作实例。通过本章的学习，读者应该掌握如何使用 Spring Security 安全控制机制解决企业应用程序的安全问题。

本章主要内容

- Spring Security 快速入门
- Spring Boot Security 操作实例

在 Web 应用开发中，安全毋庸置疑是十分重要的，选择 Spring Security 保护 Web 应用是一个非常好的选择。Spring Security 是 Spring 框架的一个安全模块，可以非常方便地与 Spring Boot 应用无缝集成。

8.1　Spring Security 快速入门

▶8.1.1　什么是 Spring Security

Spring Security 是一个专门针对 Spring 应用系统的安全框架，充分利用了 Spring 框架的依赖注入和 AOP 功能，为 Spring 应用系统提供安全访问控制解决方案。

在 Spring Security 安全框架中有两个重要概念，即授权（Authorization）和认证（Authentication）。授权即确定用户在当前应用系统下所拥有的功能权限；认证即确认用户访问当前系统的身份。

▶8.1.2　Spring Security 的用户认证

验证用户的最常见方法之一是验证用户名和密码。Spring Security 为使用用户名和密码进行身份验证提供了全面的支持。

在 Spring Security 安全框架中，可以通过配置 AuthenticationManager 认证管理器完成用户认证。示例代码如下：

```
@Bean
public AuthenticationManager authenticationManager(AuthenticationConfiguration
authenticationConfiguration) throws Exception{
    return authenticationConfiguration.getAuthenticationManager();
}
```

❶ 内存中的用户认证

在 Spring Security 安全框架中，InMemoryUserDetailsManager 实现了 UserDetailsService，以支持存储在内存中的用户名/密码的身份验证。InMemoryUserDetailsManager 通过实现 UserDetailsManager 接口提供对 UserDetails 的管理。当 Spring Security 配置为接受用户名和密码进行身份验证时会使用基于 UserDetails 的身份验证。示例代码如下：

```
@Bean
public UserDetailsService users() {
    UserDetails user = User.builder()
        .username("chenheng")
        .password("xxxx")
        .roles("USER")
        .build();
    UserDetails admin = User.builder()
        .username("admin")
        .password("yyyy")
        .roles("DBA", "ADMIN")
        .build();
    return new InMemoryUserDetailsManager(user, admin);
}
```

在上述示例代码中添加了两个用户,一个用户的用户名为"chenheng",密码为"xxxx",用户权限为"ROLE_USER","ROLE_"是 Spring Security 保存用户权限时默认加上的;另一个用户的用户名为"admin",密码为"yyyy",用户权限为"ROLE_ADMIN"和"ROLE_DBA"。

❷ 通用的用户认证

在实际应用中可以查询数据库获取用户和权限,这时需要自定义实现 org.springframework.security.core.userdetails.UserDetailsService 接口的类,并重写 public UserDetails loadUserByUsername (String username)方法查询对应的用户和权限。示例代码如下:

```
@Service
public class MyUserSecurityService implements UserDetailsService{
    @Autowired
    private MyUserRepository myUserRepository;
    /**
     * 通过重写 loadUserByUsername 方法查询对应的用户
     * UserDetails 是 Spring Security 的一个核心接口
     * UserDetails 定义了可以获取用户名、密码、权限等与认证信息相关的方法
     */
    @Override
    public UserDetails loadUserByUsername(String username)
        throws UsernameNotFoundException {
        //根据用户名(页面接收的用户名)查询当前用户
        MyUser myUser = myUserRepository.findByUsername(username);
        if(myUser == null) {
            throw new UsernameNotFoundException("用户名不存在");
        }
        //GrantedAuthority 代表赋予当前用户的权限(认证权限)
        List<GrantedAuthority> authorities = new ArrayList<GrantedAuthority>();
        //获得当前用户权限集合
        List<Authority> roles = myUser.getAuthorityList();
        //将当前用户的权限保存为用户的认证权限
        for(Authority authority: roles) {
            GrantedAuthority sg = new SimpleGrantedAuthority(authority.getName());
            authorities.add(sg);
        }
        //org.springframework.security.core.userdetails.User 是 Spring Security
        //内部的实现,专门用于保存用户名、密码、权限等与认证相关的信息
        User su = new User(myUser.getUsername(), myUser.getPassword(), authorities);
        return su;
    }
}
```

▶8.1.3　Spring Security 的请求授权

在 Spring Security 安全框架中可以通过配置 SecurityFilterChain 完成用户授权。示例代码如下：

```java
@Bean
public SecurityFilterChain filterChain(HttpSecurity http) throws Exception {
    http
    .authorizeHttpRequests(authorize -> authorize
        .requestMatchers("/xxx").permitAll()
        .requestMatchers("/user/**").hasRole("USER")
        //其他所有请求认证授权后才能访问
        .anyRequest().authenticated()
        );
    return http.build();
}
```

在 filterChain(HttpSecurity http)方法中，使用 HttpSecurity 的 authorizeHttpRequests()方法的子节点给指定用户授权访问 URL 模式。可以通过 requestMatchers()方法匹配 URL 路径。在匹配请求路径后，可以针对当前用户对请求进行安全处理。Spring Security 提供了许多安全处理方法，部分方法如表 8.1 所示。

表 8.1　Spring Security 的安全处理的部分方法

方　　法	用　　途
anyRequest()	匹配所有请求路径
access(String attribute)	当 Spring EL 表达式结果为 true 时可以访问
anonymous()	匿名可以访问
authenticated()	用户登录后可以访问
denyAll()	用户不能访问
fullyAuthenticated()	用户完全认证可以访问（非 remember-me 下自动登录）
hasAnyAuthority(String...)	参数表示权限，用户权限与其中任一权限相同就可以访问
hasAnyRole(String...)	参数表示角色，用户角色与其中任一角色相同就可以访问
hasAuthority(String authority)	参数表示权限，用户权限与参数相同才可以访问
hasRole(String role)	参数表示角色，用户角色与参数相同才可以访问
permitAll()	任何用户都可以访问
rememberMe()	允许通过 remember-me 登录的用户访问

▶8.1.4　Spring Security 的核心类

Spring Security 的核心类包括 Authentication、SecurityContextHolder、UserDetails、UserDetailsService、GrantedAuthority、DaoAuthenticationProvider 和 PasswordEncoder。

❶ Authentication

Authentication 用来封装用户认证信息的接口，在用户登录认证之前，Spring Security 将相关信息（如当前用户名、访问权限等）封装为一个 Authentication 具体实现类的对象，在登录认证成功后将生成一个信息更全面、包含用户权限等信息的 Authentication 对象，然后将该对象保存在 SecurityContextHolder 所持有的 SecurityContext 中，方便后续程序进行调用。

❷ SecurityContextHolder

顾名思义,SecurityContextHolder 是用来持有 SecurityContext 的类。在 SecurityContext 中包含当前认证用户的详细信息。Spring Security 使用一个 Authentication 对象描述当前用户的相关信息。例如,最常见的是获得当前登录用户的用户名和权限,示例代码如下:

```
/**
 * 获得当前用户名称
 */
private String getUname() {
    return SecurityContextHolder.getContext().getAuthentication().getName();
}
/**
 * 获得当前用户权限
 */
private String getAuthorities() {
    Authentication authentication = SecurityContextHolder.getContext().
getAuthentication();
    List<String> roles = new ArrayList<String>();
    for(GrantedAuthority ga: authentication.getAuthorities()) {
        roles.add(ga.getAuthority());
    }
    return roles.toString();
}
```

❸ UserDetails

UserDetails 是 Spring Security 的一个核心接口。该接口定义了一些可以获取用户名、密码、权限等与认证相关的信息的方法。通常需要在应用中获取当前用户的其他信息,如 E-mail、电话等。这时只包含与认证相关的 UserDetails 对象就不能满足需要了。开发人员可以实现自己的 UserDetails,在该实现类中定义一些获取用户其他信息的方法,这样就可以直接从当前 SecurityContext 的 Authentication 的 principal 中获取用户的其他信息。

Authentication.getPrincipal()的返回类型是 Object,但通常返回的是一个 UserDetails 的实例,通过强制类型转换可以将 Object 转换为 UserDetails 类型。

❹ UserDetailsService

UserDetails 是通过 UserDetailsService 的 loadUserByUsername(String username)方法加载的。UserDetailsService 也是一个接口,也需要实现自己的 UserDetailsService 来加载自定义的 UserDetails 信息。

在进行登录认证时,Spring Security 将通过 UserDetailsService 的 loadUserByUsername(String username)方法获取对应的 UserDetails 进行认证,认证通过后将该 UserDetails 赋给认证通过的 Authentication 的 principal,然后再将该 Authentication 保存在 SecurityContext 中。在应用中,如果需要使用用户信息,可以通过 SecurityContextHolder 获取存放在 SecurityContext 中的 Authentication 的 principal,即 UserDetails 实例。

❺ GrantedAuthority

使用 Authentication 的 getAuthorities()方法可以返回当前 Authentication 对象拥有的权限(一个 GrantedAuthority 类型的数组),即当前用户拥有的权限。GrantedAuthority 是一个接口,通常是通过 UserDetailsService 进行加载,然后赋给 UserDetails。

❻ DaoAuthenticationProvider

在 Spring Security 安全框架中,默认使用 DaoAuthenticationProvider 实现 AuthenticationProvider

接口进行用户认证的处理。在 DaoAuthenticationProvider 进行认证时,需要一个 UserDetailsService 获取用户信息 UserDetails。当然开发人员可以实现自己的 AuthenticationProvider,进而改变认证方式。

❼ PasswordEncoder

在 Spring Security 安全框架中,通过 PasswordEncoder 接口完成对密码的加密。Spring Security 对 PasswordEncoder 有多种实现,包括 MD5 加密、SHA-256 加密等,开发者直接使用即可。在 Spring Boot 应用中,使用 BCryptPasswordEncoder 加密是较好的选择。BCryptPasswordEncoder 使用 BCrypt 的强散列哈希加密实现,并可以由客户端指定加密强度,强度越高安全性越高。

▶8.1.5　Spring Security 的验证机制

Spring Security 的验证机制是由许多 Filter 实现的,Filter 将在 Spring MVC 前拦截请求,主要包括注销 Filter(LogoutFilter)、用户名密码验证 Filter(UsernamePasswordAuthenticationFilter)等内容,Filter 再交由其他组件完成细分的功能。最常用的 UsernamePasswordAuthenticationFilter 会持有一个 AuthenticationManager 引用,AuthenticationManager 是一个验证管理器,专门负责验证。AuthenticationManager 持有一个 AuthenticationProvider 集合,AuthenticationProvider 是做验证工作的组件,在验证成功或失败之后调用对应的 Hanlder(处理)。

8.2　Spring Boot 的支持

在 Spring Boot 应用中,只需要引入 spring-boot-starter-security 依赖即可使用 Spring Security 安全框架,这是因为 Spring Boot 对 Spring Security 提供了自动配置功能。从 org.springframework. boot. autoconfigure. security. SecurityProperties 类中可以看到使用以"spring.security"为前缀的属性配置了 Spring Security 的相关默认配置。

8.3　实际开发中的 Spring Security 操作实例

本节将讲解一个基于 Spring Data JPA 的 Spring Boot Security 操作实例,演示在 Spring Boot 应用中如何使用基于 Spring Data JPA 的 Spring Security 安全框架。

【例 8-1】　在 Spring Boot 应用中使用基于 Spring Data JPA 的 Spring Security 安全框架。

其具体实现步骤如下。

❶ 创建 Spring Boot Web 应用 ch8

创建基于 Lombok、Spring Data JPA、Thymeleaf 及 Spring Security 的 Web 应用 ch8,如图 8.1 所示。

❷ 修改 pom.xml 文件,添加 MySQL 依赖

在 pom.xml 文件中添加 MySQL 连接器依赖,配置内容与例 6-1 中的相同,这里不再赘述。

图 8.1　Web 应用 ch8 的依赖

❸ 设置 Web 应用 ch8 的上下文路径及数据源配置信息

在 ch8 应用的 application.properties 文件中进行配置,配置内容与例 6-1 中的相同,这里不再赘述。

❹ 整理脚本、样式等静态文件

JS 脚本、CSS 样式、图片等静态文件默认放置在 src/main/resources/static 目录下，ch8 应用引入的 BootStrap 和 jQuery 与例 5-5 中的一样，这里不再赘述。

❺ 创建用户和权限持久化实体类

在 ch8 应用的 src/main/java 目录下创建名为 com.ch.ch8.entity 的包，并在该包中创建持久化实体类 MyUser 和 Authority。MyUser 类用来保存用户数据，用户名唯一。Authority 用来保存权限信息。用户和权限是多对多的关系。

MyUser 的核心代码如下：

```
@Entity
@Table(name = "user")
@JsonIgnoreProperties(value = {"hibernateLazyInitializer"})
@Data
public class MyUser implements Serializable{
    private static final long serialVersionUID = 1L;
    @Id
    @GeneratedValue(strategy = GenerationType.IDENTITY)
    private int id;
    private String username;
    private String password;
    //这里不能是懒加载 lazy,否则在 MyUserSecurityService 的 loadUserByUsername 方法
    //中无法获得权限
    @ManyToMany(cascade = {CascadeType.REFRESH}, fetch = FetchType.EAGER)
    @JoinTable(name = "user_authority",joinColumns = @JoinColumn(name = "user_id"),
    inverseJoinColumns = @JoinColumn(name = "authority_id"))
    private List<Authority> authorityList;
    //repassword 不映射到数据表
    @Transient
    private String repassword;
    //省略 set 和 get 方法
}
```

注意：在实际开发中，MyUser 还可以实现 org.springframework.security.core.userdetails.UserDetails 接口，实现该接口后即可成为 Spring Security 所使用的用户。本例为了区分 Spring Data JPA 的 POJO 和 Spring Security 的用户对象，并没有实现 UserDetails 接口，而是在实现 UserDetailsService 接口的类中进行绑定。

Authority 的核心代码如下：

```
@Entity
@Table(name = "authority")
@JsonIgnoreProperties(value = {"hibernateLazyInitializer"})
@Data
public class Authority implements Serializable{
    private static final long serialVersionUID = 1L;
    @Id
    @GeneratedValue(strategy = GenerationType.IDENTITY)
    private int id;
    @Column(nullable = false)
    private String name;
    @ManyToMany(mappedBy = "authorityList")
    @JsonIgnore
    private List<MyUser> userList;
}
```

❻ 创建数据访问层接口

在 ch8 应用的 src/main/java 目录下创建名为 com.ch.ch8.repository 的包,并在该包中创建名为 MyUserRepository 的接口,该接口继承了 JpaRepository,核心代码如下:

```
public interface MyUserRepository extends JpaRepository<MyUser, Integer>{
    //根据用户名查询用户,方法名的命名符合 Spring Data JPA 规范
    MyUser findByUsername(String username);
}
```

在 com.ch.ch8.repository 包中创建名为 AuthorityRepository 的接口,该接口继承了 JpaRepository,具体代码如下:

```
public interface AuthorityRepository extends JpaRepository<Authority, Integer> {}
```

❼ 创建业务层

在 ch8 应用的 src/main/java 目录下创建名为 com.ch.ch8.service 的包,并在该包中创建 UserService 接口和 UserServiceImpl 实现类。这里省略 UserService 接口的代码。

UserServiceImpl 的核心代码如下:

```
@Service
public class UserServiceImpl implements UserService{
    @Autowired
    private MyUserRepository myUserRepository;
    @Autowired
    private AuthorityRepository authorityRepository;
    /**
     * 实现注册
     */
    @Override
    public String register(MyUser userDomain) {
        String username = userDomain.getUsername();
        List<Authority> authorityList = new ArrayList<Authority>();
        //管理员权限
        if("admin".equals(username)) {
            Authority a1 = new Authority();
            Authority a2 = new Authority();
            a1.setName("ROLE_ADMIN");
            a2.setName("ROLE_DBA");
            authorityList.add(a1);
            authorityList.add(a2);
        }else {    //用户权限
            Authority a1 = new Authority();
            a1.setName("ROLE_USER");
            authorityList.add(a1);
        }
        //注册权限
        authorityRepository.saveAll(authorityList);
        userDomain.setAuthorityList(authorityList);
        //加密密码
        String secret = new BCryptPasswordEncoder().encode(userDomain.getPassword());
        userDomain.setPassword(secret);
        //注册用户
        MyUser mu = myUserRepository.save(userDomain);
        if(mu != null)        //注册成功
            return "/login";
        return "/register";    //注册失败
    }
```

```
/**
 * 用户登录成功
 */
@Override
public String loginSuccess(Model model) {
    model.addAttribute("user", getUname());
    model.addAttribute("role", getAuthorities());
    return "/user/loginSuccess";
}
/**
 * 管理员登录成功
 */
@Override
public String main(Model model) {
    model.addAttribute("user", getUname());
    model.addAttribute("role", getAuthorities());
    return "/admin/main";
}
/**
 * 注销用户
 */
@Override
public String logout(HttpServletRequest request, HttpServletResponse response) {
    //获得用户认证信息
    Authentication authentication = SecurityContextHolder.getContext().
        getAuthentication();
    if(authentication != null) {
        //注销
        new SecurityContextLogoutHandler().logout(request, response,
            authentication);
    }
    return "redirect:/login?logout";
}
/**
 * 没有权限拒绝访问
 */
@Override
public String deniedAccess(Model model) {
    model.addAttribute("user", getUname());
    model.addAttribute("role", getAuthorities());
    return "deniedAccess";
}
/**
 * 获得当前用户名称
 */
private String getUname() {
    return SecurityContextHolder.getContext().getAuthentication().getName();
}
/**
 * 获得当前用户权限
 */
private String getAuthorities() {
    Authentication authentication = SecurityContextHolder.getContext().
        getAuthentication();
    List<String> roles = new ArrayList<String>();
    for(GrantedAuthority ga: authentication.getAuthorities()) {
        roles.add(ga.getAuthority());
    }
    return roles.toString();
}
```

❽ 创建控制器类

在 ch8 应用的 src/main/java 目录下创建名为 com.ch.ch8.controller 的包,并在该包中创建控制器类 TestSecurityController,核心代码如下:

```java
@Controller
public class TestSecurityController {
    @Autowired
    private UserService userService;
    @RequestMapping("/")
    public String index() {
        return "/index";
    }
    @RequestMapping("/toLogin")
    public String toLogin() {
        return "/login";
    }
    @RequestMapping("/toRegister")
    public String toRegister(@ModelAttribute("userDomain") MyUser userDomain) {
        return "/register";
    }
    @RequestMapping("/register")
    public String register(@ModelAttribute("userDomain") MyUser userDomain) {
        return userService.register(userDomain);
    }
    @RequestMapping("/login")
    public String login() {
        //这里什么都不做,由 Spring Security 负责登录验证
        return "/login";
    }
    @RequestMapping("/user/loginSuccess")
    public String loginSuccess(Model model) {
        return userService.loginSuccess(model);
    }
    @RequestMapping("/admin/main")
    public String main(Model model) {
        return userService.main(model);
    }
    @RequestMapping("/logout")
    public String logout(HttpServletRequest request, HttpServletResponse response) {
        return userService.logout(request, response);
    }
    @RequestMapping("/deniedAccess")
    public String deniedAccess(Model model) {
        return userService.deniedAccess(model);
    }
}
```

❾ 创建应用的安全控制相关实现

在 ch8 应用的 src/main/java 目录下创建名为 com.ch.ch8.security 的包,并在该包中创建 MyUserSecurityService、MyAuthenticationSuccessHandler 和 SpringSecurityConfig 类。

MyUserSecurityService 实现了 UserDetailsService 接口,通过重写 loadUserByUsername (String username)方法查询对应的用户,并将用户名、密码、权限等与认证相关的信息封装在 UserDetails 对象中。

MyUserSecurityService 的代码如下:

```
package com.ch.ch8.security;
import com.ch.ch8.entity.Authority;
import com.ch.ch8.entity.MyUser;
import com.ch.ch8.repository.MyUserRepository;
import org.springframework.beans.factory.annotation.Autowired;
import org.springframework.security.core.GrantedAuthority;
import org.springframework.security.core.authority.SimpleGrantedAuthority;
import org.springframework.security.core.userdetails.User;
import org.springframework.security.core.userdetails.UserDetails;
import org.springframework.security.core.userdetails.UserDetailsService;
import org.springframework.security.core.userdetails.UsernameNotFoundException;
import org.springframework.stereotype.Service;
import java.util.ArrayList;
import java.util.List;
/**
 * 获得对应的 UserDetails,保存与认证相关的信息
 */
@Service
public class MyUserSecurityService implements UserDetailsService {
    @Autowired
    private MyUserRepository myUserRepository;
    /**
     * 通过重写 loadUserByUsername 方法查询对应的用户
     * UserDetails 是 Spring Security 的一个核心接口
     * UserDetails 定义了可以获取用户名、密码、权限等与认证信息相关的方法
     */
    @Override
    public UserDetails loadUserByUsername(String username)
        throws UsernameNotFoundException {
        //根据用户名(页面接收的用户名)查询当前用户
        MyUser myUser = myUserRepository.findByUsername(username);
        if(myUser == null) {
            throw new UsernameNotFoundException("用户名不存在");
        }
        //GrantedAuthority 代表赋予当前用户的权限(认证权限)
        List<GrantedAuthority> authorities = new ArrayList<GrantedAuthority>();
        //获得当前用户权限集合
        List<Authority> roles = myUser.getAuthorityList();
        //将当前用户的权限保存为用户的认证权限
        for(Authority authority: roles) {
            GrantedAuthority sg = new SimpleGrantedAuthority(authority.getName());
            authorities.add(sg);
        }
        //org.springframework.security.core.userdetails.User 是 Spring Security
        //的内部实现,专门用于保存用户名、密码、权限等与认证相关的信息
        User su = new User(myUser.getUsername(), myUser.getPassword(), authorities);
        return su;
    }
}
```

MyAuthenticationSuccessHandler 继承了 SimpleUrlAuthenticationSuccessHandler 类,并重写了 handle(HttpServletRequest request,HttpServletResponse response,Authentication authentication)方法,根据当前认证用户的角色指定对应的 URL。

MyAuthenticationSuccessHandler 的代码如下:

```
package com.ch.ch8.security;
import org.springframework.security.core.Authentication;
import org.springframework.security.core.GrantedAuthority;
import org.springframework.security.web.DefaultRedirectStrategy;
import org.springframework.security.web.RedirectStrategy;
import org.springframework.security.web.authentication.
    SimpleUrlAuthenticationSuccessHandler;
import org.springframework.stereotype.Component;
import jakarta.servlet.ServletException;
import jakarta.servlet.http.HttpServletRequest;
import jakarta.servlet.http.HttpServletResponse;
import java.io.IOException;
import java.util.ArrayList;
import java.util.Collection;
import java.util.List;
/**
 * 用户授权、认证成功处理类
 */
@Component
public class MyAuthenticationSuccessHandler extends
    SimpleUrlAuthenticationSuccessHandler {
    //Spring Security 的重定向策略
    private RedirectStrategy redirectStrategy = new DefaultRedirectStrategy();
    /**
     * 重写 handle 方法，通过 RedirectStrategy 重定向到指定的 URL
     */
    @Override
    protected void handle(HttpServletRequest request, HttpServletResponse response,
    Authentication authentication) throws IOException, ServletException {
        //根据当前认证用户的角色返回适当的 URL
        String targetURL = getTargetURL(authentication);
        //重定向到指定的 URL
        redirectStrategy.sendRedirect(request, response, targetURL);
    }
    /**
     * 从 Authentication 对象中提取当前登录用户的角色，并根据其角色返回适当的 URL
     */
    protected String getTargetURL(Authentication authentication) {
        String url = "";
        //获得当前登录用户的权限(角色)集合
        Collection<? extends GrantedAuthority> authorities = authentication.
            getAuthorities();
        List<String> roles = new ArrayList<String>();
        //将权限(角色)名称添加到 List 集合
        for(GrantedAuthority au: authorities) {
            roles.add(au.getAuthority());
        }
        //判断不同角色的用户跳转到不同的 URL
        //这里的 URL 是控制器的请求匹配路径
        if(roles.contains("ROLE_USER")) {
            url = "/user/loginSuccess";
        }else if(roles.contains("ROLE_ADMIN")) {
            url = "/admin/main";
        }else {
            url = "/deniedAccess";
        }
        return url;
    }
}
```

　　SpringSecurityConfig 类是用于处理认证和授权的配置类,需要使用@Configuration 和 @EnableWebSecurity 注解。在该类中配置了加密规则、认证实现方式、认证管理器以及授权操作。SpringSecurityConfig 的代码如下:

```
package com.ch.ch8.security;
import org.springframework.beans.factory.annotation.Autowired;
import org.springframework.context.annotation.Bean;
import org.springframework.context.annotation.Configuration;
import org.springframework.security.authentication.AuthenticationManager;
import org.springframework.security.authentication.AuthenticationProvider;
import org.springframework.security.authentication.dao.DaoAuthenticationProvider;
import org.springframework.security.config.annotation.authentication.
configuration.AuthenticationConfiguration;
import org.springframework.security.config.annotation.web.builders.HttpSecurity;
import org.springframework.security.config.annotation.web.configuration.
EnableWebSecurity;
import org.springframework.security.crypto.bcrypt.BCryptPasswordEncoder;
import org.springframework.security.crypto.password.PasswordEncoder;
import org.springframework.security.web.SecurityFilterChain;
/**
 * 认证和授权处理类
 */
@Configuration
@EnableWebSecurity
public class SpringSecurityConfig {
    //依赖注入通用的用户服务类
    @Autowired
    private MyUserSecurityService myUserSecurityService;
    @Autowired
    private MyAuthenticationSuccessHandler myAuthenticationSuccessHandler;
    /**
     * BCryptPasswordEncoder 是 PasswordEncoder 的接口实现,实现加密功能
     */
    @Bean
    public PasswordEncoder passwordEncoder() {
        return new BCryptPasswordEncoder();
    }
    /**
     * DaoAuthenticationProvider 是 AuthenticationProvider 的实现,认证的实现方式
     */
    @Bean
    public AuthenticationProvider authenticationProvider() {
        DaoAuthenticationProvider provide = new DaoAuthenticationProvider();
        //不隐藏用户未找到异常
        provide.setHideUserNotFoundExceptions(false);
        //设置自定义认证方式,用户登录认证
        provide.setUserDetailsService(myUserSecurityService);
        //设置密码加密程序认证
        provide.setPasswordEncoder(passwordEncoder());
        return provide;
    }
    /**
     * 获取 AuthenticationManager(认证管理器)
     */
    @Bean
    public AuthenticationManager authenticationManager(AuthenticationConfiguration
        authenticationConfiguration) throws Exception{
```

```
            return authenticationConfiguration.getAuthenticationManager();
    }
    /**
     * 请求授权用户授权操作
     */
    @Bean
    public SecurityFilterChain filterChain(HttpSecurity http) throws Exception {
        return http
                    //设置权限
                    .authorizeHttpRequests(authorize -> authorize
                //首页、登录页面、注册页面、登录注册功能以及静态资源过滤掉，即可任意访问
                    .requestMatchers("/toLogin","/toRegister","/","/login",
                "/register","/css/**","/fonts/**","/js/**").permitAll()
                        //这里默认追加 ROLE_,/user/**是控制器的请求匹配路径
                        .requestMatchers("/user/**").hasRole("USER")
                        .requestMatchers("/admin/**").hasAnyRole("ADMIN", "DBA")
                        //其他所有请求登录后才能访问
                        .anyRequest().authenticated()
                    )
                    //将输入的用户名与密码和授权的进行比较
                    .formLogin()
                        .loginPage("/login").
                        successHandler(myAuthenticationSuccessHandler)
                        .usernameParameter("username")
                        .passwordParameter("password")
                        //登录失败
                        .failureUrl("/login?error")
                    .and()
                    //注销行为可任意访问
                    .logout().permitAll()
                    .and()
                    //指定异常处理页面
                    .exceptionHandling().accessDeniedPage("/deniedAccess")
                    .and().build();
    }
}
```

⑩ 创建用于测试的视图页面

在 src/main/resources/templates 目录下创建应用的首页、注册、登录以及拒绝访问页面；在 src/main/resources/templates/admin 目录下创建管理员用户认证成功后访问的页面；在 src/main/resources/templates/user 目录下创建普通用户认证成功后访问的页面。相关视图页面的代码参见本书提供的源程序 ch8。

⑪ 测试应用

运行 Ch8Application 的主方法启动项目。在 Spring Boot 应用启动后，可以通过"http://localhost:8080/ch8"访问首页，如图 8.2 所示；然后单击"去注册"超链接打开注册页面，如图 8.3 所示。成功注册用户后，打开登录页面进行用户登录。

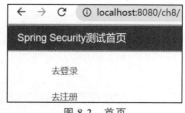

图 8.2　首页

如果在图 8.3 中输入的用户名不是 admin，那么就是注册了一个普通用户，其权限为"ROLE_USER"；如果在图 8.3 中输入的用户名是 admin，那么就是注册了一个管理员用户，其权限为"ROLE_ADMIN"和"ROLE_DBA"。

图 8.3　注册页面

在登录页面中任意输入用户名和密码，单击"登录"按钮，提示用户名或密码错误，如图 8.4 所示。

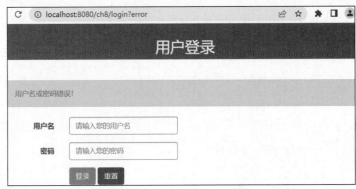

图 8.4　用户名或密码错误

在登录页面中输入管理员用户名和密码，成功登录后打开管理员成功登录页面，如图 8.5 所示。

图 8.5　管理员成功登录页面

单击图 8.5 中的"去访问用户登录成功页面"显示拒绝访问页面，如图 8.6 所示。

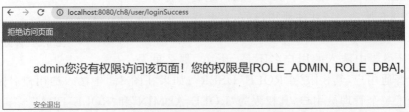

图 8.6　管理员被拒绝访问页面

在登录页面中输入普通用户名和密码,成功登录后打开用户成功登录页面,如图 8.7 所示。

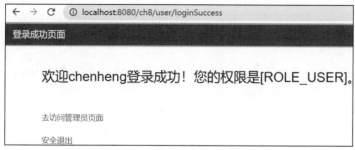

图 8.7　用户成功登录页面

单击图 8.7 中的"去访问管理员页面"显示拒绝访问页面,如图 8.8 所示。

图 8.8　用户被拒绝访问页面

8.4　本章小结

本章首先介绍了 Spring Security 快速入门,然后详细介绍了实际开发中的 Spring Security 操作实例。通过本章的学习,读者应该了解 Spring Security 安全机制的基本原理,掌握如何在实际应用开发中使用 Spring Security 安全机制提供系统安全解决方案。

习题 8

1. 简述 Spring Security 的验证机制。
2. Spring Security 的用户认证和请求授权是如何实现的?请举例说明。

扫一扫

自测题

学习目的与要求

本章主要讲解了企业级消息代理 JMS 和 AMQP。通过本章的学习，读者应该理解异步消息通信原理，掌握异步消息通信技术。

本章主要内容

- JMS
- AMQP

当跨越多个微服务进行通信时，异步消息就显得至关重要了。例如在电子商务系统中，订单服务在下单时需要和库存服务进行通信，完成库存的扣减操作，这时就需要基于异步消息和最终一致性的通信方式来进行这样的操作，并且能够在发生故障时正常工作。

9.1 消息模型

异步消息的主要目的是解决跨系统的通信。所谓异步消息，是消息发送者无须等待消息接收者的处理及返回，甚至无须关心消息是否发送与接收成功。在异步消息中有两个极其重要的概念，即消息代理和目的地。当消息发送者发送消息后，消息将由消息代理管理，消息代理保证消息传递到目的地。

异步消息的目的地主要有两种类型，即队列和主题。队列用于点对点式的消息通信，即端到端通信（单接收者）；主题用于发布/订阅式的消息通信，即广播通信（多接收者）。

❶ 点对点式

在点对点式的消息通信中，消息代理获得发送者发送的消息后，将消息存入一个队列中，当有消息接收者接收消息时，将从队列中取出消息传递给接收者，这时队列中清除该消息。

在点对点式的消息通信中，确保的是每一条消息只有唯一的发送者和接收者，但并不能说明只有一个接收者可以从队列中接收消息。这是因为队列中有多个消息，点对点式的消息通信只保证每一条消息只有唯一的发送者和接收者。

❷ 发布/订阅式

多接收者是消息通信中一种更加灵活的方式，而点对点式的消息通信只保证每一条消息只有唯一的接收者，可以使用发布/订阅式的消息通信解决多接收者的问题。和点对点式不同，发布/订阅式是消息发送者将消息发送到主题，而多个消息接收者监听这个主题。此时的消息发送者叫作发布者，接收者叫作订阅者。

9.2 企业级消息代理

异步消息传递技术常用的有 JMS 和 AMQP。JMS 是面向基于 Java 的企业应用的异步消息代理。AMQP 是面向所有应用的异步消息代理。

▶9.2.1 JMS

JMS(Java Messaging Service)即 Java 消息服务，是 Java 平台上有关面向消息中间件的技术语规范,它便于消息系统中的 Java 应用程序进行消息交换,并且通过提供标准的产生、发送、接收消息的接口简化企业应用的开发。

❶ JMS 元素

JMS 由以下元素组成。

(1) JMS 消息代理实现:连接面向消息中间件的、JMS 消息代理接口的一个实现。JMS 的消息代理实现可以是 Java 平台的 JMS 实现,也可以是非 Java 平台的面向消息中间件的适配器。开源的 JMS 实现有 Apache ActiveMQ Artemis、JBoss 社区研发的 HornetQ、The OpenJMS Group 的 OpenJMS 等实现。

(2) JMS 客户:生产或消费基于消息的 Java 应用程序或对象。

(3) JMS 生产者:创建并发送消息的 JMS 客户。

(4) JMS 消费者:接收消息的 JMS 客户。

(5) JMS 消息:包括可以在 JMS 客户之间传递的数据对象。JMS 定义了 5 种不同的消息正文格式,以及调用的消息类型,允许发送并接收一些不同形式的数据,提供现有消息格式的一些级别的兼容性。常见的消息格式有 StreamMessage(指 Java 原始值的数据流消息)、MapMessage(映射消息)、TextMessage(文本消息)、ObjectMessage(一个序列化的 Java 对象消息)、BytesMessage(字节消息)。

(6) JMS 队列:一个容纳被发送的等待阅读的消息区域。与队列名字所暗示的意思不同,消息的接收顺序并不一定要与消息的发送顺序相同。一旦一个消息被阅读,该消息将被从队列中移走。

(7) JMS 主题:一种支持发送消息给多个订阅者的机制。

❷ JMS 的应用接口

JMS 的应用接口包括以下接口类型:

1) ConnectionFactory 接口(连接工厂)

用户用来创建到 JMS 消息代理实现的连接的被管对象。JMS 客户通过可移植的接口访问连接,这样当下层的实现改变时,代码不需要进行修改。管理员在 JNDI 名字空间中配置连接工厂,这样 JMS 客户才能够查找到它们。根据目的地的不同,用户将使用队列连接工厂,或者使用主题连接工厂。

2) Connection 接口(连接)

连接代表了应用程序和消息服务器之间的通信链路。在获得了连接工厂之后,就可以创建一个与 JMS 消息代理实现(提供者)的连接。根据不同的连接类型,连接允许用户创建会话,以发送或接收队列和主题到目的地。

3) Destination 接口(目的地)

目的地是一个包装了消息目的地标识符的被管对象,消息目的地指消息发布和接收的地点,或者是队列,或者是主题。JMS 管理员创建这些对象,然后用户通过 JNDI 发现它们。和连接工厂一样,管理员可以创建两种类型的目的地,点对点模型的队列,以及发布者/订阅者模型的主题。

4) Session 接口(会话)

会话表示一个单线程的上下文,用于发送和接收消息。由于会话是单线程的,所以消息是连续的,也就是说消息是按照发送的顺序一个一个接收的。会话的好处是它支持事务。如果用户选择了事务支持,会话上下文将保存一组消息,直到事务被提交才发送这些消息。在提交事务之前,用户可以使用回滚操作取消这些消息。一个会话允许用户创建消息,生产者来发送消息,消费者来接收消息。

5) **MessageConsumer 接口**(消息消费者)

消息消费者是由会话创建的对象,用于接收发送到目的地的消息。消费者可以同步地(阻塞模式)或异步地(非阻塞)接收队列和主题类型的消息。

6) **MessageProducer 接口**(消息生产者)

消息生产者是由会话创建的对象,用于发送消息到目的地。用户可以创建某个目的地的发送者,也可以创建一个通用的发送者,在发送消息时指定目的地。

7) **Message 接口**(消息)

消息是在消费者和生产者之间传送的对象,也就是说从一个应用程序传送到另一个应用程序。一个消息有以下 3 个主要部分。

(1) 消息头(必须): 包含用于识别和为消息寻找路由的操作设置。

(2) 一组消息属性(可选): 包含额外的属性,支持其他消息代理实现和用户的兼容,可以创建定制的字段和过滤器(消息选择器)。

(3) 一个消息体(可选): 允许用户创建 5 种类型的消息(文本消息、映射消息、字节消息、流消息和对象消息)。

JMS 各接口角色间的关系如图 9.1 所示。

图 9.1　JMS 各接口角色间的关系

▶9.2.2　AMQP

AMQP(Advanced Message Queuing Protocol)即高级消息队列协议,它是一个提供统一消息服务的应用层标准高级消息队列协议,是应用层协议的一个开放标准,为面向消息的中间件设计。基于此协议的客户端与消息中间件可以传递消息,并且不受客户端/中间件的不同产品、不同开发语言等条件的限制。AMQP 的技术术语如下。

（1）AMQP 模型（AMQP Model）：一个由关键实体和语义表示的逻辑框架，遵从 AMQP 规范的服务器必须提供这些实体和语义。为了实现本规范中定义的语义，客户端可以发送命令来控制 AMQP 服务器。

（2）连接（Connection）：一个网络连接，例如 TCP/IP 套接字连接。

（3）会话（Session）：端点之间的命名对话。在一个会话上下文中，保证"恰好传递一次"。

（4）信道（Channel）：多路复用连接中的一条独立的双向数据流通道，为会话提供物理传输介质。

（5）客户端（Client）：AMQP 连接或者会话的发起者。AMQP 是非对称的，客户端生产和消费消息，服务器存储和路由这些消息。

（6）服务器（Server）：接受客户端连接，实现 AMQP 消息队列和路由功能的进程，也称为"消息代理"。

（7）端点（Peer）：AMQP 对话的任意一方。一个 AMQP 连接包括两个端点（一个是客户端，一个是服务器）。

（8）搭档（Partner）：当描述两个端点之间的交互过程时，使用术语"搭档"来表示"另一个"端点的简记法。例如定义端点 A 和端点 B，当它们进行通信时，端点 B 是端点 A 的搭档，端点 A 是端点 B 的搭档。

（9）片段集（Assembly）：段的有序集合，形成一个逻辑工作单元。

（10）段（Segment）：帧的有序集合，形成片段集中一个完整的子单元。

（11）帧（Frame）：AMQP 传输的一个原子单元。一个帧是一个段中的任意分片。

（12）控制（Control）：单向指令，AMQP 规范假设这些指令的传输是不可靠的。

（13）命令（Command）：需要确认的指令，AMQP 规范规定这些指令的传输是可靠的。

（14）异常（Exception）：在执行一个或者多个命令时可能发生的错误状态。

（15）类（Class）：一批用来描述某种特定功能的 AMQP 命令或者控制。

（16）消息头（Header）：描述消息数据属性的一种特殊段。

（17）消息体（Body）：包含应用程序数据的一种特殊段。消息体段对于服务器来说完全透明——服务器不能查看或者修改消息体。

（18）消息内容（Content）：包含在消息体段中的消息数据。

（19）交换器（Exchange）：服务器中的实体，用来接收生产者发送的消息，并将这些消息路由给服务器中的队列。

（20）交换器类型（Exchange Type）：基于不同路由语义的交换器类。

（21）消息队列（Message Queue）：一个命名实体，用来保存消息直到发送给消费者。

（22）绑定器（Binding）：消息队列和交换器之间的关联。

（23）绑定器关键字（Binding Key）：绑定的名称。一些交换器类型可能使用这个名称作为定义绑定器路由行为的模式。

（24）路由关键字（Routing Key）：一个消息头，交换器可以用这个消息头决定如何路由某条消息。

（25）持久存储（Durable）：一种服务器资源，当服务器重启时，保存的消息数据不会丢失。

（26）临时存储（Transient）：一种服务器资源，当服务器重启时，保存的消息数据会丢失。

（27）持久化（Persistent）：服务器将消息保存在可靠磁盘存储器中，当服务器重启时，消息不会丢失。

（28）非持久化（Non-Persistent）：服务器将消息保存在内存中，当服务器重启时，消息可能丢失。

（29）消费者（Consumer）：一个从消息队列中请求消息的客户端应用程序。

（30）生产者（Producer）：一个向交换器发布消息的客户端应用程序。

（31）虚拟主机（Virtual Host）：一批交换器、消息队列和相关对象。虚拟主机是共享相同的身份认证和加密环境的独立服务器域。客户端应用程序在登录到服务器之后，可以选择一个虚拟主机。

9.3　Spring Boot 的支持

▶9.3.1　JMS 的自动配置

Spring Boot 对 JMS 的自动配置位于 org.springframework.boot.autoconfigure.jms 包下，在 Spring Boot 3.0 中支持 JMS 的实现有 ActiveMQ Artemis（下一代 ActiveMQ）。Spring Boot 为用户定义了 ArtemisConnectionFactoryFactory 的 Bean 作为连接，并通过以"spring.artemis"为前缀的属性配置 ActiveMQ Artemis 的连接属性，主要包含：

```
spring.artemis.broker-url= tcp://localhost:61616  #消息代理路径
spring.artemis.user=
spring.artemis.password=
spring.artemis.mode=
```

另外，Spring Boot 在 JmsAutoConfiguration 自动配置类中为用户配置了 JmsTemplate；并且在 JmsAnnotationDrivenConfiguration 配置类中为用户开启了注解式消息监听的支持，即自动开启@EnableJms。

▶9.3.2　AMQP 的自动配置

Spring Boot 对 AMQP 的自动配置位于 org.springframework.boot.autoconfigure.amqp 包下，RabbitMQ 是 AMQP 的主要实现。在 RabbitAutoConfiguration 自动配置类中为用户配置了连接的 RabbitConnectionFactoryBean 和 RabbitTemplate，并且在 RabbitAnnotationDrivenConfiguration 配置类中开启了@EnableRabbit。从 RabbitProperties 类中可以看出 RabbitMQ 的配置可以通过以"spring.rabbitmq"为前缀的属性进行配置，主要包含：

```
spring.rabbitmq.host=localhost    #RabbitMQ 服务器地址,默认为 localhost
spring.rabbitmq.port=5672         #RabbitMQ 端口,默认为 5672
spring.rabbitmq.username=guest    #默认用户名
spring.rabbitmq.password =guest   #默认密码
```

9.4　异步消息通信实例

下面通过两个实例讲解异步消息通信的实现过程。

▶9.4.1　JMS 实例

扫一扫

视频讲解

本节使用 JMS 的一种实现 ActiveMQ Artemis 讲解 JMS 实例，因此需要事先安装 ActiveMQ Artemis（注意需要安装 Java 11+）。读者可以访问"http://activemq.apache.org/"下载适合自己计算机的 ActiveMQ Artemis。在编写本书时，编者下载了 apache-artemis-2.27.

1-bin.zip。该版本的 ActiveMQ Artemis,解压缩即可完成安装。

在解压缩后,需要创建一个代理服务器,这里以 Windows 10 为例,具体步骤如下:

(1) 以管理员身份运行 cmd,进入 ActiveMQ Artemis 解压缩后的 bin 目录,例如执行 "D:\>cd D:\soft\Java EE\apache-artemis-2.27.1\bin"。

(2) 执行"artemis.cmd create 代理所在目录"命令,例如执行"D:\soft\Java EE\apache-artemis-2.27.1\bin>artemis.cmd create D:\soft\ActiveMQArtemis"。

(3) 输入默认的用户名和密码(admin),并输入"y"允许匿名访问。在代理服务器创建成功后,cmd 信息显示如图 9.2 所示。

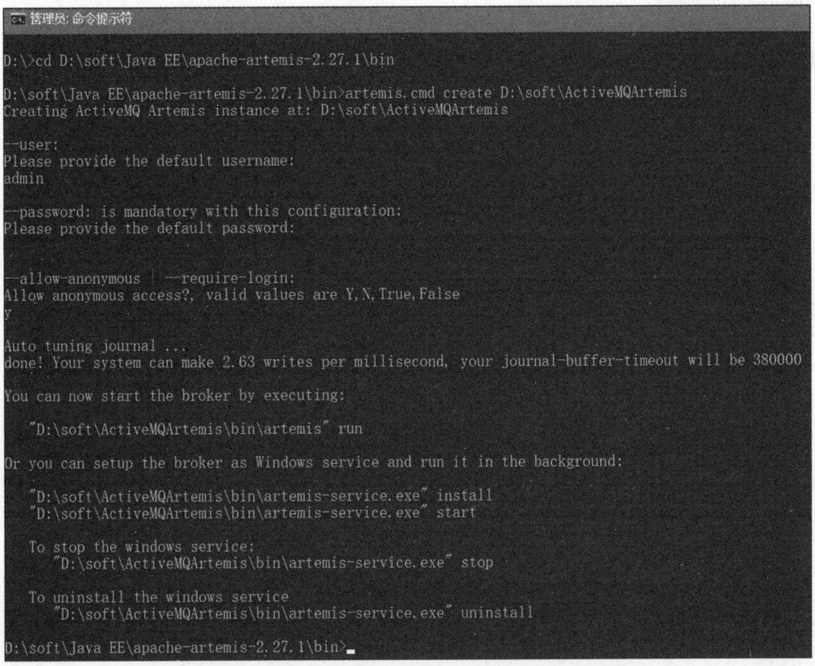

图 9.2　创建 ActiveMQ Artemis 的代理服务器

在代理服务器创建成功后,继续执行"D:\soft\ActiveMQArtemis\bin\artemis-service.exe" install 命令启动 Apache ActiveMQ Artemis 服务,如图 9.3 所示。

图 9.3　启动 Apache ActiveMQ Artemis 服务

然后通过"http://localhost:8161"运行 ActiveMQ Artemis 的管理界面,管理员账号和密

码默认为 admin/admin,如图 9.4 所示。

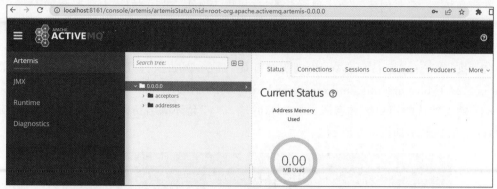

图 9.4　ActiveMQ Artemis 的管理界面

在启动 Apache ActiveMQ Artemis 服务后,下面通过一个实例讲解如何使用 JMS 的实现 ActiveMQ Artemis 进行两个应用系统间的点对点式通信。

【例 9-1】　使用 JMS 的实现 ActiveMQ Artemis 进行两个应用系统间的点对点式通信。其具体实现步骤如下。

❶ 创建基于 Spring for Apache ActiveMQ Artemis 的 Spring Boot 应用 ch9_1Sender(消息发送者)

创建基于 Spring for Apache ActiveMQ Artemis 的 Spring Boot 应用 ch9_1Sender,该应用作为消息发送者。

❷ 配置 ActiveMQ Artemis 的消息代理地址

在 ch9_1Sender 应用的配置文件 application.properties 中配置 ActiveMQ Artemis 的消息代理地址,具体如下:

```
spring.artemis.broker-url= tcp://localhost:61616
```

❸ 定义消息

在 ch9_1Sender 应用的 com.ch.ch9_1sender 包下创建消息定义类 MyMessage,该类需要实现 MessageCreator 接口,并重写接口方法 createMessage 进行消息定义。具体代码如下:

```
package com.ch.ch9_1sender;
import java.util.ArrayList;
import jakarta.jms.JMSException;
import jakarta.jms.MapMessage;
import jakarta.jms.Message;
import jakarta.jms.Session;
import org.springframework.jms.core.MessageCreator;
public class MyMessage implements MessageCreator{
    @Override
    public Message createMessage(Session session) throws JMSException {
        MapMessage mapm = session.createMapMessage();
        ArrayList<String> arrayList = new ArrayList<String>();
        arrayList.add("陈恒 1");
        arrayList.add("陈恒 2");
        mapm.setString("mesg1", arrayList.toString());      //只能存 Java 的基本对象
        mapm.setString("mesg2", "测试消息 2");
        return mapm;
    }
}
```

❹ 发送消息

在 ch9_1Sender 应用的主类 Ch91SenderApplication 中实现 Spring Boot 的 CommandLineRunner 接口,并重写 run 方法,用于程序启动后执行的代码。在该 run 方法中使用 JmsTemplate 的 send 方法向目的地 mydestination 发送 MyMessage 的消息,相当于在消息代理上定义了一个目的地 mydestination。具体代码如下:

```
package com.ch.ch9_1sender;
import org.springframework.beans.factory.annotation.Autowired;
import org.springframework.boot.CommandLineRunner;
import org.springframework.boot.SpringApplication;
import org.springframework.boot.autoconfigure.SpringBootApplication;
import org.springframework.jms.core.JmsTemplate;
@SpringBootApplication
public class Ch91SenderApplication implements CommandLineRunner{
    @Autowired
    private JmsTemplate jmsTemplate;
    public static void main(String[] args) {
        SpringApplication.run(Ch91SenderApplication.class, args);
    }
    /**
     * 这里为了方便操作使用 run 方法发送消息,
     * 当然完全可以使用控制器通过 Web 访问
     */
    @Override
    public void run(String... args) throws Exception {
        //new MyMessage()回调接口方法 createMessage 产生消息
        jmsTemplate.send("mydestination", new MyMessage());
    }
}
```

❺ 创建消息接收者

按照步骤 1 创建 Spring Boot 应用 ch9_1Receive,该应用作为消息接收者,并按照步骤 2 配置 ch9_1Receive 的 ActiveMQ Artemis 的消息代理地址。

❻ 定义消息监听器接收消息

在 ch9_1Receive 应用的 com.ch.ch9_1receive 包中创建消息监听器类 ReceiverMsg。在该类中使用@JmsListener 注解不停地监听目的地 mydestination 是否有消息发送过来,如果有就获取消息。具体代码如下:

```
package com.ch.ch9_1receive;
import java.util.ArrayList;
import jakarta.jms.JMSException;
import jakarta.jms.MapMessage;
import org.springframework.jms.annotation.JmsListener;
import org.springframework.stereotype.Component;
@Component
public class ReceiverMsg {
    @JmsListener(destination="mydestination")
    public void receiverMessage(MapMessage mapm) throws JMSException {
        System.out.println(mapm.getString("mesg1"));
        System.out.println(mapm.getString("mesg2"));
    }
}
```

❼ 测试运行

首先启动消息接收者 ch9_1Receive 应用,在启动 ch9_1Receive 应用后,单击图 9.4 中的

JMX，可以看到如图 9.5 所示的界面。

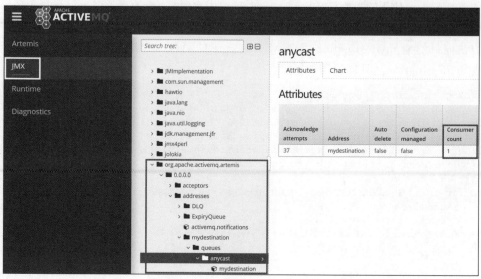

图 9.5　ActiveMQ Artemis 的 Queues

　　从图 9.5 可以看出目的地 mydestination 有一个消费者，正在等待接收消息。此时启动消息发送者 ch9_1Sender 应用后，可以在接收者 ch9_1Receive 应用的控制台上看到有消息打印，如图 9.6 所示。之后再去刷新图 9.5，可以看到如图 9.7 所示的界面。

图 9.6　消息接收者接收的消息

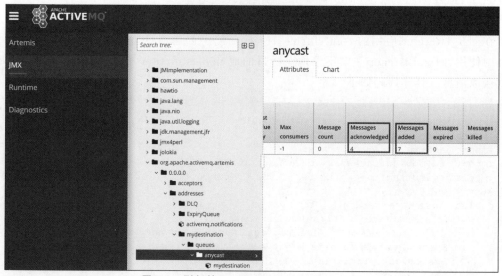

图 9.7　刷新的 ActiveMQ Artemis 的 Queues

　　从图 9.7 可以看出目的地 mydestination 的 Messages added 有数据增加（表示发送成功），同时 Messages acknowledged 有数据增加（表示接收成功）。

▶9.4.2 AMQP 实例

本节使用 AMQP 的主要实现 RabbitMQ 讲解 AMQP 实例,因此需要事先安装 RabbitMQ。又因为 RabbitMQ 是基于 Erlang 语言开发的,所以在安装 RabbitMQ 之前先下载、安装 Erlang。Erlang 语言的下载地址为"https://www.erlang.org/downloads";RabbitMQ 的下载地址为"https://www.rabbitmq.com/download.html"。在编写本书时,编者下载的 Erlang 版本是"otp_win64_25.2.2.exe",下载的 RabbitMQ 版本是"rabbitmq-server-3.11.8.exe"。

运行 Erlang 语言安装包"otp_win64_25.2.2.exe",一直单击 Next 按钮即可完成安装 Erlang。在安装 Erlang 后需要配置环境变量 ERLANG_HOME 以及在 path 中新增 "%ERLANG_HOME%\bin",如图 9.8 和图 9.9 所示。

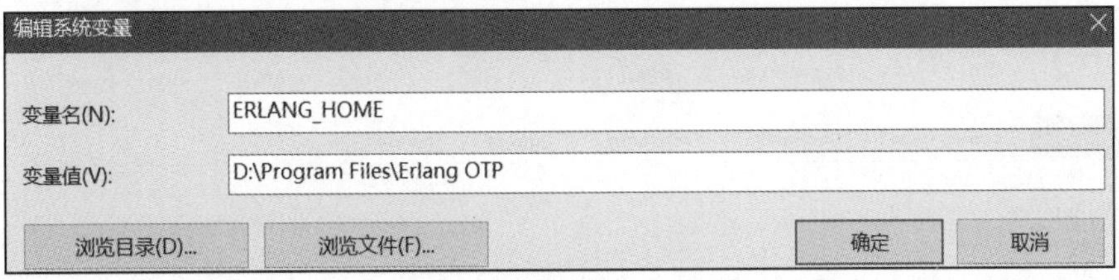

图 9.8 ERLANG_HOME

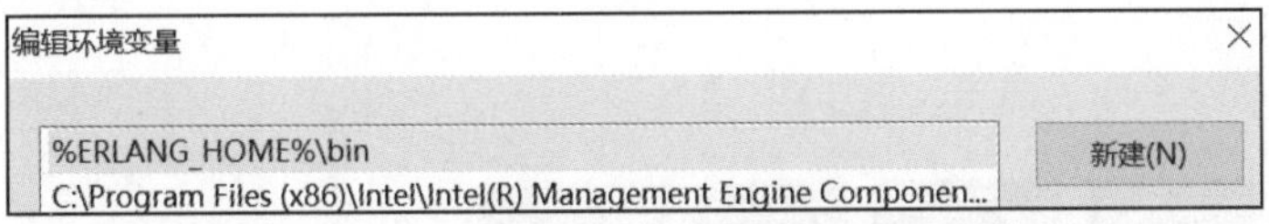

图 9.9 在 path 中新增"%ERLANG_HOME%\bin"

运行 RabbitMQ 安装包"rabbitmq-server-3.11.8.exe",一直单击 Next 按钮即可完成安装 RabbitMQ。在安装 RabbitMQ 后需要配置环境变量 RABBITMQ_SERVER=安装目录\ RabbitMQ Server\rabbitmq_server-3.11.8 以及在 path 中新增"%RABBITMQ_SERVER%\ sbin",操作界面与图 9.8 和图 9.9 类似。

在 cmd 命令行窗口进入 RabbitMQ 的 sbin 目录下,运行 rabbitmq-plugins.bat enable rabbitmq_management 命令,打开 RabbitMQ 的管理组件,如图 9.10 所示。

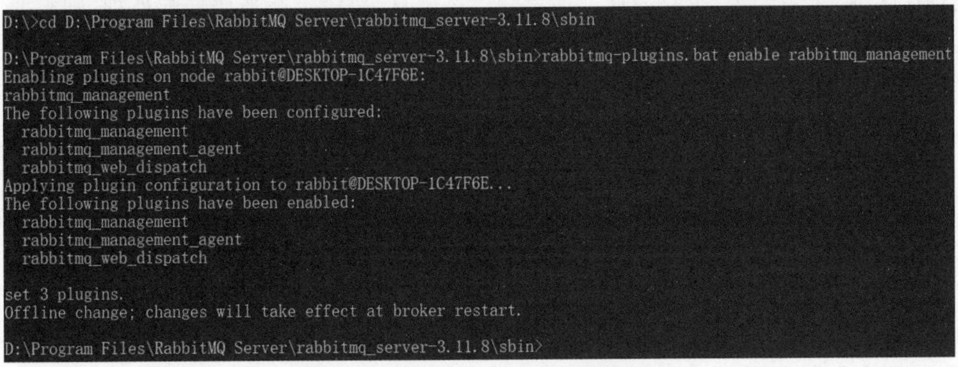

图 9.10 打开 RabbitMQ 的管理组件

以管理员方式打开 cmd 命令提示符窗口,运行 net start RabbitMQ 命令,提示 RabbitMQ 服务已经启动,如图 9.11 所示。

图 9.11   启动 RabbitMQ 服务

在浏览器的地址栏中输入"http://localhost:15672",账号和密码默认为 guest/guest,进入 RabbitMQ 的管理界面(如果进不去界面,请重启计算机服务中的 RabbitMQ),如图 9.12 所示。

图 9.12   RabbitMQ 的管理界面

至此完成了 RabbitMQ 服务器的搭建。

在例 9-1 中,不管是消息发送者(生产者)还是消息接收者(消费者)都必须知道一个指定的目的地(队列)才能发送、获取消息。如果同一个消息,要求每个消费者都处理,则需要发布/订阅式的消息分发模式。

下面通过一个实例讲解如何使用 RabbitMQ 实现发布/订阅式异步消息通信。在本例中创建一个发布者应用、两个订阅者应用。该例中的 3 个应用都是使用 Spring Boot 默认为用户配置的 RabbitMQ,主机为 localhost,端口号为 5672,所以无须在配置文件中配置 RabbitMQ 的连接信息。另外,3 个应用需要使用 Weather 实体类封装消息,并且使用 JSON 数据格式发布和订阅消息。

【例 9-2】   使用 RabbitMQ 实现发布/订阅式异步消息通信(天气预报的发布与接收)。

其具体实现步骤如下。

❶ 创建发布者应用 ch9_2Sender

创建发布者应用 ch9_2Sender,包括以下步骤。

(1) 创建基于 Lombok、Spring for RabbitMQ 的 Spring Boot 应用 ch9_2Sender。

(2) 在 ch9_2Sender 应用的 pom.xml 中添加 spring-boot-starter-json 依赖,代码如下:

```
<dependency>
    <groupId>org.springframework.boot</groupId>
    <artifactId>spring-boot-starter-json</artifactId>
</dependency>
```

（3）在 ch9_2Sender 应用中创建名为 com.ch.ch9_2sender.entity 的包，并在该包中创建 Weather 实体类，具体代码如下：

```
package com.ch.ch9_2sender.entity;
import lombok.Data;
import java.io.Serializable;
@Data
public class Weather implements Serializable{
    private static final long serialVersionUID = -8221467966772683998L;
    private String id;
    private String city;
    private String weatherDetail;
    @Override
    public String toString() {
        return "Weather [id=" + id + ", city=" + city + ", weatherDetail=" +
        weatherDetail + "]";
    }
}
```

（4）在 ch9_2Sender 应用的主类 Ch92SenderApplication 中实现 Spring Boot 的 CommandLineRunner 接口，并重写 run 方法，用于程序启动后执行的代码。在该 run 方法中，使用 RabbitTemplate 的 convertAndSend 方法将特定的路由"weather.message"发送 Weather 消息对象到指定的交换机"weather-exchange"。在发布消息前，需要使用 ObjectMapper 将 Weather 对象转换成 byte[]类型的 JSON 数据。具体代码如下：

```
package com.ch.ch9_2sender;
import org.springframework.amqp.core.Message;
import org.springframework.amqp.core.MessageBuilder;
import org.springframework.amqp.core.MessageDeliveryMode;
import org.springframework.amqp.rabbit.connection.CorrelationData;
import org.springframework.amqp.rabbit.core.RabbitTemplate;
import org.springframework.amqp.support.converter.Jackson2JsonMessageConverter;
import org.springframework.beans.factory.annotation.Autowired;
import org.springframework.boot.CommandLineRunner;
import org.springframework.boot.SpringApplication;
import org.springframework.boot.autoconfigure.SpringBootApplication;
import com.ch.ch9_2sender.entity.Weather;
import com.fasterxml.jackson.databind.ObjectMapper;
@SpringBootApplication
public class Ch92SenderApplication implements CommandLineRunner{
    @Autowired
    private ObjectMapper objectMapper;
    @Autowired
    RabbitTemplate rabbitTemplate;
    public static void main(String[] args) {
        SpringApplication.run(Ch92SenderApplication.class, args);
    }
    /**
     * 定义发布者
     */
    @Override
    public void run(String... args) throws Exception {
```

```
//定义消息对象
Weather weather = new Weather();
weather.setId("010");
weather.setCity("北京");
weather.setWeatherDetail("今天晴到多云,南风 5~6 级,温度 19~26℃");
//指定 JSON 转换器,Jackson2JsonMessageConverter 默认将消息转换成 byte[]类型
//的消息
rabbitTemplate.setMessageConverter(new Jackson2JsonMessageConverter());
//objectMapper 将 Weather 对象转换为 JSON 字节数组
  Message msg = MessageBuilder. withBody (objectMapper. writeValueAsBytes
  (weather)).setDeliveryMode(MessageDeliveryMode.NON_PERSISTENT)
        .build();
//消息唯一的 ID
CorrelationData correlationData = new CorrelationData(weather.getId());
//将特定的路由 Key 发送消息到指定的交换机
rabbitTemplate.convertAndSend(
        "weather-exchange",        //分发消息的交换机名称
        "weather.message",         //用来匹配消息的路由 Key
        msg,                       //消息体
        correlationData);
    }
}
```

❷ 创建订阅者应用 ch9_2Receiver-1

创建订阅者应用 ch9_2Receiver-1,包括以下步骤。

(1) 创建基于 Lombok、Spring for RabbitMQ 的 Spring Boot 应用 ch9_2Receiver-1。

(2) 在 ch9_2Receiver-1 应用的 pom.xml 中添加 spring-boot-starter-json 依赖。

(3) 将 ch9_2Sender 中的 Weather 实体类复制到 com.ch.ch9_2Receiver1 包中。

(4) 在 com.ch.ch9_2receiver1 包中创建订阅者类 Receiver1,在该类中使用@RabbitListener
和@RabbitHandler 注解监听发布者并接收消息,具体代码如下:

```
package com.ch.ch9_2receiver1;
import com.ch.ch9_2receiver1.entity.Weather;
import org.springframework.amqp.rabbit.annotation.Exchange;
import org.springframework.amqp.rabbit.annotation.Queue;
import org.springframework.amqp.rabbit.annotation.QueueBinding;
import org.springframework.amqp.rabbit.annotation.RabbitHandler;
import org.springframework.amqp.rabbit.annotation.RabbitListener;
import org.springframework.beans.factory.annotation.Autowired;
import org.springframework.messaging.handler.annotation.Payload;
import org.springframework.stereotype.Component;
import com.fasterxml.jackson.databind.ObjectMapper;
/**
 * 定义订阅者 Receiver1
 */
@Component
public class Receiver1 {
    @Autowired
    private ObjectMapper objectMapper;
    @RabbitListener(
        bindings =
        @QueueBinding(
            //队列名 weather-queue1 保证和其他订阅者不一样,可以随机起名
            value = @Queue(value = "weather-queue1",durable = "true"),
            //weather-exchange 与发布者的交换机名相同
            exchange = @Exchange(value = "weather-exchange",durable = "true",
```

```
                type = "topic"),
                //weather.message与发布者的消息的路由 Key 相同
                key = "weather.message"
        )
    )
    @RabbitHandler
    public void receiveWeather(@Payload byte[] weatherMessage)throws Exception{
        System.out.println("----------订阅者 Receiver1 接收到消息--------");
        //将 JSON 字节数组转换为 Weather 对象
        Weather w=objectMapper.readValue(weatherMessage, Weather.class);
        System.out.println("Receiver1 收到的消息内容: "+w);
    }
}
```

❸ 创建订阅者应用 ch9_2Receiver-2

与创建订阅者应用 ch9_2Receiver-1 的步骤一样,这里不再赘述,需要注意的是两个订阅者的队列名不同。

❹ 测试运行

首先运行发布者应用 ch9_2Sender 的主类 Ch92SenderApplication。

然后运行订阅者应用 ch9_2Receiver-1 的主类 Ch92Receiver1Application,此时接收到的消息如图 9.13 所示。

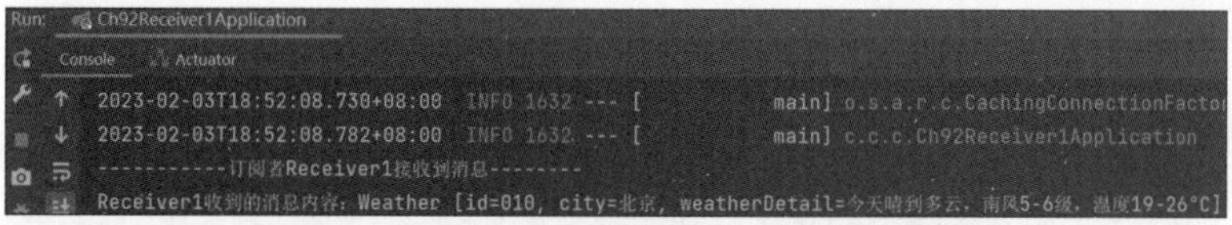

图 9.13　订阅者 ch9_2Receiver-1 接收到的消息

最后运行订阅者应用 ch9_2Receiver-2 的主类 Ch92Receiver2Application,此时接收到的消息如图 9.14 所示。现在再看图 9.12 中的 Connections 为 3。

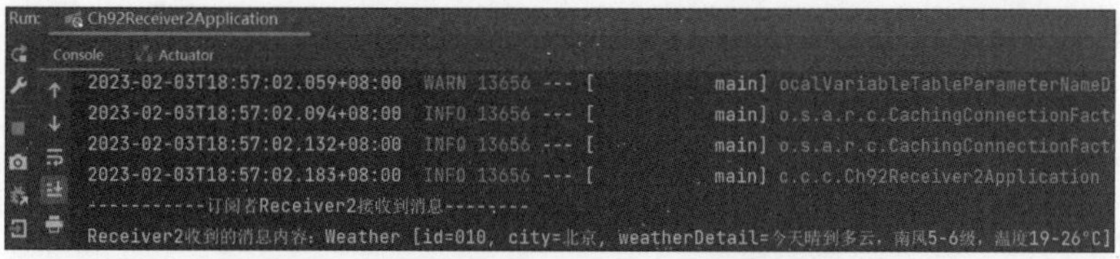

图 9.14　订阅者 ch9_2Receiver-2 接收到的消息

从例 9-2 可以看出,一个发布者发布的消息可以被多个订阅者订阅,这就是所谓的发布/订阅式异步消息通信。

9.5　本章小结

本章主要介绍了多个应用系统间的异步消息。通过本章的学习,读者应该了解 Spring Boot 对 JMS 和 AMQP 的支持,掌握如何在实际应用开发中使用 JMS 或 AMQP 提供异步通信解决方案。

扫一扫

习题 9

1. 在多个应用系统间的异步消息中有哪些消息模型?
2. JMS 和 AMQP 有什么区别?

自测题

第 10 章　Spring Boot 单元测试

学习目的与要求

本章重点讲解 Spring Boot 单元测试的相关内容,包括 JUnit 5 的注解、断言以及单元测试用例。通过本章的学习,读者应该掌握 JUnit 5 的注解与断言机制的用法,掌握单元测试用例的编写。

本章主要内容

- JUnit 5 注解
- JUnit 5 断言
- 单元测试用例
- 使用 Postman 测试 Controller 层

单元测试(Unit Testing)是指对软件中的最小可测试单元进行检查和验证,是对开发人员所编写的代码进行测试。本章将重点讲解 JUnit 单元测试框架的应用过程。

10.1　JUnit 5

▶10.1.1　JUnit 5 简介

JUnit 是一个 Java 语言的单元测试框架,是由 Erich Gamma 和 Kent Beck 编写的一个回归测试框架(Regression Testing Framework)。JUnit 测试是程序员测试,即所谓的白盒测试,因为程序员知道被测试的软件如何(How)完成功能和完成什么样(What)的功能。多数 Java 开发环境(如 Eclipse、IntelliJ IDEA)都已经集成了 JUnit 作为单元测试工具。

JUnit 5 由 JUnit Platform、JUnit Jupiter 以及 JUnit Vintage 三部分组成,Java 运行环境的最低版本是 Java 8。

JUnit Platform:JUnit 提供的平台功能模块,通过 JUnit Platform,其他的测试引擎都可以接入 JUnit 实现接口和执行。

JUnit Jupiter:JUnit 5 的核心,是一个基于 JUnit Platform 的引擎实现,JUnit Jupiter 包含许多丰富的新特性,使得自动化测试更加方便和强大。

JUnit Vintage:兼容 JUnit 3、JUnit 4 版本的测试引擎,使得旧版本的自动化测试也可以在 JUnit 5 下正常运行。

JUnit 5 使用了 Java 8 或更高版本的特性,例如 lambda 函数,使测试更强大,更容易维护。JUnit 5 可以同时使用多个扩展,可以轻松地将 Spring 扩展与其他扩展(如自定义扩展)结合起来,包容性强,可以接入其他的测试引擎。其功能更强大,提供了新的断言机制、参数化测试、重复性测试等新功能。

▶10.1.2　JUnit 5 注解

在单元测试中,JUnit 5 有以下应用在方法上的常用注解。

❶ @Test

@Test 注解表示方法是单元测试方法(返回值都是 void)。但是与 JUnit 4 的 @Test 不

同,它的职责非常单一,不能声明任何属性,扩展的测试将会由 Jupiter 提供额外测试。示例代码如下:

```
@Test
void testSelectAllUser() {}
```

❷ @RepeatedTest

@RepeatedTest 注解表示单元测试方法可以重复执行,示例代码如下:

```
@Test
@RepeatedTest(value = 5)
void firstTest() {      //该测试方法重复执行 5 次
    System.out.println(55555);
}
```

❸ @DisplayName

@DisplayName 注解为单元测试方法设置展示名称(默认为方法名),示例代码如下:

```
@Test
@DisplayName("测试用户名查询方法")
void findByUname() {}
```

❹ @BeforeEach

@BeforeEach 注解表示在每个单元测试方法之前执行,示例代码如下:

```
@BeforeEach
void setUp() {}
```

❺ @AfterEach

@AfterEach 注解表示在每个单元测试方法之后执行,示例代码如下:

```
@AfterEach
void tearDown() {}
```

❻ @BeforeAll

@BeforeAll 注解表示在所有单元测试方法之前执行。被@BeforeAll 注解的方法必须为静态方法,该静态方法将在当前测试类的所有@Test 方法前执行一次。示例代码如下:

```
@BeforeAll
static void superBefore(){
    System.out.println("最前面执行");
}
```

❼ @AfterAll

@AfterAll 注解表示在所有单元测试方法之后执行。被@AfterAll 注解的方法必须为静态方法,该静态方法将在当前测试类的所有@Test 方法后执行一次。示例代码如下:

```
@AfterAll
static void superAfter(){
    System.out.println("最后面执行");
}
```

❽ @Disabled

@Disabled 注解表示单元测试方法不执行,类似于 JUnit 4 中的@Ignore。

❾ @Timeout

@Timeout 注解表示单元测试方法运行时如果超过了指定时间将会返回错误。示例代码如下：

```
@Test
@Timeout(value = 500, unit = TimeUnit.MILLISECONDS)
void testTimeout() throws InterruptedException {
    Thread.sleep(600);
}
```

▶10.1.3 JUnit 5断言

断言,简单地理解就是用来判断的语句,判断待测试代码的结果和期望的结果是否一致,如果不一致,则说明单元测试失败。JUnit 5 的断言方法都是 org.junit.jupiter.api.Assertions 的静态方法(返回值为 void)。JUnit 5 有以下常用的断言方法。

❶ assertEquals 和 assertNotEquals

Assertions.assertEquals(Object expected,Object actual,String message)方法的第一个参数是期望值;第二个参数是待测试方法的实际返回值;第三个参数 message 是可选的,表示判断失败的提示信息。其判断两者的值是否相等,换而言之不判断类型是否相同。示例代码如下:

```
@Test
void myTest(){
    int a = 1;
    long b = 1L;
    //虽然 a 和 b 类型不同,但判断依然是成功的;当 a 和 b 不相等时,测试不通过
    assertEquals(a, b, "a 与 b 不相等");
    MyUser au = new MyUser();
    MyUser bu = new MyUser();
    //虽然 au 和 bu 指向不同的对象,但它们的值相同,判断依然是成功的
    assertEquals(au, bu, "au 与 bu 的对象属性值不相等");
    bu.setUname("ch");
    assertEquals(au, bu, "au 与 bu 的对象属性值不相等");
}
```

❷ assertSame 和 assertNotSame

与 assertEquals 相比,assertSame 不仅判断值是否相等,还判断类型是否相同。对于对象,其判断两者的引用是否为同一个。示例代码如下:

```
@Test
void yourTest(){
    int a = 1;
    long b = 1L;
    long c = 1L;
    //b 和 c 比较,判断成功,因为它们的类型也相同
    assertSame(b, c, "测试失败");
    //a 和 b 比较,判断失败,因为它们的类型不相同
    assertSame(a, b, "测试失败");
    MyUser au = new MyUser();
    MyUser bu = new MyUser();
    MyUser cu = bu;
    //bu 和 cu 比较,判断成功,因为它们的引用是同一个
    assertSame(bu, cu, "测试失败");
    //au 和 bu 比较,判断失败,因为它们的引用不相同
    assertSame(au, bu, "测试失败");
}
```

❸ assertNull 和 assertNotNull

Assertions.assertNull(Object actual)的实际测试值是 null,则单元测试成功。

❹ **assertTrue 和 assertFalse**

Assertions.assertTrue(boolean condition)的实际测试值是 true,则单元测试成功。

❺ **assertThrows**

Assertions.assertThrows(Class<T>expectedType,Executable executable,String message)判断 executable 方法在执行过程中是否抛出指定异常 expectedType,如果没有抛出异常,或者抛出的异常类型不对,则单元测试失败。示例代码如下:

```
@Test
void testAssertThrows() {
    assertThrows(ArithmeticException.class, () -> errorMethod());
}
private void errorMethod() {
    int a[] = {1,2,3,4,5};
    for(int i = 0; i <= 5; i++){
        System.out.println(a[i]);
    }
}
```

❻ **assertDoesNotThrow**

assertDoesNotThrow(Executable executable) 判断测试方法是否抛出异常,如果没有抛出任何异常,则单元测试成功。示例代码如下:

```
@Test
void testAssertDoesNotThrow() {
    assertDoesNotThrow(() -> rightMethod());
}
private void rightMethod() {
    int a = 1/1;
}
```

❼ **assertAll**

assertAll(Executable... executables) 判断一组断言是否都成功了,如果都成功了,则整个单元测试成功。示例代码如下:

```
@Test
void testAll(){
    assertAll(
            () -> assertEquals(1, 1),
            () -> assertNotEquals(1, 2),
            () -> assertNull(null)
    );
}
```

10.2　单元测试用例

本节将讲解如何使用 JUnit 5 的注解与断言机制编写单元测试用例。在编写单元测试用例前,首先进行测试环境的构建。

▶**10.2.1　测试环境的构建**

在 Spring Boot Web 应用中已经集成了 JUnit 5 和 JSON 相关的 JAR 包,所以可以直接进行单元测试。为了方便本章后续的单元测试,下面构建一个 Spring Boot Web 应用,其具体实现步骤如下。

❶ 创建 **Spring Boot Web 应用**

创建基于 Lombok 依赖的 Spring Boot Web 应用 ch10。

❷ 修改 **pom.xml 文件**

在 pom.xml 文件中添加 MySQL 连接器和 MyBatis-Plus 依赖,与例 7-5 的相同,这里不再赘述。

❸ 设置 **Web 应用 ch10 的上下文路径及数据源配置信息**

在 ch10 应用的 application.properties 文件中配置上下文路径及数据源配置信息,配置内容与例 7-5 的基本相同,这里不再赘述。

❹ 创建实体类

创建名为 com.ch.ch10.entity 的包,并在该包中创建 MyUser 实体类,MyUser 的代码与例 7-5 的相同,这里不再赘述。

❺ 创建数据访问接口

创建名为 com.ch.ch10.mapper 的包,并在该包中创建 UserMapper 接口。UserMapper 接口通过继承 BaseMapper<MyUser>接口对实体类 MyUser 对应的数据表 user 进行 CRUD 操作。UserMapper 接口的代码与例 7-5 的相同,这里不再赘述。

❻ 创建 **Service 接口及实现类**

创建名为 com. ch. ch10. service 的包,并在该包中创建 UserService 接口及实现类 UserServiceImpl。UserService 接口及实现类 UserServiceImpl 的代码与例 7-5 的相同,这里不再赘述。

❼ 创建控制器类 **MyUserController**

创建名为 com.ch.ch10.controller 的包,并在该包中创建控制器类 MyUserController。MyUserController 的代码如下:

```java
package com.ch.ch10.controller;
import com.ch.ch10.entity.MyUser;
import com.ch.ch10.mapper.UserMapper;
import com.ch.ch10.service.UserService;
import org.springframework.beans.factory.annotation.Autowired;
import org.springframework.web.bind.annotation.*;
import java.util.List;
@RestController
public class MyUserController {
    @Autowired
    private UserMapper userMapper;
    @Autowired
    private UserService userService;
    @GetMapping("/selectAllUsers")
    public List<MyUser> selectAllUsers(){
        return userMapper.selectList(null);
    }
    @PostMapping("/addAUser")
    public MyUser addAUser(MyUser mu){
        //实体类的主键属性使用@TableId注解后,主键自动回填
        int result = userMapper.insert(mu);
        return mu;
    }
    @PutMapping("/updateAUser")
    public boolean updateAUser(MyUser mu){
        return userService.updateById(mu);
```

```
    }
    @DeleteMapping("/deleteAUser")
    public boolean deleteAUser(MyUser mu){
        return userService.removeById(mu);
    }
    @GetMapping("/getOne")
    public MyUser getOne(int id){
        return userService.getById(id);
    }
}
```

❽ 在应用程序的主类中扫描 Mapper 接口

在应用程序的 Ch10Application 主类中使用@MapperScan 注解扫描 MyBatis 的 Mapper
接口。核心代码如下：

```
@SpringBootApplication
@MapperScan(basePackages={"com.ch.ch10.mapper"})
public class Ch10Application {
    public static void main(String[] args) {
        SpringApplication.run(Ch10Application.class, args);
    }
}
```

经过以上步骤完成测试环境的构建。下面使用 JUnit 5 测试框架对 ch10 应用中的
Mapper 接口、Service 层进行单元测试。

▶10.2.2　测试 Mapper 接口

在 IntelliJ IDEA 中选中类或接口的名字，按下快捷键 Ctrl+Shift+T 创建测试类，此时生
成的测试类在 test 文件夹里面，测试方法都是 void 方法。Create Test 对话框如图 10.1 所示。

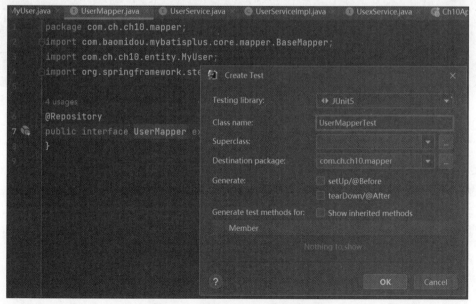

图 10.1　创建 Mapper 接口测试类

单击该对话框中的 OK 按钮,完成 Mapper 接口 UserMapper 的单元测试类 UserMapperTest 的创建。

@SpringBootTest 用于 Spring Boot 应用测试,它默认根据包名逐级往上找,一直找到 Spring Boot 主程序(包含@SpringBootApplication 注解的类),并在单元测试时启动该主程序来创建 Spring 上下文环境,所以需要在单元测试类上使用@SpringBootTest 注解标注后再进行单元测试。

在测试类 UserMapperTest 中,使用 JUnit 5 的注解与断言进行 Mapper 接口方法的测试。UserMapperTest 的代码具体如下:

```
package com.ch.ch10.mapper;
import com.ch.ch10.entity.MyUser;
import org.junit.jupiter.api.Test;
import org.springframework.beans.factory.annotation.Autowired;
import org.springframework.boot.test.context.SpringBootTest;
import static org.junit.jupiter.api.Assertions.*;
@SpringBootTest
class UserMapperTest {
    @Autowired
    private UserMapper userMapper;
    @Test
    void getOne(){
        MyUser mu = userMapper.selectById(1);
        assertEquals(mu.getUid(), 1, "a与b不相等");
    }
}
```

运行上述测试类 UserMapperTest 中的测试方法即可进行 Mapper 接口方法的测试。例如,右击 getOne 方法名,选择 Run 'getOne()'运行 getOne 测试方法,运行效果如图 10.2 所示。

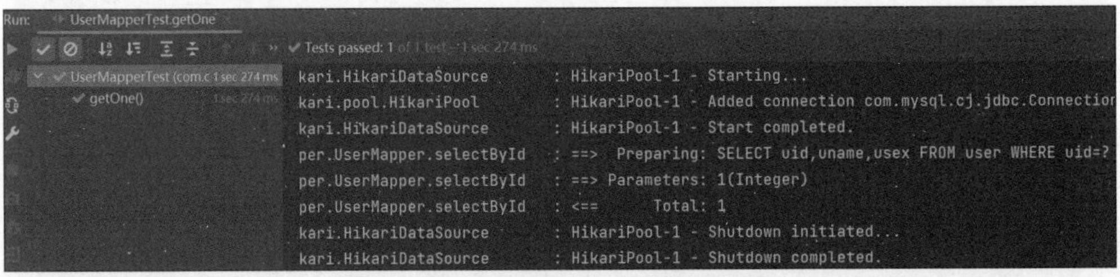

图 10.2　getOne 测试方法的运行效果

▶10.2.3　测试 Service 层

测试 Service 层与测试 Mapper 接口类似,需要特别考虑 Service 是否依赖其他还未开发完毕的 Service(第三方接口)。如果依赖其他还未开发完毕的 Service,需要使用 Mockito(Java Mock 测试框架,用于模拟任何 Spring 管理的 Bean)来模拟未完成的 Service。

假设 ch10 应用的 UserServiceImpl 类依赖一个还未开发完毕的第三方接口 UsexService,在 UsexService 接口中有一个获得用户性别的接口方法 getUsex,具体代码如下:

```
package com.ch.ch10.service;
public interface UsexService {
    String getUsex(int id);
}
```

现在创建 UserServiceImpl 的测试类 UserServiceImplTest，在 UserServiceImplTest 类中使用 Mockito.mock 方法模拟第三方接口 UsexService 的对象，并进行测试。UserServiceImplTest 类的代码具体如下：

```
package com.ch.ch10.service;
import org.junit.jupiter.api.Test;
import org.mockito.BDDMockito;
import org.mockito.Mockito;
import org.springframework.beans.factory.annotation.Autowired;
import org.springframework.boot.test.context.SpringBootTest;
import static org.junit.jupiter.api.Assertions.*;
import static org.mockito.ArgumentMatchers.anyInt;
@SpringBootTest
class UserServiceImplTest {
    @Autowired
    private UserService userService;
    //模拟第三方接口 UsexService 对象
    private UsexService usexService = Mockito.mock(UsexService.class);
    @Test
    void testGetOne() {
        int uid = 1;
        String expectedUsex = "女";
        /* given 是 BDDMockito 的一个静态方法，用来模拟一个 Service 方法调用返回，anyInt()
           表示可以传入任何参数，willReturn 方法说明这个调用将返回"女"。 */
        BDDMockito.given(usexService.getUsex(anyInt())).willReturn(expectedUsex);
        assertEquals(usexService.getUsex(), userService.getById(uid).getUsex(),
        "测试失败，与期望值不一致");
    }
}
```

运行上述 testGetOne 测试方法，运行效果如图 10.3 所示。

图 10.3　testGetOne 测试方法的运行效果

10.3　使用 Postman 测试 Controller 层

在 Spring 框架中可以使用 org.springframework.test.web.servlet.MockMvc 类进行 Controller 层的测试。MockMvc 类的核心方法如下：

```
public ResultActions perform(RequestBuilder requestBuilder)
```

通过 perform 方法调用 MockMvcRequestBuilders 的 get、post、multipart 等方法来模拟 Controller 请求，进而测试 Controller 层。模拟请求示例如下。

模拟一个 GET 请求：

```
mvc.perform(get("/getCredit/{id}", uid));
```

模拟一个 POST 请求：

```
mvc.perform(post("/getCredit/{id}", uid));
```

模拟文件上传：

```
mvc.perform(multipart("/upload").file("file", "文件内容".getBytes("UTF-8")));
```

模拟请求参数：

```
//模拟提交 errorMessage 参数
mvc.perform(get("/getCredit/{id}/{uname}", uid, uname).param("errorMessage", "用
户名或密码错误"));
//模拟提交 check
mvc.perform(get("/getCredit/{id}/{uname}", uid, uname).param("job", "收银员",
"IT"));
```

综上可知，在通过 MockMvc 类的 perform 方法测试 Controller 时，需要编写复杂的单元测试程序。为了提高 Controller 层的测试效率，本节将讲解如何使用 Postman 测试 ch10 应用的 Controller 类 MyUserController。首先启动 ch10 应用的主类，然后打开 Postman 客户端即可测试 Controller 类中的请求方法。

❶ 测试 selectAllUsers 方法

在 Postman 客户端中，输入 Controller 请求方法 selectAllUsers 对应的 URL，并选择对应的请求方式 GET，然后单击 Send 按钮即可完成查询所有用户测试，如图 10.4 所示。

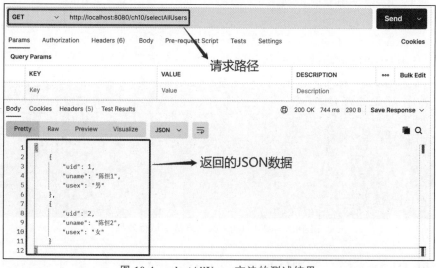

图 10.4 selectAllUsers 方法的测试结果

❷ 测试 addAUser 方法

在 Postman 客户端中，输入 Controller 请求方法 addAUser 对应的 URL 与表单数据，并选择对应的请求方式 POST，然后单击 Send 按钮即可完成添加用户测试，如图 10.5 所示。

❸ 测试 updateAUser 方法

在 Postman 客户端中，输入 Controller 请求方法 updateAUser 对应的 URL 与表单数据，并选择对应的请求方式 PUT，然后单击 Send 按钮即可完成修改用户测试，如图 10.6 所示。

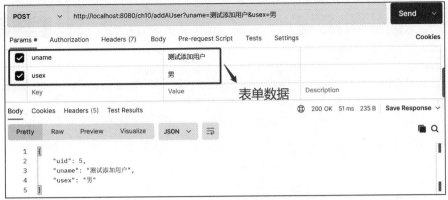

图 10.5　addAUser 方法的测试结果

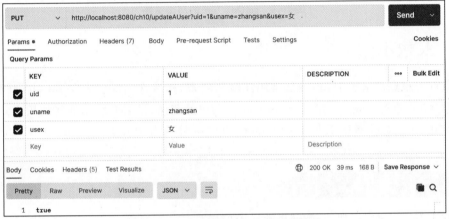

图 10.6　updateAUser 方法的测试结果

❹ 测试 deleteAUser 方法

在 Postman 客户端中，输入 Controller 请求方法 deleteAUser 对应的 URL 与表单数据，并选择对应的请求方式 DELETE，然后单击 Send 按钮即可完成删除用户测试，如图 10.7 所示。

图 10.7　deleteAUser 方法的测试结果

❺ 测试 getOne 方法

在 Postman 客户端中，输入 Controller 请求方法 getOne 对应的 URL 与表单数据，并选择对应的请求方式 GET，然后单击 Send 按钮即可完成查询一个用户测试，如图 10.8 所示。

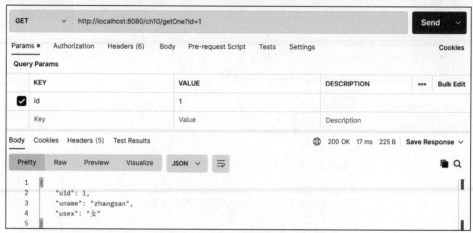

图 10.8　getOne 方法的测试结果

10.4　本章小结

本章首先重点讲解了 JUnit 5 的常用注解与断言,然后详细讲解了在 IntelliJ IDEA 中如何使用 JUnit 5 进行 Mapper 接口与 Service 层的单元测试,最后介绍了如何使用 Postman 测试 Controller 层,接口测试工具 Postman 在前后端分离开发中广泛应用于 RESTful 接口测试。

扫一扫

自测题

习 题 10

1. 在 JUnit 5 测试框架中,测试方法的返回值是(　　)类型。

　　A. boolean　　　　　B. int　　　　　　　C. void　　　　　　　D. 以上都不是

2. 在 JUnit 5 测试框架中,使用(　　)注解标注的方法是测试方法。

　　A. @Test　　　　　B. @RepeatedTest　　C. @BeforeEach　　D. @AfterEach

3. 简述断言方法 assertSame 与 assertEquals 的区别。

第 11 章

电子商务平台的设计与实现
（Spring Boot+MyBatis+Thymeleaf）

学习目的与要求

本章通过一个小型的电子商务平台讲述如何使用 Spring Boot+MyBatis+Thymeleaf 开发一个 Web 应用，其中主要涉及的技术包括 Spring、Spring MVC、Spring Boot 框架技术、MyBatis 持久层技术、Thymeleaf 表现层技术。通过本章的学习，读者应该掌握基于 MyBatis+Thymeleaf 的 Spring Boot Web 应用开发的流程、方法以及技术。

本章主要内容

- 系统设计
- 数据库设计
- 系统管理
- 组件设计
- 系统实现

本章系统使用 Spring Boot+MyBatis+Thymeleaf 实现各个模块，Web 服务器使用 Spring Boot 3 内嵌的 Tomcat 10，数据库使用的是 MySQL 8，集成开发环境为 IntelliJ IDEA。

11.1 系统设计

电子商务平台分为两个子系统，一个是后台管理子系统，另一个是电子商务子系统。下面分别说明这两个子系统的功能需求与模块划分。

▶11.1.1 系统功能需求

❶ 后台管理子系统

后台管理子系统要求管理员登录成功后才能对商品进行管理，包括添加商品、查询商品、修改商品以及删除商品。除对商品进行管理外，管理员还需要对商品类型、注册用户以及用户的订单等进行管理。

❷ 电子商务子系统

1）非注册用户

非注册用户或未登录用户具有的权限有浏览首页、查看商品详情以及搜索商品的权限。

2）用户

成功登录的用户除具有未登录用户具有的权限外，还具有购买商品、查看购物车、收藏商品、查询订单、查看收藏以及查看用户个人信息的权限。

▶11.1.2 系统模块划分

❶ 后台管理子系统

管理员登录成功后，进入后台管理主页面（adminGoods.html），可以对商品、商品类型、注册用户以及用户的订单进行管理。后台管理子系统的模块划分如图 11.1 所示。

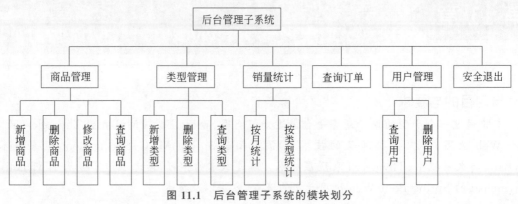

图 11.1　后台管理子系统的模块划分

❷ 电子商务子系统

非注册用户只可以浏览商品、搜索商品,不能购买商品、收藏商品、查看购物车、查看用户个人信息、查询订单和查看收藏。成功登录的用户可以完成电子商务子系统的所有功能,包括购买商品、支付等功能。电子商务子系统的模块划分如图 11.2 所示。

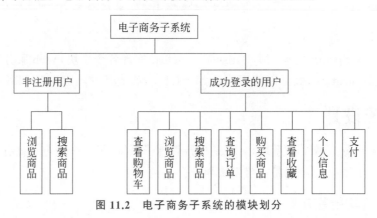

图 11.2　电子商务子系统的模块划分

11.2　数据库设计

该系统使用加载纯 Java 数据库驱动程序的方式连接 MySQL 8 数据库。在 MySQL 8 中创建数据库 ch11,并在 ch11 中创建 8 张与系统相关的数据表:ausertable、busertable、carttable、focustable、goodstable、goodstype、orderdetail 和 orderbasetable。

▶11.2.1　数据库概念结构设计

根据系统设计与分析可以设计出如下数据结构:

❶ 管理员

其包括管理员 ID、用户名和密码。管理员的用户名和密码由数据库管理员预设,不需要注册。

❷ 用户

其包括用户 ID、E-mail 和密码。注册用户的 E-mail 不能相同,用户 ID 唯一。

❸ 商品类型

其包括类型 ID 和类型名称。商品类型由数据库管理员管理，包括新增和删除管理。

❹ 商品

其包括商品编号、商品名称、原价、现价、库存、图片以及类型等。其中，商品编号唯一，类型与"3.商品类型"关联。

❺ 购物车

其包括购物车 ID、用户 ID、商品编号以及购买数量。其中，购物车 ID 唯一，用户 ID 与"2.用户"关联，商品编号与"4.商品"关联。

❻ 商品收藏

其包括 ID、用户 ID、商品编号以及收藏时间。其中，ID 唯一，用户 ID 与"2.用户"关联，商品编号与"4.商品"关联。

❼ 订单基础

其包括订单编号、用户 ID、订单金额、订单状态以及下单时间。其中，订单编号唯一，用户 ID 与"2.用户"关联。

❽ 订单详情

其包括订单编号、商品编号以及购买数量等。其中，订单编号与"7.订单基础"关联，商品编号与"4.商品"关联。

根据以上数据结构，结合数据库设计的特点，可以画出如图 11.3 所示的数据库概念结构图。

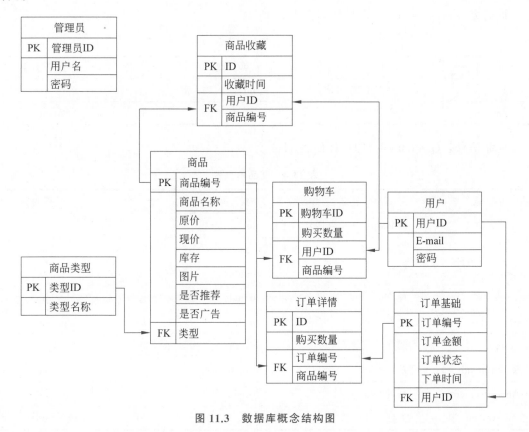

图 11.3　数据库概念结构图

▶11.2.2 数据库逻辑结构设计

将数据库概念结构图转换为 MySQL 数据库所支持的实际数据模型,即数据库的逻辑结构。

管理员信息表(ausertable)的设计如表 11.1 所示。

表 11.1 管理员信息表

字 段	含 义	类 型	长 度	是否为空
id	管理员 ID(PK 自增)	int	0	no
aname	用户名	varchar	50	no
apwd	密码	varchar	50	no

用户信息表(busertable)的设计如表 11.2 所示。

表 11.2 用户信息表

字 段	含 义	类 型	长 度	是否为空
id	用户 ID(PK 自增)	int	0	no
bemail	E-mail	varchar	50	no
bpwd	密码	varchar	50	no

商品类型表(goodstype)的设计如表 11.3 所示。

表 11.3 商品类型表

字 段	含 义	类 型	长 度	是否为空
id	类型 ID(PK 自增)	int	0	no
typename	类型名称	varchar	50	no

商品信息表(goodstable)的设计如表 11.4 所示。

表 11.4 商品信息表

字 段	含 义	类 型	长 度	是否为空
id	商品编号(PK 自增)	int	0	no
gname	商品名称	varchar	50	no
goprice	原价	double	0	no
grprice	现价	double	0	no
gstore	库存	int	0	no
gpicture	图片	varchar	50	no
isRecommend	是否推荐	tinyint	0	no
isAdvertisement	是否广告	tinyint	0	no
goodstype_id	类型(FK)	int	0	no

购物车表（carttable）的设计如表 11.5 所示。

表 11.5　购物车表

字　段	含　义	类　型	长　度	是否为空
id	购物车 ID(PK 自增)	int	0	no
busertable_id	用户 ID(FK)	int	0	no
goodstable_id	商品编号(FK)	int	0	no
shoppingnum	购买数量	int	0	no

商品收藏表（focustable）的设计如表 11.6 所示。

表 11.6　商品收藏表

字　段	含　义	类　型	长　度	是否为空
id	ID(PK 自增)	int	0	no
goodstable_id	商品编号(FK)	int	0	no
busertable_id	用户 ID(FK)	int	0	no
focustime	收藏时间	datetime	0	no

订单基础表（orderbasetable）的设计如表 11.7 所示。

表 11.7　订单基础表

字　段	含　义	类　型	长　度	是否为空
id	订单编号(PK 自增)	int	0	no
busertable_id	用户 ID(FK)	int	0	no
amount	订单金额	double	0	no
status	订单状态	tinyint	0	no
orderdate	下单时间	datetime	0	no

订单详情表（orderdetail）的设计如表 11.8 所示。

表 11.8　订单详情表

字　段	含　义	类　型	长　度	是否为空
id	ID(PK 自增)	int	0	no
orderbasetable_id	订单编号(FK)	int	0	no
goodstable_id	商品编号(FK)	int	0	no
shoppingnum	购买数量	int	0	no

▶11.2.3　创建数据表

根据 11.2.2 节的逻辑结构创建数据表。由于篇幅有限，对于创建数据表的代码请读者参考本书提供的源代码 ch11.sql。

11.3 系统管理

▶11.3.1 添加相关依赖

新建一个基于 Thymeleaf+MyBatis 的 Spring Boot Web 应用 ch11,在 ch11 应用中开发本系统。除了使用 IntelliJ IDEA 快速创建基于 Thymeleaf+ MyBatis 的 Spring Boot Web 应用自带的 spring-boot-starter-thymeleaf、mybatis-spring-boot-starter 和 spring-boot-starter-web 依赖外,还需要向 ch11 应用的 pom.xml 文件中添加表单验证依赖 hibernate-validator、Lombok Java 增强库依赖以及 MySQL 连接器依赖,具体见本书提供的源代码 ch11.sql。

▶11.3.2 HTML 页面及静态资源管理

该系统由后台管理子系统和电子商务子系统组成,为了方便管理,将两个子系统的 HTML 页面分开存放。在 src/main/resources/templates/admin 目录下存放与后台管理子系统相关的 HTML 页面;在 src/main/resources/templates/user 目录下存放与电子商务子系统相关的 HTML 页面;在 src/main/resources/static 目录下存放与整个系统相关的 BootStrap 及 jQuery。由于篇幅有限,本章仅附上部分 HTML 和 Java 文件的核心代码,具体代码请读者参考本书提供的源代码 ch11.sql。

❶ 后台管理子系统

管理员在浏览器的地址栏中输入"http://localhost:8080/ch11/admin/toLogin"访问登录页面,登录成功后,进入后台管理主页面(adminGoods.html),adminGoods.html 的运行效果如图 11.4 所示。

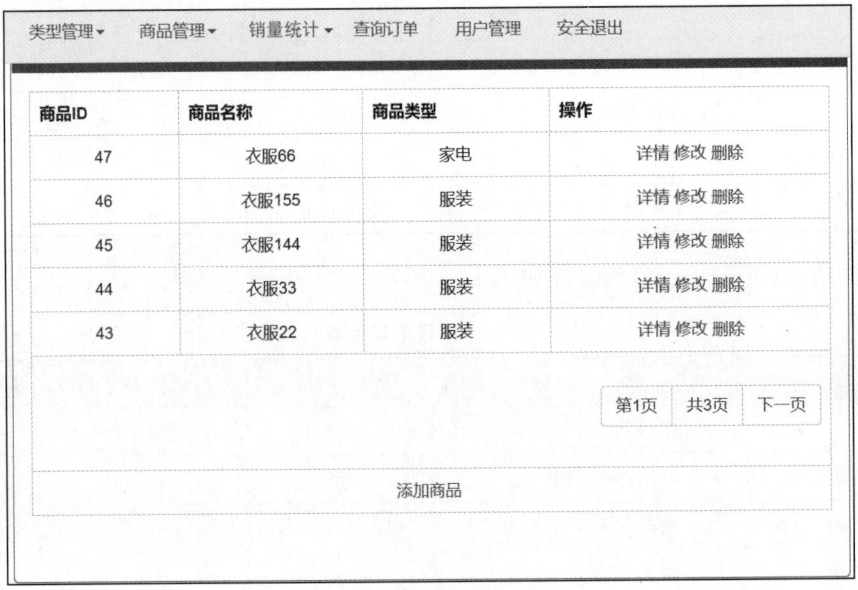

商品ID	商品名称	商品类型	操作
47	衣服66	家电	详情 修改 删除
46	衣服155	服装	详情 修改 删除
45	衣服144	服装	详情 修改 删除
44	衣服33	服装	详情 修改 删除
43	衣服22	服装	详情 修改 删除

类型管理▾ 商品管理▾ 销量统计▾ 查询订单 用户管理 安全退出

第1页 共3页 下一页

添加商品

图 11.4 后台管理主页面

❷ 电子商务子系统

注册用户或游客在浏览器的地址栏中输入"http://localhost:8080/ch11"可以访问电子商务子系统的首页(index.html),index.html 的运行效果如图 11.5 所示。

图 11.5　电子商务子系统的首页

▶11.3.3　应用的包结构

❶ com.ch.ch11 包

在该包中包括应用的主程序类 Ch11Application、统一异常处理类 GlobalExceptionHandleController 以及自定义异常类 NoLoginException。

❷ com.ch.ch11.controller 包

该系统的控制器类都在该包中，与后台管理相关的控制器类在 admin 子包中，与电子商务相关的控制器类在 before 子包中。

❸ com.ch.ch11.entity 包

实体类存放在该包中。

❹ com.ch.ch11.repository 包

在该包中存放的 Java 接口程序是实现数据库的持久化操作。每个接口方法与 SQL 映射文件中的 id 相同。与后台管理相关的数据库操作在 admin 子包中，与电子商务相关的数据库操作在 before 子包中。

❺ com.ch.ch11.service 包

在 service 包中有两个子包 admin 和 before，admin 子包存放与后台管理相关的业务层的接口与实现类；before 子包存放与电子商务相关的业务层的接口与实现类。

❻ com.ch.ch11.util 包

在该包中存放的是系统的工具类。

▶11.3.4　配置文件

在配置文件 application.properties 中配置了数据源、实体类的包别名、映射文件位置、SQL 日志、页面热部署及文件上传等信息，具体如下：

```
server.servlet.context-path=/ch11
#数据库地址
spring.datasource.url=jdbc:mysql://localhost:3306/ch11?useUnicode=true&
characterEncoding=UTF-8&allowMultiQueries=true&serverTimezone=GMT%2B8
#数据库用户名
spring.datasource.username=root
#数据库密码
spring.datasource.password=root
```

```
#数据库驱动
spring.datasource.driver-class-name=com.mysql.cj.jdbc.Driver
#设置别名(在Mapper映射文件中直接使用实体类名)
mybatis.type-aliases-package=com.ch.ch11.entity
#告诉系统在哪里去找mapper.xml文件(映射文件)
mybatis.mapperLocations=classpath:mappers/*.xml
#在控制台输出SQL语句日志
logging.level.com.ch.ch11.repository=debug
#关闭Thymeleaf模板引擎缓存(使页面热部署),默认是开启的
spring.thymeleaf.cache=false
#上传文件时,默认单个上传文件大小是1MB,max-file-size设置单个上传文件大小
spring.servlet.multipart.max-file-size=50MB
#默认总文件大小是10MB,max-request-size设置总上传文件大小
spring.servlet.multipart.max-request-size=500MB
```

11.4　组件设计

该系统的组件包括管理员登录权限验证控制器、前台用户登录权限验证控制器、验证码、统一异常处理以及工具类。

▶11.4.1　管理员登录权限验证

从系统分析得知,管理员成功登录后才能管理商品、商品类型、用户、订单等功能模块,因此本系统需要对这些功能模块的操作进行管理员登录权限控制。在com.ch.ch11.controller.admin包中创建AdminBaseController控制器类,该类中有一个@ModelAttribute注解的方法isLogin,isLogin方法的功能是判断管理员是否已成功登录,需要进行管理员登录权限控制的控制器类继承AdminBaseController类即可,因为带有@ModelAttribute注解的方法首先被控制器执行。AdminBaseController控制器类的核心代码如下:

```
@Controller
public class AdminBaseController {
    @ModelAttribute
    public void isLogin(HttpSession session) throws NoLoginException {
        if(session.getAttribute("auser") == null){
            throw new NoLoginException("没有登录");
        }
    }
}
```

▶11.4.2　前台用户登录权限验证

从系统分析得知,用户成功登录后才能购买商品、收藏商品、查看购物车、查看订单以及个人信息。与管理员登录权限验证同理,在com.ch.ch11.controller.before包中创建BeforeBaseController控制器类,该类中有一个@ModelAttribute注解的方法isLogin,isLogin方法的功能是判断前台用户是否已成功登录,需要进行前台用户登录权限控制的控制器类继承BeforeBaseController类即可。BeforeBaseController控制器类的代码与AdminBaseController基本一样,为了节省篇幅,这里不再赘述。

▶11.4.3　验证码

该系统验证码的使用步骤如下:

❶ 创建产生验证码的控制器类

在 com.ch.ch11.controller.before 包中创建产生验证码的控制器类 ValidateCodeController，具体代码参见本书提供的源代码 ch11.sql。

❷ 使用验证码

在需要验证码的 HTML 页面中调用产生验证码的控制器显示验证码，示例代码如下：

```
<img th:src="@{/validateCode}" id="mycode">
```

▶11.4.4　统一异常处理

该系统对未登录异常、数据库操作异常以及程序未知异常进行了统一异常处理，具体步骤如下：

❶ 创建未登录自定义异常

创建未登录自定义异常 NoLoginException，代码如下：

```
package com.ch.ch11;
public class NoLoginException extends Exception{
    private static final long serialVersionUID = 1L;
    public NoLoginException() {
        super();
    }
    public NoLoginException(String message) {
        super(message);
    }
}
```

❷ 创建统一异常处理类

使用 @ ControllerAdvice 和 @ ExceptionHandler 注解创建统一异常处理类 GlobalExceptionHandleController。使用@ControllerAdvice 注解的类是一个增强的 Controller 类，在增强的控制器类中使用@ExceptionHandler 注解的方法对所有控制器类进行统一异常处理。核心代码如下：

```
@ControllerAdvice
public class GlobalExceptionHandleController {
    @ExceptionHandler(value=Exception.class)
    public String exceptionHandler(Exception e, Model model) {
        String message = "";
        //数据库异常
        if(e instanceof SQLException) {
            message = "数据库异常";
        } else if(e instanceof NoLoginException) {
            message = "未登录异常";
        } else {    //未知异常
            message = "未知异常";
        }
        model.addAttribute("mymessage",message);
        return "myError";
    }
}
```

▶11.4.5 工具类

该系统使用的工具类有两个：MD5Util 和 MyUtil。MD5Util 工具用来对明文密码加密，MyUtil 工具中包含文件重命名和获得用户信息两个功能。MD5Util 和 MyUtil 的代码参见本书提供的源代码 ch11.sql。

扫一扫

视频讲解

11.5 后台管理子系统的实现

在管理员登录成功后，可以对商品、商品类型、注册用户以及用户的订单进行管理。

▶11.5.1 管理员登录

在管理员输入用户名和密码后，系统将对管理员的用户名和密码进行验证。如果用户名和密码同时正确，则成功登录，进入后台管理主页面（adminGoods.html）；如果用户名或密码有误，则提示错误。实现步骤如下：

❶ 编写视图

login.html 页面提供输入登录信息的界面，效果如图 11.6 所示。

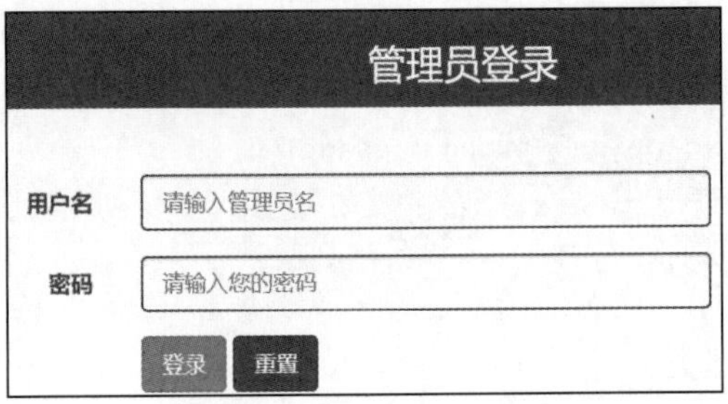

管理员登录

| 用户名 | 请输入管理员名 |
| 密码 | 请输入您的密码 |

登录　重置

图 11.6　管理员登录界面

在 src/main/resources/templates/admin 目录下创建 login.html。该页面的代码参见本书提供的源代码 ch11.sql。

❷ 编写控制器层

视图 Action 的请求路径为"admin/login"，系统根据请求路径和@RequestMapping 注解找到对应控制器类 com.ch.ch11.controller.admin 的 login 方法处理登录。在控制器类的 login 方法中调用 com.ch.ch11.service.admin.AdminService 接口的 login 方法处理登录。在登录成功后，首先将登录信息存入 session，然后转发到查询商品请求方法。若登录失败，回到本页面。控制器层的相关代码如下：

```
@Controller
@RequestMapping("/admin")
public class AdminController {
    @Autowired
    private AdminService adminService;
    @RequestMapping("/toLogin")
    public String toLogin(@ModelAttribute("aUser") AUser aUser) {
        return "admin/login";
    }
    @RequestMapping("/login")
```

```
    public String login(@ModelAttribute("aUser") AUser aUser, HttpSession session,
Model model) {
        return adminService.login(aUser, session, model);
    }
}
```

❸ 编写 Service 层

Service 层由 com.ch.ch11.service.admin.AdminService 接口和接口的实现类 com.ch.ch11.service.admin.AdminServiceImpl 组成。Service 层是功能模块实现的核心，Service 层调用数据访问层（Repository）进行数据库操作。管理员登录的业务处理方法 login 的代码如下：

```
public String login(AUser aUser, HttpSession session, Model model) {
    List<AUser> list = adminRepository.login(aUser);
    if(list.size() > 0) {     //登录成功
        session.setAttribute("auser", aUser);
        return "forward:/goods/selectAllGoodsByPage?currentPage=1&act=select";
    }else {     //登录失败
        model.addAttribute("errorMessage", "用户名或密码错误!");
        return "admin/login";
    }
}
```

❹ 编写 SQL 映射文件

数据访问层（Repository）仅由@Repository 注解的接口组成，接口方法与 SQL 映射文件中 SQL 语句的 id 相同。管理员登录的 SQL 映射文件为 src/main/resources/mappers 目录下的 AdminMapper.xml，实现的 SQL 语句如下：

```
<select id="login" parameterType="AUser" resultType="AUser">
    select * from ausertable where aname = #{aname} and apwd = #{apwd}
</select>
```

▶11.5.2　类型管理

在管理员登录成功后才能管理商品类型。类型管理分为添加类型和删除类型，如图 11.7 所示。

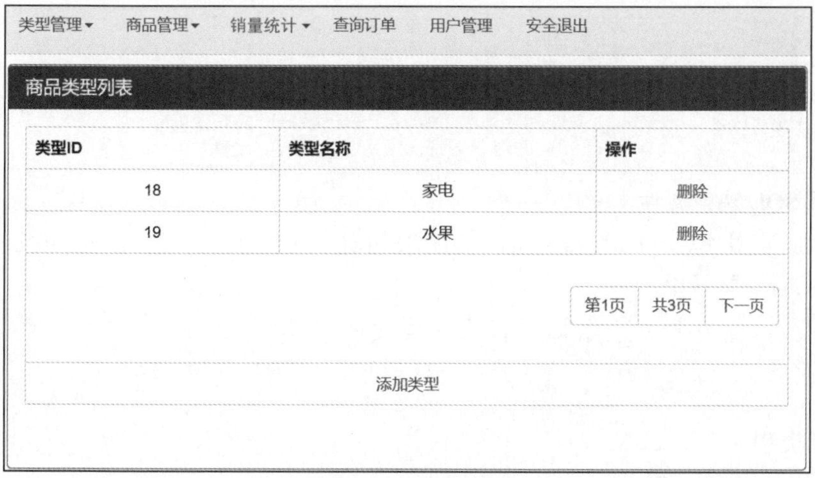

类型管理▾	商品管理▾	销量统计▾	查询订单	用户管理	安全退出

商品类型列表

类型ID	类型名称	操作
18	家电	删除
19	水果	删除
		第1页　共3页　下一页
	添加类型	

图 11.7　类型管理界面

❶ 添加类型

添加类型的实现步骤如下：

1）编写视图

单击图 101.7 中的"添加类型"超链接（type/toAddType），打开如图 11.8 所示的添加页面。

图 11.8　添加类型

在 src/main/resources/templates/admin 目录下创建添加类型页面 addType.html。该页面的代码参见本书提供的源代码 ch11.sql。

2）编写控制器层

该功能模块共有两个处理请求："添加类型"超链接"type/toAddType"与视图 Action 的请求路径"type/addType"。系统根据 @RequestMapping 注解找到对应控制器类 com. ch. ch11.controller.admin.TypeController 的 toAddType 和 addType 方法处理请求。在控制器类的处理方法中调用 com.ch.ch11.service.admin.TypeService 接口的 addType 方法处理业务。控制器层的相关代码如下：

```
@RequestMapping("/toAddType")
public String toAddType(@ModelAttribute("goodsType") GoodsType goodsType) {
    return "admin/addType";
}
@RequestMapping("/addType")
public String addType(@ModelAttribute("goodsType") GoodsType goodsType) {
    return typeService.addType(goodsType);
}
```

3）编写 Service 层

添加类型"type/addType"的业务处理方法 addType 的代码如下：

```
@Override
public String addType(GoodsType goodsType) {
    typeRepository.addType(goodsType);
    return "redirect:/type/selectAllTypeByPage?currentPage=1";
}
```

4）编写 SQL 映射文件

实现添加类型"type/addType"的 SQL 语句如下（位于 src/main/resources/mappers/TypeMapper.xml 文件中）：

```
<insert id="addType" parameterType="GoodsType">
    insert into goodstype(id, typename) values(null, #{typename})
</insert>
```

❷ 删除类型

删除类型的实现步骤如下：

1）编写视图

单击图 11.4 中的"类型管理"超链接（type/selectAllTypeByPage?currentPage＝1），打开如图 11.7 所示的类型管理界面。

在 src/main/resources/templates/admin 目录下创建查询类型页面 selectGoodsType. html。该页面的代码参见本书提供的源代码 ch11.sql。

2）编写控制器层

该功能模块共有两个处理请求："查询类型"超链接"type/selectAllTypeByPage? currentPage＝1"与视图"删除"的请求路径"type/deleteType"。系统根据@RequestMapping 注解找到对应控制器类 com.ch.ch11.controller.admin.TypeController 的 selectAllTypeByPage 和 delete 方法处理请求。在控制器类的处理方法中调用 com.ch.ch11.service.admin.TypeService 接口的 selectAllTypeByPage 和 delete 方法处理业务。控制器层的相关代码如下：

```
@RequestMapping("/selectAllTypeByPage")
public String selectAllTypeByPage(Model model, int currentPage) {
    return typeService.selectAllTypeByPage(model, currentPage);
}
@RequestMapping("/deleteType")
@ResponseBody        //返回字符串数据而不是视图
public String delete(int id) {
    return typeService.delete(id);
}
```

3）编写 Service 层

超链接"type/selectAllTypeByPage?currentPage＝1"的业务处理方法 selectAllTypeByPage 的代码如下：

```
public String selectAllTypeByPage(Model model, int currentPage) {
    //共多少个类型
    int totalCount = typeRepository.selectAll();
    //计算共多少页
    int pageSize = 2;
    int totalPage = (int)Math.ceil(totalCount * 1.0/pageSize);
    List<GoodsType> typeByPage =
    typeRepository.selectAllTypeByPage((currentPage-1) * pageSize, pageSize);
    model.addAttribute("allTypes", typeByPage);
    model.addAttribute("totalPage", totalPage);
    model.addAttribute("currentPage", currentPage);
    return "admin/selectGoodsType";
}
```

删除"type/deleteType"的业务处理方法 delete 的代码如下：

```
public String delete(int id) {
    List<Goods> list = typeRepository.selectGoods(id);
    if(list.size() > 0) {
        //该类型下有商品不允许删除
        return "no";
    }else {
        typeRepository.deleteType(id);
        //删除后回到查询页面
        return "/type/selectAllTypeByPage?currentPage=1";
    }
}
```

4）编写 SQL 映射文件

实现超链接"type/selectAllTypeByPage?currentPage＝1"的 SQL 语句如下：

```
<select id="selectAll" resultType="integer">
    select count(*) from goodstype
</select>
<!-- 分页查询 -->
<select id="selectAllTypeByPage" resultType="GoodsType">
    select * from goodstype limit #{startIndex}, #{perPageSize}
</select>
```

实现删除"type/deleteType"的 SQL 语句如下：

```
<!-- 删除类型 -->
<delete id="deleteType" parameterType="integer">
    delete from goodstype where id=#{id}
</delete>
<!-- 查询该类型下是否有商品 -->
<select id="selectGoods" parameterType="integer" resultType="Goods">
    select * from goodstable where goodstype_id = #{goodstype_id}
</select>
```

▶11.5.3 添加商品

单击图 11.4 中的"添加商品"超链接，打开如图 11.9 所示的添加商品页面。添加商品的实现步骤如下：

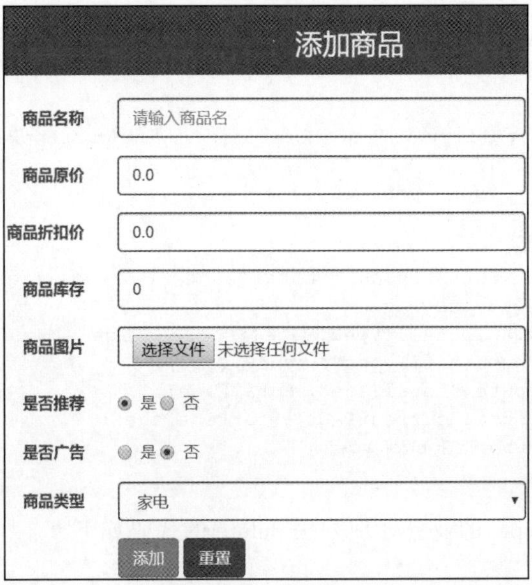

图 11.9 添加商品

❶ **编写视图**

在 src/main/resources/templates/admin 目录下创建添加商品页面 addGoods.html。该页面的代码参见本书提供的源代码 ch11.sql。

❷ **编写控制器层**

该功能模块共有两个处理请求："添加商品"超链接"goods/toAddGoods"与视图"添加"的请求路径"goods/addGoods?act＝add"。系统根据@RequestMapping 注解找到对应控制器类 com.ch.ch11.controller.admin.GoodsController 的 toAddGoods 和 addGoods 方法处理请求。在控制器类的处理方法中调用 com.ch.ch11.service.admin.GoodsService 接口的 toAddGoods 和 addGoods 方法处理业务。控制器层的相关代码如下：

```java
@RequestMapping("/toAddGoods")
public String toAddGoods(@ModelAttribute("goods") Goods goods, Model model) {
    goods.setIsAdvertisement(0);
    goods.setIsRecommend(1);
    return goodsService.toAddGoods(goods, model);
}
@RequestMapping("/addGoods")
public String addGoods(@ModelAttribute("goods") Goods goods, HttpServletRequest
request, String act) throws IllegalStateException, IOException {
    return goodsService.addGoods(goods, request, act);
}
```

❸ 编写 Service 层

添加商品的 Service 层的相关代码如下：

```java
@Override
public String addGoods(Goods goods, HttpServletRequest request, String act)
throws IllegalStateException, IOException {
    MultipartFile myfile = goods.getFileName();
    //如果选择了上传文件,将文件上传到指定的目录 images
    if(!myfile.isEmpty()) {
        //上传文件路径(生产环境)
        String path = request.getServletContext().getRealPath("/images/");
        //获得上传文件原名
        String fileName = myfile.getOriginalFilename();
        //对文件重命名
        String fileNewName = MyUtil.getNewFileName(fileName);
        File filePath = new File(path + File.separator + fileNewName);
        //如果文件目录不存在,创建目录
        if(!filePath.getParentFile().exiIntelliJ IDEA()) {
            filePath.getParentFile().mkdirs();
        }
        //将上传文件保存到一个目标文件中
        myfile.transferTo(filePath);
        //将重命名后的图片名存到 goods 对象中,在添加时使用
        goods.setGpicture(fileNewName);
    }
    if("add".equals(act)) {
        int n = goodsRepository.addGoods(goods);
        if(n > 0)          //成功
            return "redirect:/goods/selectAllGoodsByPage?currentPage=1&act=select";
        //失败
        return "admin/addGoods";
    }else {                //修改
        int n = goodsRepository.updateGoods(goods);
        if(n > 0)          //成功
            return "redirect:/goods/selectAllGoodsByPage?currentPage=1&act=
            updateSelect";
        //失败
        return "admin/UpdateAGoods";
    }
}
```

```
@Override
public String toAddGoods(Goods goods, Model model) {
    model.addAttribute("goodsType", goodsRepository.selectAllGoodsType());
    return "admin/addGoods";
}
```

❹ 编写 SQL 映射文件

添加商品的 SQL 语句如下：

```
<!-- 添加商品 -->
<insert id="addGoods" parameterType="Goods">
    insert into goodstable(id,gname,goprice,grprice,gstore,gpicture,
    isRecommend,isAdvertisement,goodstype_id)
    values (null, #{gname}, #{goprice}, #{grprice}, #{gstore}, #{gpicture},
#{isRecommend}, #{isAdvertisement}, #{goodstype_id})
</insert>
<!-- 查询商品类型 -->
<select id="selectAllGoodsType" resultType="GoodsType">
    select * from goodstype
</select>
```

▶11.5.4 查询商品

在管理员登录成功后，进入如图 11.4 所示的后台管理主页面，在该主页面中单击"详情"链接，显示如图 11.10 所示的详情页面。

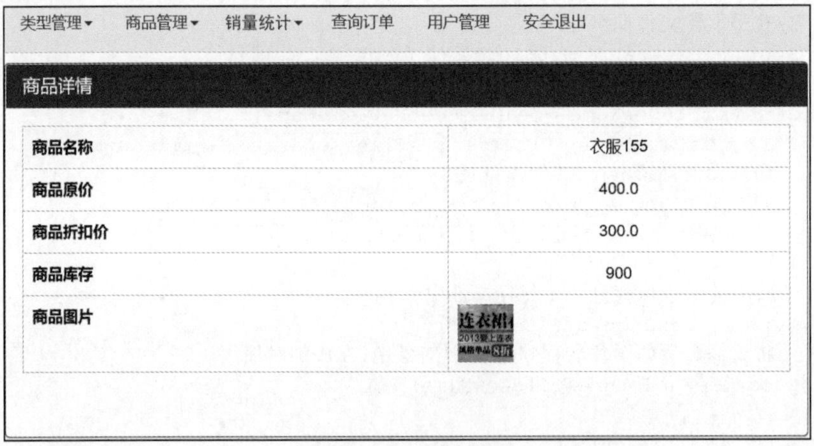

图 11.10 商品详情

❶ 编写视图

在 src/main/resources/templates/admin 目录下创建后台管理主页面 adminGoods.html，该页面显示查询商品、修改商品查询以及删除商品查询的结果，其代码如下：

```
<!DOCTYPE html>
<!DOCTYPE html>
<html xmlns:th="http://www.thymeleaf.org">
<head>
<base th:href="@{/}">
<meta charset="UTF-8">
<title>主页</title>
<script type="text/javascript" th:inline="javascript">
```

```
    function deleteGoods(tid){
        $.ajax(
            {
                //请求路径,要注意的是 url 和 th:inline="javascript"
                url: [[@{/goods/delete}]],
                //请求类型
                type: "post",
                //data 表示发送的数据
                data: {
                    id: tid
                },
                //成功响应的结果
                success: function(obj){      //obj 响应数据
                    if(obj == "no"){
                        alert("该商品有关联不允许删除!");
                    }else{
                        if(window.confirm("真的删除该商品吗?")){
                            //获取路径
                            var pathName=window.document.location.pathname;
                            //截取,得到项目名称
                        var projectName=pathName.substring(0,pathName.substr(1).
                        indexOf('/')+1);
                            window.location.href = projectName + obj;
                        }
                    }
                },
                error: function() {
                    alert("处理异常!");
                }
            }
        );
    }
    </script>
</head>
<body>
    <!-- 加载 header.html -->
    <div th:include="admin/header"></div>
    <br><br><br>
    <div class="container">
        <div class="panel panel-primary">
            <div class="panel-heading">
                <h3 class="panel-title">商品列表</h3>
            </div>
            <div class="panel-body">
                <div class="table table-responsive">
                    <table class="table table-bordered table-hover">
                        <tbody class="text-center">
                            <tr>
                                <th>商品 ID</th>
                                <th>商品名称</th>
                                <th>商品类型</th>
                                <th>操作</th>
                            </tr>
                            <tr th:each="gds:${allGoods}">
                                <td th:text="${gds.id}"></td>
                                <td th:text="${gds.gname}"></td>
                                <td th:text="${gds.typename}"></td>
                                <td>
```

```
                <a th:href="@{goods/detail(id=${gds.id},act=detail)}" target=
                "_blank">详情</a>
                <a th:href="@{goods/detail(id=${gds.id},act=update)}" target=
                "_blank">修改</a>
                <a th:href="'javascript:deleteGoods(' + ${gds.id} +')'" >删除</a>
                            </td>
                        </tr>
                        <tr>
                            <td colspan="4" align="right">
                                <ul class="pagination">
                <li><a>第<span th:text="${currentPage}" ></span>页</a>
                </li>
                <li><a>共<span th:text="${totalPage}" ></span>页</a></li>
                                    <li>
                                        <span th:if="${currentPage} != 1" >
                <a th:href="@{goods/selectAllGoodsByPage(currentPage=${currentPage -
                1})}">上一页</a>
                                        </span>
                                        <span th:if="${currentPage} != ${totalPage}" >
                <a th:href="@{goods/selectAllGoodsByPage(currentPage=${currentPage +
                1})}">下一页</a>
                                        </span>
                                    </li>
                                </ul>
                            </td>
                        </tr>
                <tr><td colspan="4" align="center"><a th:href="@{goods/toAddGoods}">添加商
                品</a></td></tr>
                        </tbody>
                    </table>
                </div>
            </div>
        </div>
    </div>
</body>
</html>
```

在 src/main/resources/templates/admin 目录下创建商品详情页面 detail.html。这里省略该页面的代码。

❷ 编写控制器层

该功能模块共有两个处理请求：goods/selectAllGoodsByPage? currentPage = 1 和 @{goods/detail(id=${gds.id},act=detail)}。系统根据@RequestMapping 注解找到对应控制器类 com.ch.ch11.controller.admin.GoodsController 的 selectAllGoodsByPage 和 detail 方法处理请求。在控制器类的处理方法中调用 com.ch.ch11.service.admin.GoodsService 接口的 selectAllGoodsByPage 和 detail 方法处理业务。控制器层的相关代码如下：

```
@RequestMapping("/selectAllGoodsByPage")
public String selectAllGoodsByPage(Model model, int currentPage) {
    return goodsService.selectAllGoodsByPage(model, currentPage);
}
@RequestMapping("/detail")
public String detail(Model model, Integer id, String act) {
    return goodsService.detail(model, id, act);
}
```

❸ 编写 Service 层

查询商品和查看详情的 Service 层的相关代码如下：

```
@Override
public String selectAllGoodsByPage(Model model, int currentPage) {
    //共多少个商品
    int totalCount = goodsRepository.selectAllGoods();
    //计算共多少页
    int pageSize = 5;
    int totalPage = (int)Math.ceil(totalCount * 1.0/pageSize);
List<Goods> typeByPage = goodsRepository.selectAllGoodsByPage((currentPage-1)
* pageSize, pageSize);
    model.addAttribute("allGoods", typeByPage);
    model.addAttribute("totalPage", totalPage);
    model.addAttribute("currentPage", currentPage);
    return "admin/adminGoods";
}
@Override
public String detail(Model model, Integer id, String act) {
    model.addAttribute("goods", goodsRepository.selectAGoods(id));
    if("detail".equals(act))
        return "admin/detail";
    else {
        model.addAttribute("goodsType", goodsRepository.selectAllGoodsType());
        return "admin/updateAGoods";
    }
}
```

❹ 编写 SQL 映射文件

查询商品和查看详情的 SQL 语句如下：

```
<select id="selectAllGoods" resultType="integer">
    select count(*) from goodstable
</select>
<!-- 分页查询 -->
<select id="selectAllGoodsByPage" resultType="Goods">
    select gt.*,gy.typename
    from goodstable gt,goodstype gy
    where gt.goodstype_id = gy.id
    order by id desc limit #{startIndex}, #{perPageSize}
</select>
<!-- 查询商品详情 -->
<select id="selectAGoods" resultType="Goods">
    select gt.*, gy.typename
    from goodstable gt,goodstype gy
    where gt.goodstype_id = gy.id and gt.id = #{id}
</select>
```

▶11.5.5　修改商品

单击图 11.4 中的"修改"超链接（goods/detail(id=${gds.id},act=update)），打开修改商品信息页面 updateAGoods.html，如图 11.11 所示。在输入要修改的信息后，单击"修改"按钮，将商品信息提交给 goods/addGoods?act=update 处理。修改商品的实现步骤如下：

❶ 编写视图

在 src/main/resources/templates/admin 目录下创建修改商品信息页面 updateAGoods.html。updateAGoods.html 与添加商品页面的内容基本一样，这里不再赘述。

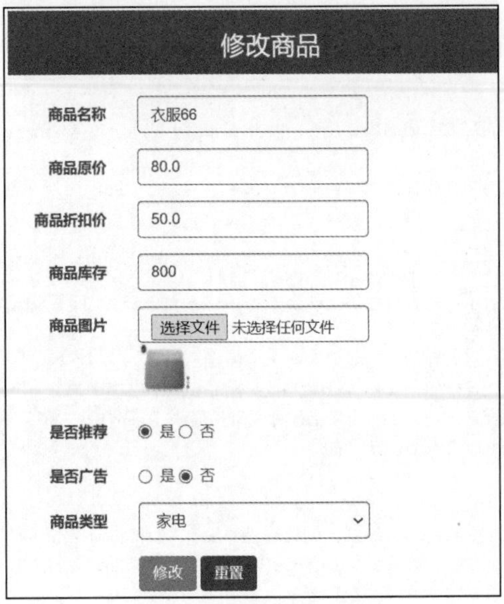

图 11.11　修改商品界面

❷ 编写控制器层

该功能模块共有两个处理请求：goods/detail(id＝＄{gds.id}，act＝update)和 goods/addGoods?act＝update。goods/detail(id＝＄{gds.id}，act＝update)请求请参考 11.5.4 节，goods/addGoods?act＝update 请求请参考 11.5.3 节。

❸ 编写 Service 层

Service 层请参考 11.5.3 节与 11.5.4 节。

❹ 编写 SQL 映射文件

修改商品的 SQL 语句如下：

```
<!-- 修改一个商品 -->
<update id="updateGoods" parameterType="Goods">
    update goodstable set
        gname = #{gname},
        goprice = #{goprice},
        grprice = #{grprice},
        gstore = #{gstore},
        gpicture = #{gpicture},
        isRecommend = #{isRecommend},
        isAdvertisement = #{isAdvertisement},
        goodstype_id = #{goodstype_id}
    where id = #{id}
</update>
```

▶11.5.6　删除商品

单击图 11.4 中的"删除"超链接('javascript:deleteGoods('+ ＄{gds.id} +')')，可以实现单个商品的删除。在成功删除商品(关联商品不允许删除)后，返回后台管理主页面。

❶ 编写控制器层

该功能模块的处理请求是 goods/delete。控制器层的相关代码如下：

```
@RequestMapping("/delete")
@ResponseBody
public String delete(Integer id) {
    return goodsService.delete(id);
}
```

❷ 编写 Service 层

删除商品的相关业务处理代码如下：

```
@Override
public String delete(Integer id) {
    if(goodsRepository.selectCartGoods(id).size() > 0
            || goodsRepository.selectFocusGoods(id).size() > 0
            || goodsRepository.selectOrderGoods(id).size() > 0)
        return "no";
    else {
        goodsRepository.deleteAGoods(id);
        return "/goods/selectAllGoodsByPage?currentPage=1";
    }
}
```

❸ 编写 SQL 映射文件

"删除商品"功能模块的相关 SQL 语句如下：

```
<select id="selectFocusGoods" parameterType="integer" resultType="map">
    select * from focustable where goodstable_id = #{id}
</select>
<select id="selectCartGoods" parameterType="integer" resultType="map">
    select * from carttable where goodstable_id = #{id}
</select>
<select id="selectOrderGoods" parameterType="integer" resultType="map">
    select * from orderdetail where goodstable_id = #{id}
</select>
<delete id="deleteAGoods" parameterType="Integer">
    delete from goodstable where id=#{id}
</delete>
```

▶ 11.5.7　按月统计销量

在后台管理主页面单击"销量统计"中的"按月统计"菜单项（orderStatics/selectOrderByMonth），打开按月统计销量页面 selectOrderByMonth.html，如图 11.12 所示。

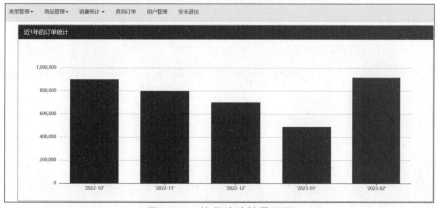

图 11.12　按月统计销量页面

❶ 编写视图

在 src/main/resources/templates/admin 目录下创建按月统计销量页面 selectOrderByMonth.
html。该页面的代码具体如下：

```html
<!DOCTYPE html>
<html xmlns:th="http://www.thymeleaf.org">
<head>
    <base th:href="@{/}">
    <meta charset="UTF-8">
    <title>Title</title>
    <script src="js/echarts.js"></script>
</head>
<body>
<!-- 加载 header.html -->
<div th:include="admin/header"></div>
<br><br><br>
<div class="container">
    <div class="panel panel-primary">
        <div class="panel-heading">
            <h3 class="panel-title">近 1 年的订单统计</h3>
        </div>
        <div class="panel-body">
            <div id="demo" style="width: '80%'; height: 400px;"></div>
        </div>
    </div>
</div>
<script type="text/javascript" th:inline="javascript">
    //加入这种格式,Thymeleaf 就可以支持 JS
    /* <![CDATA[ */
    var demo= echarts.init(document.getElementById('demo'));
    var option = {
        tooltip: {
            trigger: 'axis',
            axisPointer: {
                type: 'shadow'
            }
        },
        grid: {
            left: '3%',
            right: '4%',
            bottom: '3%',
            containLabel: true
        },
        xAxis: {
            type: 'category',
            data: [[${months}]],
            axisTick: {
                alignWithLabel: true
            }
        },
        yAxis: {
            type: 'value'
        },
        series: [
            {
                data: [[${totalAmount}]],
```

```
                type: 'bar',
                name: '销量(万元)',
            }
        ]
    };
    demo.setOption(option);
    /*]]>*/
</script>
</body>
</html>
```

❷ 编写控制器层

该功能模块有一个处理请求：orderStatics/selectOrderByMonth。系统根据@RequestMapping 注解找到对应控制器类 com.ch.ch11.controller.admin.OrderStaticsController 的 selectOrderByMonth 方法处理请求。在控制器类的处理方法中调用 com.ch.ch11.service.admin.OrderStaticsService 接口的 selectOrderByMonth 方法处理业务。控制器层的相关代码如下：

```
@GetMapping("/selectOrderByMonth")
public String selectOrderByMonth(Model model) {
    return orderStaticsService.selectOrderByMonth(model);
}
```

❸ 编写 Service 层

"按月统计"功能模块的 Service 层的相关代码如下：

```
@Override
public String selectOrderByMonth(Model model) {
    List<Map<String, Object>> myList = orderStaticsRepository.selectOrderByMonth();
    List<String> months = new ArrayList<String>();
    List<Double> totalAmount = new ArrayList<Double>();
    for(Map<String, Object> map: myList) {
        months.add("'" + map.get("months") + "'");
        totalAmount.add((Double)map.get("totalamount"));
    }
    model.addAttribute("months", months);
    model.addAttribute("totalAmount", totalAmount);
    return "admin/selectOrderByMonth";
}
```

❹ 编写 SQL 映射文件

"按月统计"功能模块的相关 SQL 语句如下：

```
<!-- 订单销量按月统计(最近 1 年的) -->
<select id="selectOrderByMonth" resultType="map">
    select sum(amount) totalamount, date_format(orderdate,'%Y-%m') months
    from orderbasetable where status = 1 and orderdate > date_sub(curdate(),
interval 1 year)
    group by months order by months
</select>
```

▶11.5.8　按类型统计销量

在后台管理主页面单击"销量统计"中的"按类型统计"菜单项（orderStatics/selectOrderByType），打开按类型统计销量页面selectOrderByType.html，如图 11.13 所示。

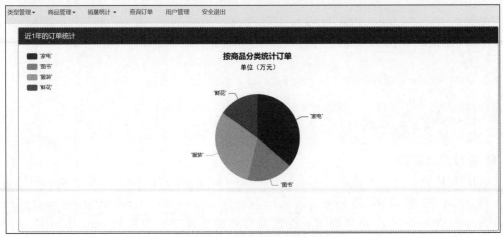

图 11.13　按类型统计销量页面

❶ 编写视图

在 src/main/resources/templates/admin 目录下创建按类型统计销量页面 selectOrderByType.html。该页面的代码具体如下：

```html
<!DOCTYPE html>
<html xmlns:th="http://www.thymeleaf.org">
<head>
    <base th:href="@{/}">
    <meta charset="UTF-8">
    <title>Title</title>
    <script src="js/echarts.js"></script>
</head>
<body>
<!-- 加载 header.html -->
<div th:include="admin/header"></div>
<br><br><br>
<div class="container">
    <div class="panel panel-primary">
        <div class="panel-heading">
            <h3 class="panel-title">近 1 年的订单统计</h3>
        </div>
        <div class="panel-body">
            <div id="demo" style="width: '80%'; height: 400px;"></div>
        </div>
    </div>
</div>
<script type="text/javascript" th:inline="javascript">
    //加入这种格式,Thymeleaf 就可以支持 JS
    /* <![CDATA[ */
    var demo= echarts.init(document.getElementById('demo'));
    var typenames = [[${typenames}]];
    var totalAmount = [[${totalAmount}]];
    var dataList = [];
    for(var i = 0; i < typenames.length; i++){
        dataList[i] = {value: totalAmount[i], name: typenames[i]};
    }
    var option = {
        title: {
            text: '按商品分类统计订单',
```

```
            subtext: '单位(万元)',
            left: 'center'
        },
        tooltip: {
            trigger: 'item'
        },
        legend: {
            orient: 'vertical',
            left: 'left'
        },
        series: [
            {
                name: '订单量',
                type: 'pie',
                radius: '50%',
                data: dataList,
                emphasis: {
                    itemStyle: {
                        shadowBlur: 10,
                        shadowOffsetX: 0,
                        shadowColor: 'rgba(0, 0, 0, 0.5)'
                    }
                }
            }
        ]
    };
    demo.setOption(option);
    /* ]]> */
</script>
</body>
</html>
```

❷ 编写控制器层

该功能模块有一个处理请求：orderStatics/selectOrderByType。系统根据@RequestMapping注解找到对应控制器类 com.ch.ch11.controller.admin.OrderStaticsController 的 selectOrderByType 方法处理请求。在控制器类的处理方法中调用 com.ch.ch11.service.admin.OrderStaticsService 接口的 selectOrderByType 方法处理业务。控制器层的相关代码如下：

```
@GetMapping("/selectOrderByType")
public String selectOrderByType(Model model) {
    return orderStaticsService.selectOrderByType(model);
}
```

❸ 编写 Service 层

"按类型统计"功能模块的 Service 层的相关代码如下：

```
@Override
public String selectOrderByType(Model model) {
    List<Map<String, Object>>myList = orderStaticsRepository.selectOrderByType();
    List<String> typenames = new ArrayList<String>();
    List<Double> totalAmount = new ArrayList<Double>();
    for(Map<String, Object> map: myList) {
        typenames.add("'" + (String)map.get("name") + "'");
        totalAmount.add((Double)map.get("value"));
    }
```

```
    model.addAttribute("typenames", typenames);
    model.addAttribute("totalAmount", totalAmount);
    return "admin/selectOrderByType";
}
```

❹ 编写 SQL 映射文件

"按类型统计"功能模块的相关 SQL 语句如下：

```
<!-- 订单销量按类型统计(最近1年的) -->
<select id="selectOrderByType" resultType="map">
    select sum(gt.grprice * od.shoppingnum) value, gy.typename name
    from orderbasetable ob, orderdetail od, goodstype gy, goodstable gt
    where ob.status = 1 and ob.orderdate > date_sub(curdate(), interval 1 year)
        and od.orderbasetable_id=ob.id
        and gt.id=od.goodstable_id
        and gt.goodstype_id = gy.id
    group by gy.typename
</select>
```

▶11.5.9 查询订单

单击后台管理主页面中的"查询订单"超链接(selectOrder?currentPage＝1)，打开查询订单页面 allOrder.html，如图 11.14 所示。

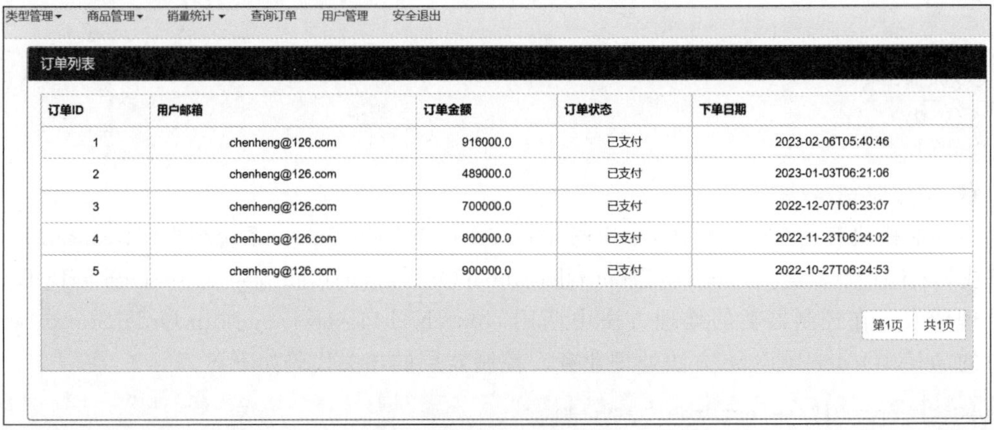

类型管理▾	商品管理▾	销量统计▾	查询订单	用户管理	安全退出		
订单列表							
订单ID	用户邮箱			订单金额	订单状态	下单日期	
1	chenheng@126.com			916000.0	已支付	2023-02-06T05:40:46	
2	chenheng@126.com			489000.0	已支付	2023-01-03T06:21:06	
3	chenheng@126.com			700000.0	已支付	2022-12-07T06:23:07	
4	chenheng@126.com			800000.0	已支付	2022-11-23T06:24:02	
5	chenheng@126.com			900000.0	已支付	2022-10-27T06:24:53	
						第1页 共1页	

图 11.14 查询订单页面

❶ 编写视图

在 src/main/resources/templates/admin 目录下创建查询订单页面 allOrder.html。该页面的代码参见本书提供的源代码 ch11.sql。

❷ 编写控制器层

该功能模块有一个处理请求：selectOrder?currentPage＝1。系统根据@RequestMapping 注解找到对应控制器类 com.ch.ch11.controller.admin.UserAndOrderAndOutController 的 selectOrder 方法处理请求。在控制器类的处理方法中调用 com.ch.ch11.service.admin. UserAndOrderAndOutService 接口的 selectOrder 方法处理业务。控制器层的相关代码如下：

```
@RequestMapping("/selectOrder")
public String selectOrder(Model model, int currentPage) {
    return userAndOrderAndOutService.selectOrder(model, currentPage);
}
```

❸ 编写 Service 层

"查询订单"功能模块的 Service 层的相关代码如下：

```
@Override
public String selectOrder(Model model, int currentPage) {
    //共多少个订单
    int totalCount = userAndOrderAndOutRepository.selectAllOrder();
    //计算共多少页
    int pageSize = 5;
    int totalPage = (int)Math.ceil(totalCount * 1.0/pageSize);
    List<Map<String, Object>> orderByPage = userAndOrderAndOutRepository.
selectOrderByPage((currentPage-1) * pageSize, pageSize);
    model.addAttribute("allOrders", orderByPage);
    model.addAttribute("totalPage", totalPage);
    model.addAttribute("currentPage", currentPage);
    return "admin/allOrder";
}
```

❹ 编写 SQL 映射文件

"查询订单"功能模块的相关 SQL 语句如下：

```
<select id="selectAllOrder" resultType="integer">
    select count(*) from orderbasetable
</select>
<!-- 分页查询 -->
<select id="selectOrderByPage" resultType="map">
    select obt.*, bt.bemail from orderbasetable obt, busertable bt where obt.
busertable_id = bt.id limit #{startIndex}, #{perPageSize}
</select>
```

▶11.5.10　用户管理

单击后台管理主页面中的"用户管理"超链接（selectUser?currentPage=1），打开用户管理页面 allUser.html，如图 11.15 所示。

图 11.15　用户管理页面

单击图 11.15 中的"删除"超链接（'javascript:deleteUsers('+ $ {u.id}+')'），可以删除未关联的用户。

"用户管理"与 11.5.9 节中"查询订单"的实现方式基本一样，这里不再赘述。

▶11.5.11 安全退出

在后台管理主页面中单击"安全退出"超链接(loginOut),将返回后台登录页面。系统根据@RequestMapping注解找到对应控制器类com.ch.ch11.controller.admin.UserAndOrderAndOutController的loginOut方法处理请求。在loginOut方法中执行session.invalidate()使session失效,并返回后台登录页面。其具体代码如下:

```
@RequestMapping("/loginOut")
public String loginOut (@ ModelAttribute (" aUser ") AUser aUser, HttpSession
session) {
    session.invalidate();
    return "admin/login";
}
```

扫一扫

视频讲解

11.6 前台电子商务子系统的实现

游客具有浏览首页、查看商品详情和搜索商品等权限。成功登录的用户除具有游客具有的权限外,还具有购买商品、查看购物车、收藏商品、查询订单以及查看用户个人信息的权限。本节将详细讲解前台电子商务子系统的实现。

▶11.6.1 导航栏及首页搜索

在前台的每个HTML页面中都引入了一个名为header.html的页面,引入代码如下:

```
<div th:include="user/header"></div>
```

header.html中的商品类型以及广告区域的商品信息都是从数据库中获取的。header.html页面的运行效果如图11.16所示。

图11.16 导航栏

在导航栏的搜索框中输入信息,单击"搜索"按钮,将搜索信息提交给search请求处理,系统根据@RequestMapping注解找到com.ch.ch11.controller.before.IndexController控制器类的search方法处理请求,并将搜索到的商品信息转发给searchResult.html。searchResult.html页面的运行效果如图11.17所示。

❶ 编写视图

该功能模块的视图涉及src/main/resources/templates/user目录下的两个HTML页面:header.html和searchResult.html。header.html和searchResult.html页面的代码请参考本书提供的源代码ch11.sql。

❷ 编写控制器层

该功能模块的控制器层涉及com.ch.ch11.controller.before.IndexController控制器类的处理方法search,具体代码如下:

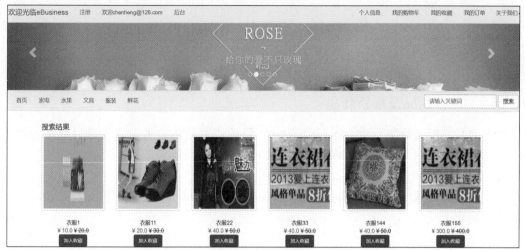

图 11.17　搜索结果

```
@RequestMapping("/search")
public String search(Model model, String mykey) {
    return indexService.search(model, mykey);
}
```

❸ 编写 Service 层

该功能模块的 Service 层的代码如下：

```
@Override
public String search(Model model, String mykey) {
    //广告区中的商品
    model.addAttribute("advertisementGoods", indexRepository.
    selectAdvertisementGoods());
    //导航栏中的商品类型
    model.addAttribute("goodsType", indexRepository.selectGoodsType());
    //商品搜索
    model.addAttribute("searchgoods", indexRepository.search(mykey));
    return "user/searchResult";
}
```

❹ 编写 SQL 映射文件

该功能模块涉及的 SQL 语句如下：

```
<!-- 查询广告商品 -->
<select id="selectAdvertisementGoods" resultType="Goods">
    select
        gt.*, gy.typename
    from
        goodstable gt,goodstype gy
    where
        gt.goodstype_id = gy.id
        and gt.isAdvertisement = 1
    order by gt.id desc limit 5
</select>
<!-- 查询商品类型 -->
<select id="selectGoodsType" resultType="GoodsType">
    select * from goodstype
</select>
<!-- 首页搜索 -->
```

```
<select id="search" resultType="Goods" parameterType="String">
    select gt.*, gy.typename from GOODSTABLE gt,GOODSTYPE gy where gt.goodstype_
id = gy.id
    and gt.gname like concat('%',#{mykey},'%')
</select>
```

▶ 11.6.2 推荐商品及最新商品

推荐商品是根据商品表中 isRecommend 字段的值判断的。最新商品是以商品 ID 排序的,因为商品 ID 是用 MySQL 自动递增产生的。其具体实现步骤如下:

❶ 编写视图

该功能模块的视图涉及 src/main/resources/templates/user 目录下的 index.html 页面,其核心代码如下:

```
<div class="container">
    <div>
        <h4>推荐商品</h4>
    </div>
    <div class="row">
        <div class="col-xs-6 col-md-2" th:each="rGoods:${recommendGoods}">
            <a th:href="''goodsDetail?id=' + ${rGoods.id}" class="thumbnail">
                <img alt="100%x180" th:src="''images/' + ${rGoods.gpicture}"
                style="height: 180px; width: 100%; display: block;">
            </a>
            <div class="caption" style="text-align: center;">
                <div>
                    <span th:text="${rGoods.gname}"></span>
                </div>
                <div>
                    <span style="color: red;">&yen;
                        <span th:text="${rGoods.grprice}"></span>
                    </span>
                    <span class="text-dark" style="text-decoration: line-
                    through;"> &yen;
                        <span th:text="${rGoods.goprice}"></span>
                    </span>
                </div>
                <a th:href="''javascript:focus('+ ${rGoods.id} +')'" class="btn
                btn-primary"
                    style="font-size: 10px;">加入收藏</a>
            </div>
        </div>
    </div>
    <!-- ******************************************************** -->
    <div>
        <h4>最新商品</h4>
    </div>
    <div class="row">
        <div class="col-xs-6 col-md-2" th:each="lGoods:${lastedGoods}">
        <a th:href="''goodsDetail?id=' + ${lGoods.id}" class="thumbnail">
                <img alt="100%x180" th:src="''images/' + ${lGoods.gpicture}"
                style="height: 180px; width: 100%; display: block;">
            </a>
            <div class="caption" style="text-align: center;">
                <div>
```

```
                        <span th:text="${lGoods.gname}"></span>
                </div>
                <div>
                    <span style="color: red;">&yen;
                        <span th:text="${lGoods.grprice}"></span>
                    </span>
                    <span class="text-dark" style="text-decoration: line-
                    through;">&yen;
                        <span th:text="${lGoods.goprice}"></span>
                    </span>
                </div>
            <a th:href="'javascript:focus('+ ${lGoods.id} +')'"  class="btn
        btn-primary" style="font-size: 10px;">加入收藏</a>
            </div>
        </div>
    </div>
</div>
```

❷ 编写控制器层

该功能模块的控制器层涉及 com.ch.ch11.controller.before.IndexController 控制器类的处理方法 index，具体代码如下：

```
@RequestMapping("/")
public String index(Model model, Integer tid) {
    return indexService.index(model, tid);
}
```

❸ 编写 Service 层

该功能模块的 Service 层的代码如下：

```
@Override
public String index(Model model, Integer tid) {
    if(tid == null)
        tid = 0;
    //广告区中的商品
    model.addAttribute("advertisementGoods", indexRepository.
    selectAdvertisementGoods());
    //导航栏中的商品类型
    model.addAttribute("goodsType", indexRepository.selectGoodsType());
    //推荐商品
    model.addAttribute("recommendGoods", indexRepository.selectRecommendGoods(tid));
    //最新商品
    model.addAttribute("lastedGoods", indexRepository.selectLastedGoods(tid));
    return "user/index";
}
```

❹ 编写 SQL 映射文件

该功能模块涉及的 SQL 语句如下：

```
<!-- 查询推荐商品 -->
<select id="selectRecommendGoods" resultType="Goods" parameterType="integer">
    select
        gt.*, gy.typename
    from
        goodstable gt,goodstype gy
    where
        gt.goodstype_id = gy.id
        and gt.isRecommend = 1
        <if test="tid != 0">
```

```
            and gy.id = #{tid}
        </if>
    order by gt.id desc limit 6
</select>
<!-- 查询最新商品 -->
<select id="selectLastedGoods" resultType="Goods" parameterType="integer">
    select
        gt.*, gy.typename
    from
        goodstable gt,goodstype gy
    where
        gt.goodstype_id = gy.id
        <if test="tid != 0">
            and gy.id = #{tid}
        </if>
    order by gt.id desc limit 6
</select>
```

▶ 11.6.3 用户注册

单击导航栏中的"注册"超链接(user/toRegister),打开注册页面 register.html,如图 11.18 所示。

图 11.18 注册页面

输入用户信息,单击"注册"按钮,将用户信息提交给 user/register 处理请求,系统根据 @RequestMapping注解找到 com.ch.ch11.controller.before.UserController 控制器类的 toRegister 和 register 方法处理请求。注册模块的具体实现步骤如下:

❶ 编写视图

该功能模块的视图涉及 src/main/resources/templates/user 目录下的 register.html,其代码与后台登录页面的代码类似,这里不再赘述。

❷ 编写控制器层

该功能模块涉及 com.ch.ch11.controller.before.UserController 控制器类的 toRegister 和 register 方法,具体代码如下:

```
@RequestMapping("/toRegister")
public String toRegister(@ModelAttribute("bUser") BUser bUser) {
    return "user/register";
}
@RequestMapping("/register")
public String register (@ ModelAttribute ( "bUser")  @ Validated BUser bUser,
BindingResult rs) {
```

```
    if(rs.hasErrors()){      //验证失败
        return "user/register";
    }
    return userService.register(bUser);
}
```

❸ 编写 Service 层

该功能模块的 Service 层的代码如下：

```
@Override
public String isUse(BUser bUser) {
    if(userRepository.isUse(bUser).size() > 0) {
        return "no";
    }
    return "ok";
}
@Override
public String register(BUser bUser) {
    //使用 MD5 对密码进行加密
    bUser.setBpwd(MD5Util.MD5(bUser.getBpwd()));
    if(userRepository.register(bUser) > 0) {
        return "user/login";
    }
    return "user/register";
}
```

❹ 编写 SQL 映射文件

该功能模块涉及的 SQL 语句如下：

```
<select id="isUse" parameterType="BUser" resultType="BUser">
    select * from busertable where bemail = #{bemail}
</select>
<insert id="register" parameterType="BUser">
    insert into busertable(id, bemail, bpwd) values(null, #{bemail}, #{bpwd})
</insert>
```

▶11.6.4　用户登录

在用户注册成功后跳转到登录页面 login.html，如图 11.19 所示。

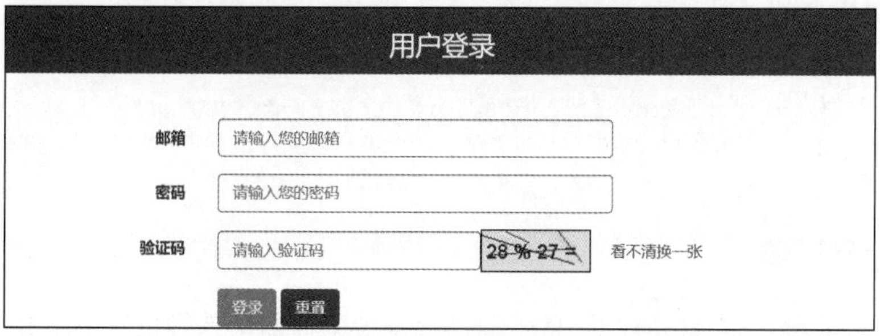

图 11.19　登录页面

在图 11.19 中输入信息后单击"登录"按钮，将用户输入的 E-mail、密码以及验证码提交给 user/login 请求处理。系统根据 @RequestMapping 注解找到 com.ch.ch11.controller.before. UserController 控制器类的 login 方法处理请求。在登录成功后，将用户的登录信息保存到 session 对象中，然后回到网站首页。其具体实现步骤如下：

❶ 编写视图

该功能模块的视图涉及 src/main/resources/templates/user 目录下的 login.html。其代码与后台登录页面的代码类似,这里不再赘述。

❷ 编写控制器层

该功能模块涉及 com.ch.ch11.controller.before.UserController 控制器类的 login 方法,具体代码如下:

```
@RequestMapping("/login")
public String login(@ModelAttribute("bUser") @Validated BUser bUser,
        BindingResult rs, HttpSession session, Model model) {
    if(rs.hasErrors()){          //验证失败
        return "user/login";
    }
    return userService.login(bUser, session, model);
}
```

❸ 编写 Service 层

该功能模块的 Service 层的代码如下:

```
@Override
public String login(BUser bUser, HttpSession session, Model model) {
    //使用 MD5 对密码进行加密
    bUser.setBpwd(MD5Util.MD5(bUser.getBpwd()));
    String rand = (String)session.getAttribute("rand");
    if(!rand.equalsIgnoreCase(bUser.getCode())) {
        model.addAttribute("errorMessage", "验证码错误!");
        return "user/login";
    }
    List<BUser> list = userRepository.login(bUser);
    if(list.size() > 0) {
        session.setAttribute("bUser", list.get(0));
        return "redirect:/";          //到首页
    }
    model.addAttribute("errorMessage", "用户名或密码错误!");
    return "user/login";
}
```

❹ 编写 SQL 映射文件

该功能模块的 SQL 语句如下:

```
<select id="login" parameterType="BUser" resultType="BUser">
    select * from busertable where bemail = #{bemail} and bpwd = #{bpwd}
</select>
```

▶11.6.5 商品详情

用户可以从推荐商品、最新商品、广告商品以及搜索商品结果等位置单击商品图片进入商品详情页面 goodsDetail.html,如图 11.20 所示。

商品详情页面的具体实现步骤如下:

❶ 编写视图

该功能模块的视图涉及 src/main/resources/templates/user 目录下的 goodsDetail.html,其核心代码如下:

图 11.20　商品详情页面

```html
<body>
    <!-- 加载 header.html -->
    <div th:include="user/header"></div>
    <div class="container">
        <div class="row">
            <div class="col-xs-6 col-md-3">
                <img
                    th:src="'images/' + ${goods.gpicture}"
                    style="height: 220px; width: 280px; display: block;">
            </div>
            <div class="col-xs-6 col-md-3">
                <p>商品名: <span th:text="${goods.gname}"></span></p>
                <p>
                    商品折扣价: <span style="color: red;">&yen;
                        <span th:text="${goods.grprice}"></span>
                    </span>
                </p>
                <p>
                    商品原价:
                    <span class="text-dark" style="text-decoration:
                    line-through;"> &yen;
                        <span th:text="${goods.goprice}"></span>
                    </span>
                </p>
                <p>
                    商品类型: <span th:text="${goods.typename}"></span>
                </p>
                <p>
                    库存: <span id="gstore"  th:text="${goods.gstore}"></span>
                </p>
                <p>
                    <input type="text" size="12" class="form-control" placeholder=
                    "请输入购买量" id="buyNumber" name="buyNumber"/>
                    <input type="hidden" name="gid" id="gid" th:value="${goods.
                    id}"/>
                </p>
                <p>
                    <a href="javascript:focus()" class="btn btn-primary"
                        style="font-size: 10px;">加入收藏</a>
                    <a href="javascript:putCart()" class="btn btn-success"
```

```
                    style="font-size: 10px;">加入购物车</a>
              </p>
           </div>
        </div>
    </div>
</body>
```

❷ 编写控制器层

该功能模块涉及 com.ch.ch11.controller.before.IndexController 控制器类的 goodsDetail 方法,具体代码如下:

```
@RequestMapping("/goodsDetail")
public String goodsDetail(Model model, Integer id) {
    return indexService.goodsDetail(model, id);
}
```

❸ 编写 Service 层

该功能模块的 Service 层的代码如下:

```
@Override
public String goodsDetail(Model model, Integer id) {
    //广告区中的商品
    model.addAttribute("advertisementGoods", indexRepository.
selectAdvertisementGoods());
    //导航栏中的商品类型
    model.addAttribute("goodsType", indexRepository.selectGoodsType());
    //商品详情
    model.addAttribute("goods", indexRepository.selectAGoods(id));
    return "user/goodsDetail";
}
```

❹ 编写 SQL 映射文件

该功能模块的 SQL 语句如下:

```
<!-- 查询商品详情 -->
<select id="selectAGoods" resultType="Goods">
    select
        gt.*, gy.typename
    from
        goodstable gt,goodstype gy
    where
        gt.goodstype_id = gy.id
        and gt.id = #{id}
</select>
```

▶11.6.6 收藏商品

登录成功的用户可以在商品详情页面、首页以及搜索商品结果页面单击"加入收藏"按钮收藏商品,此时请求路径为 cart/focus(Ajax 实现)。系统根据@RequestMapping 注解找到 com.ch.ch11.controller.before.CartController 控制器类的 focus 方法处理请求。其具体实现步骤如下:

❶ 编写控制器层

该功能模块涉及 com.ch.ch11.controller.before.CartController 控制器类的 focus 方法,具体代码如下:

```
@RequestMapping("/focus")
@ResponseBody
public String focus(@RequestBody Goods goods, Model model, HttpSession session) {
    return cartService.focus(model, session, goods.getId());
}
```

❷ 编写 Service 层

该功能模块的 Service 层的代码如下：

```
@Override
public String focus(Model model, HttpSession session, Integer gid) {
    Integer uid = MyUtil.getUser(session).getId();
    List<Map<String,Object>>list = cartRepository.isFocus(uid, gid);
    //判断是否已收藏
    if(list.size() > 0) {
        return "no";
    }else {
        cartRepository.focus(uid, gid);
        return "ok";
    }
}
```

❸ 编写 SQL 映射文件

该功能模块的 SQL 语句如下：

```
<!-- 处理加入收藏 -->
<select id="isFocus" resultType="map">
    select * from focustable where goodstable_id = #{gid} and busertable_id =
#{uid}
</select>
<insert id="focus">
    insert into focustable(id, goodstable_id, busertable_id, focustime) values
(null, #{gid}, #{uid}, now())
</insert>
```

▶11.6.7　购物车

单击商品详情页面中的"加入购物车"按钮或导航栏中的"我的购物车"超链接，打开购物车页面 cart.html，如图 11.21 所示。

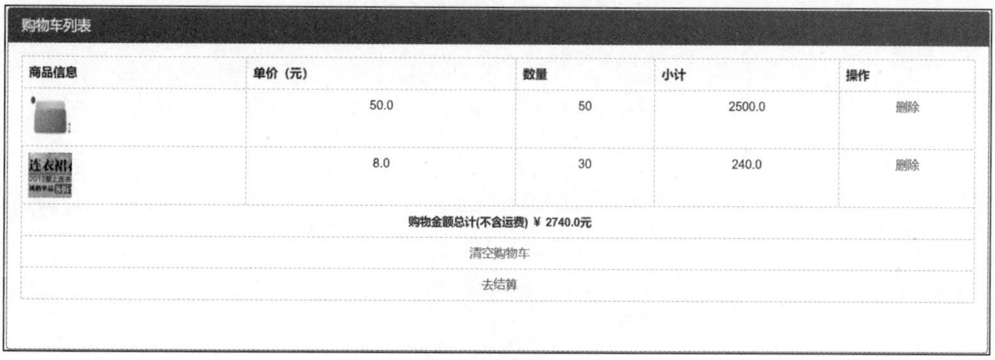

购物车列表					
商品信息	单价（元）		数量	小计	操作
	50.0		50	2500.0	删除
连衣裙	8.0		30	240.0	删除
购物金额总计(不含运费) ￥ 2740.0元					
清空购物车					
去结算					

图 11.21　购物车页面

与购物车有关的处理请求为 cart/putCart（加入购物车）、cart/clearCart（清空购物车）、cart/selectCart（查询购物车）和 cart/deleteCart（删除购物车）。系统根据 @RequestMapping

注解分别找到 com.ch.ch11.controller.before.CartController 控制器类的 putCart、clearCart、selectCart、deleteCart 等方法处理请求。其具体实现步骤如下：

❶ 编写视图

该功能模块的视图涉及 src/main/resources/templates/user 目录下的 cart.html,其代码如下：

```html
<!DOCTYPE html>
<html xmlns:th="http://www.thymeleaf.org">
<head>
<base th:href="@{/}">      <!-- 不用base就使用th:src="@{/js/jquery.min.js}" -->
<meta charset="UTF-8">
<title>购物车页面</title>
<script type="text/javascript">
    function deleteCart(obj){
        if(window.confirm("确认删除吗?")){
            //获取路径
            var pathName=window.document.location.pathname;
            //截取,得到项目名称
            var projectName=pathName.substring(0,pathName.substr(1).indexOf('/')+1);
            window.location.href = projectName + "/cart/deleteCart?gid=" + obj;
        }
    }
    function clearCart(){
        if(window.confirm("确认清空吗?")){
            //获取路径
            var pathName=window.document.location.pathname;
            //截取,得到项目名称
            var projectName=pathName.substring(0,pathName.substr(1).indexOf('/')+1);
            window.location.href = projectName + "/cart/clearCart";
        }
    }
</script>
</head>
<body>
<div th:include="user/header"></div>
<div class="container">
    <div class="panel panel-primary">
        <div class="panel-heading">
            <h3 class="panel-title">购物车列表</h3>
        </div>
        <div class="panel-body">
            <div class="table table-responsive">
                <table class="table table-bordered table-hover">
                    <tbody class="text-center">
                        <tr>
                            <th>商品信息</th>
                            <th>单价(元)</th>
                            <th>数量</th>
                            <th>小计</th>
                            <th>操作</th>
                        </tr>
                        <tr th:each="cart:${cartlist}">
                            <td>
                                <a th:href="''goodsDetail?id=' + ${cart.id}">
                                <img th:src="''images/' + ${cart.gpicture}"
                                    style="height: 50px; width: 50px; display: block;">
                                </a>
                            </td>
```

```html
                    <td th:text="${cart.grprice}"></td>
                    <td th:text="${cart.shoppingnum}"></td>
                    <td th:text="${cart.smallsum}"></td>
                    <td>
                        <a th:href="'javascript:deleteCart('+${cart.id}+
                        ')'">删除</a>
                    </td>
                </tr>
                <tr>
                    <td colspan="5">
            <font style="color: #a60401; font-size: 13px; font-weight: bold;
            letter-spacing: 0px;">
                购物金额总计(不含运费) ￥ <span th:text="${total}"></span>元
                    </font>
                    </td>
                </tr>
                <tr>
                    <td colspan="5">
                        <a href="javascript:clearCart()">清空购物车</a>
                    </td>
                </tr>
                <tr>
                    <td colspan="5">
                        <a href="cart/selectCart?act=toCount">去结算</a>
                    </td>
                </tr>
            </tbody>
        </table>
    </div>
    </div>
    </div>
</div>
</body>
</html>
```

❷ 编写控制器层

该功能模块涉及 com. controller. before. CartController 控制器类的 putCart、clearCart、selectCart、deleteCart 等方法,具体代码如下:

```java
@RequestMapping("/putCart")
public String putCart(Goods goods, Model model, HttpSession session) {
    return cartService.putCart(goods, model, session);
}
@RequestMapping("/selectCart")
public String selectCart(Model model, HttpSession session, String act) {
    return cartService.selectCart(model, session, act);
}
@RequestMapping("/deleteCart")
public String deleteCart(HttpSession session, Integer gid) {
    return cartService.deleteCart(session, gid);
}
@RequestMapping("/clearCart")
public String clearCart(HttpSession session) {
    return cartService.clearCart(session);
}
```

❸ 编写 Service 层

该功能模块的 Service 层的代码如下:

```java
@Override
public String putCart(Goods goods, Model model, HttpSession session) {
    Integer uid = MyUtil.getUser(session).getId();
    //如果商品已在购物车,只更新购买数量
    if(cartRepository.isPutCart(uid, goods.getId()).size() > 0) {
        cartRepository.updateCart(uid, goods.getId(), goods.getBuyNumber());
    }else {        //新增到购物车
        cartRepository.putCart(uid, goods.getId(), goods.getBuyNumber());
    }
    //跳转到查询购物车
    return "forward:/cart/selectCart";
}
@Override
public String selectCart(Model model, HttpSession session, String act) {
    List<Map<String, Object>> list = cartRepository.selectCart(MyUtil.getUser
(session).getId());
    double sum = 0;
    for(Map<String, Object> map: list) {
        sum = sum + (Double)map.get("smallsum");
    }
    model.addAttribute("total", sum);
    model.addAttribute("cartlist", list);
    //广告区中的商品
    model.addAttribute("advertisementGoods", indexRepository.
    selectAdvertisementGoods());
    //导航栏中的商品类型
    model.addAttribute("goodsType", indexRepository.selectGoodsType());
    if("toCount".equals(act)) {        //去结算页面
        return "user/count";
    }
    return "user/cart";
}
@Override
public String deleteCart(HttpSession session, Integer gid) {
    Integer uid = MyUtil.getUser(session).getId();
    cartRepository.deleteAgoods(uid, gid);
    return "forward:/cart/selectCart";
}
@Override
public String clearCart(HttpSession session) {
    cartRepository.clear(MyUtil.getUser(session).getId());
    return "forward:/cart/selectCart";
}
```

❹ 编写 SQL 映射文件

该功能模块的 SQL 语句如下:

```xml
<!-- 是否已添加购物车 -->
<select id="isPutCart" resultType="map">
    select * from carttable where goodstable_id=#{gid} and busertable_id=#{uid}
</select>
<!-- 添加购物车 -->
<insert id="putCart">
    insert into carttable(id, busertable_id, goodstable_id, shoppingnum) values
(null, #{uid},#{gid},#{bnum})
</insert>
<!-- 更新购物车 -->
<update id="updateCart">
```

```
      update carttable set shoppingnum=shoppingnum+#{bnum} where busertable_id=
#{uid} and goodstable_id=#{gid}
</update>
<!-- 查询购物车 -->
<select id="selectCart" parameterType="Integer" resultType="map">
    select gt.id, gt.gname, gt.gpicture, gt.grprice, ct.shoppingnum,
ct.shoppingnum * gt.grprice smallsum
    from goodstable gt, carttable ct where gt.id=ct.goodstable_id and
ct.busertable_id=#{uid}
</select>
<!-- 删除购物车 -->
<delete id="deleteAgoods">
    delete from carttable where busertable_id=#{uid} and goodstable_id=#{gid}
</delete>
<!-- 清空购物车 -->
<delete id="clear" parameterType="Integer">
    delete from carttable where busertable_id=#{uid}
</delete>
```

▶11.6.8　下单

在购物车页面中单击"去结算"超链接，进入订单确认页面 count.html，如图 11.22 所示。

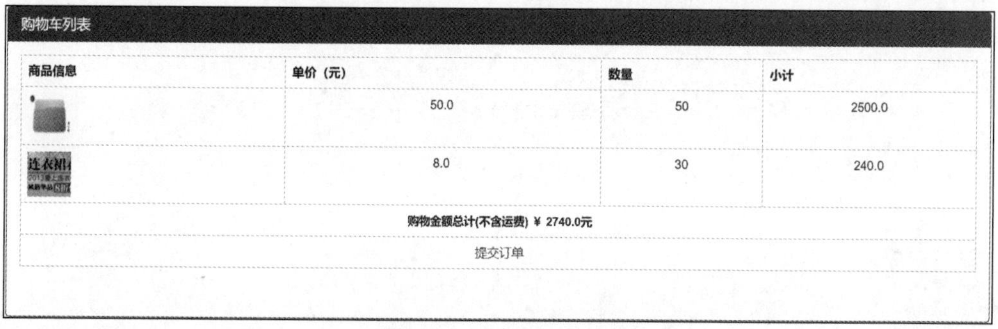

图 11.22　订单确认页面

在订单确认页面中单击"提交订单"超链接，完成订单的提交。当订单提交成功时，页面效果如图 11.23 所示。

图 11.23　订单提交成功页面

单击图 11.23 中的"去支付"超链接完成订单的支付。其具体实现步骤如下：

❶ 编写视图

该功能模块的视图涉及 src/main/resources/templates/user 目录下的 count.html 和 pay.html。count.html 的代码与购物车页面的代码基本一样，这里不再赘述。pay.html 的代码如下：

```
<!DOCTYPE html>
<html xmlns:th="http://www.thymeleaf.org">
<head>
<base th:href="@{/}">     <!-- 不用 base 就使用 th:src="@{/js/jquery.min.js}" -->
<meta charset="UTF-8">
```

```
<title>支付页面</title>
<link rel="stylesheet" href="css/bootstrap.min.css"/>
<script src="js/jquery.min.js"></script>
<script type="text/javascript" th:inline="javascript">
    function pay(){
            $.ajax(
                {
                    //请求路径,要注意的是 url 和 th:inline="javascript"
                    url: [[@{/cart/pay}]],
                    //请求类型
                    type: "post",
                    contentType: "application/json",
                    //data 表示发送的数据
                    data: JSON.stringify({
                        id: $("#oid").text()
                    }),
                    //成功响应的结果
                    success: function(obj){        //obj 响应数据
                        alert("支付成功");
                        //获取路径
                        var pathName=window.document.location.pathname;
                        //截取,得到项目名称
                       var projectName = pathName.substring(0,pathName.substr(1).
                       indexOf('/')+1);
                        window.location.href = projectName;
                    },
                    error: function() {
                        alert("处理异常!");
                    }
                }
            );
    }
</script>
</head>
<body>
<div class="container">
    <div class="panel panel-primary">
        <div class="panel-heading">
            <h3 class="panel-title">订单提交成功</h3>
        </div>
        <div class="panel-body">
            <div>
    您的订单编号为<font color="red" size="5"> <span id="oid" th:text="${order.
id}"></span></font>。<br><br>
                <a href="javascript:pay()">去支付</a>
            </div>
        </div>
    </div>
</div>
</body>
</html>
```

❷ 编写控制器层

该功能模块涉及 com.ch.ch11.controller.before.CartController 控制器类的 submitOrder 和 pay 方法,具体代码如下:

```
@RequestMapping("/submitOrder")
public String submitOrder(Order order, Model model, HttpSession session) {
```

```
        return cartService.submitOrder(order, model, session);
    }
@RequestMapping("/pay")
@ResponseBody
public String pay(@RequestBody Order order) {
        return cartService.pay(order);
}
```

❸ 编写 Service 层

该功能模块的 Service 层的代码如下：

```
@Override
@Transactional
public String submitOrder(Order order, Model model, HttpSession session) {
        order.setBusertable_id(MyUtil.getUser(session).getId());
        //生成订单
        cartRepository.addOrder(order);
        //生成订单详情
        cartRepository.addOrderDetail(order.getId(), MyUtil.getUser(session).getId());
        //减少商品库存
List<Map<String,Object>> listGoods =cartRepository.selectGoodsShop(MyUtil.
getUser(session).getId());
        for(Map<String, Object> map: listGoods) {
            cartRepository.updateStore(map);
        }
        //清空购物车
        cartRepository.clear(MyUtil.getUser(session).getId());
        model.addAttribute("order", order);
        return "user/pay";
}
@Override
public String pay(Order order) {
        cartRepository.pay(order.getId());
        return "ok";
}
```

❹ 编写 SQL 映射文件

该功能模块涉及的 SQL 语句如下：

```
<!-- 添加一个订单,成功后将主键值回填给 id(实体类的属性)-->
<insert id="addOrder" parameterType="Order" keyProperty="id" useGeneratedKeys=
"true">
        insert into orderbasetable(busertable_id, amount, status, orderdate) values
(#{busertable_id}, #{amount}, 0, now())
</insert>
<!-- 生成订单详情 -->
<insert id="addOrderDetail">
        insert into orderdetail(orderbasetable_id, goodstable_id, shoppingnum) select
#{ordersn}, goodstable_id, shoppingnum from carttable where busertable_id = #{uid}
</insert>
<!-- 查询商品购买量,以便在更新库存时使用 -->
<select id="selectGoodsShop"  parameterType="Integer" resultType="map">
        select shoppingnum gshoppingnum, goodstable _id gid from carttable where
busertable_id=#{uid}
</select>
<!-- 更新商品库存 -->
```

```
<update id="updateStore" parameterType="map">
    update goodstable set gstore= gstore -#{gshoppingnum} where id=#{gid}
</update>
<!-- 支付订单 -->
<update id="pay" parameterType="Integer">
    update orderbasetable set status=1 where id=#{ordersn}
</update>
```

▶11.6.9　个人信息

成功登录的用户,在导航栏的上方单击"个人信息"超链接(cart/userInfo),进入用户修改密码页面 userInfo.html,如图 11.24 所示。

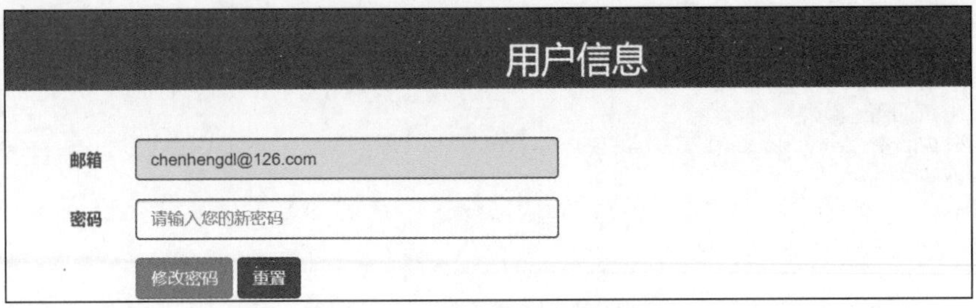

图 11.24　用户修改密码页面

其具体实现步骤如下:

❶ 编写视图

该功能模块的视图涉及 src/main/resources/templates/user 目录下的 userInfo.html,其代码与登录页面类似,这里不再赘述。

❷ 编写控制器层

该功能模块涉及 com.ch.ch11.controller.before.CartController 控制器类的 userInfo 和 updateUpwd 方法,具体代码如下:

```
@RequestMapping("/userInfo")
public String userInfo() {
    return "user/userInfo";
}
@RequestMapping("/updateUpwd")
public String updateUpwd(HttpSession session, String bpwd) {
    return cartService.updateUpwd(session, bpwd);
}
```

❸ 编写 Service 层

该功能模块的 Service 层的代码如下:

```
@Override
public String updateUpwd(HttpSession session, String bpwd) {
    Integer uid = MyUtil.getUser(session).getId();
    cartRepository.updateUpwd(uid, MD5Util.MD5(bpwd));
    return "forward:/user/toLogin";
}
```

❹ 编写 SQL 映射文件

该功能模块的 SQL 语句如下:

```
<!-- 修改密码 -->
<update id="updateUpwd">
    update busertable set bpwd=#{bpwd} where id=#{uid}
</update>
```

▶11.6.10 我的收藏

成功登录的用户，在导航栏的上方单击"我的收藏"超链接（cart/myFocus），进入用户收藏页面 myFocus.html，如图 11.25 所示。

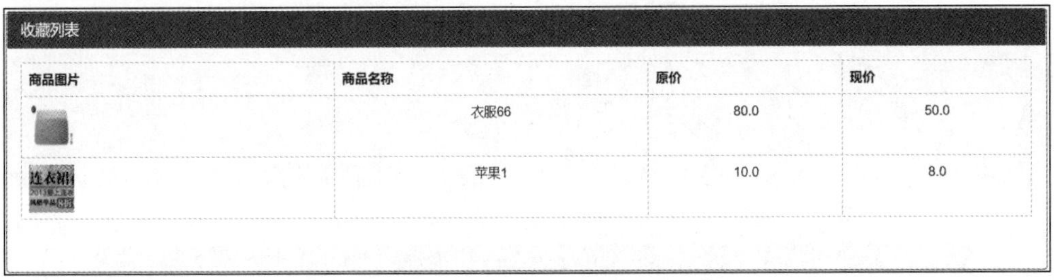

收藏列表			
商品图片	商品名称	原价	现价
	衣服66	80.0	50.0
	苹果1	10.0	8.0

图 11.25 用户收藏页面

其具体实现步骤如下：

❶ 编写视图

该功能模块的视图涉及 src/main/resources/templates/user 目录下的 myFocus.html，其代码请参考本书提供的源代码 ch11.sql。

❷ 编写控制器层

该功能模块涉及 com.ch.ch11.controller.before.CartController 控制器类的 myFocus 方法，具体代码如下：

```
@RequestMapping("/myFocus")
public String myFocus(Model model, HttpSession session) {
    return cartService.myFocus(model, session);
}
```

❸ 编写 Service 层

该功能模块的 Service 层的代码如下：

```
@Override
public String myFocus(Model model, HttpSession session) {
    //广告区中的商品
    model.addAttribute("advertisementGoods", indexRepository.
    selectAdvertisementGoods());
    //导航栏中的商品类型
    model.addAttribute("goodsType", indexRepository.selectGoodsType());
    model.addAttribute("myFocus", cartRepository.myFocus(MyUtil.getUser
(session).getId()));
    return "user/myFocus";
}
```

❹ 编写 SQL 映射文件

该功能模块的 SQL 语句如下：

```
<!-- 我的收藏 -->
<select id="myFocus" resultType="map" parameterType="Integer">
```

```
    select gt.id, gt.gname, gt.goprice, gt.grprice, gt.gpicture from FOCUSTABLE
ft, GOODSTABLE gt
    where ft.goodstable_id=gt.id and ft.busertable_id = # {uid}
</select>
```

▶ 11.6.11　我的订单

成功登录的用户,在导航栏的上方单击"我的订单"超链接(cart/myOrder),进入用户订单页面 myOrder.html,如图 11.26 所示。

图 11.26　用户订单页面

单击图 11.26 中的"查看详情"超链接('cart/orderDetail?id='+ $ {order.id}),进入订单详情页面 orderDetail.html,如图 11.27 所示。

订单详情				
商品编号	商品图片	商品名称	商品购买价	购买数量
47		衣服66	50.0	50
36		苹果1	8.0	30

图 11.27　订单详情页面

其具体实现步骤如下:

❶ 编写视图

该功能模块的视图涉及 src/main/resources/templates/user 目录下的 myOrder.html 和 orderDetail.html。myOrder.html 和 orderDetail.html 的代码请参考本书提供的源代码 ch11.sql。

❷ 编写控制器层

该功能模块涉及 com.ch.ch11.controller.before.CartController 控制器类的 myOrder 和 orderDetail 方法,具体代码如下:

```
@RequestMapping("/myOrder")
public String myOrder(Model model, HttpSession session) {
    return cartService.myOrder(model, session);
}
@RequestMapping("/orderDetail")
```

```
public String orderDetail(Model model, Integer id) {
    return cartService.orderDetail(model, id);
}
```

❸ 编写 Service 层

该功能模块的 Service 层的代码如下：

```
@Override
public String myOrder(Model model, HttpSession session) {
    //广告区中的商品
    model.addAttribute("advertisementGoods", indexRepository.
    selectAdvertisementGoods());
    //导航栏中的商品类型
    model.addAttribute("goodsType", indexRepository.selectGoodsType());
    model.addAttribute("myOrder", cartRepository.myOrder(MyUtil.getUser
(session).getId()));
    return "user/myOrder";
}
@Override
public String orderDetail(Model model, Integer id) {
    model.addAttribute("orderDetail", cartRepository.orderDetail(id));
    return "user/orderDetail";
}
```

❹ 编写 SQL 映射文件

该功能模块的 SQL 语句如下：

```
<!-- 我的订单 -->
<select id="myOrder" resultType="map" parameterType="Integer">
select id, amount, busertable_id, status, orderdate from ORDERBASETABLE where
busertable_id = #{uid}
</select>
<!-- 订单详情 -->
<select id="orderDetail" resultType="map" parameterType="Integer">
select gt.id, gt.gname, gt.goprice, gt.grprice, gt.gpicture, odt.shoppingnum from
GOODSTABLE gt, ORDERDETAIL odt
    where odt.orderbasetable_id=#{id} and gt.id=odt.goodstable_id
</select>
```

11.7　本章小结

本章讲述了电子商务平台通用功能的设计与实现。通过本章的学习，读者不仅应该掌握 Spring Boot 应用开发的流程、方法和技术，还应该熟悉电子商务平台的业务需求、设计以及实现。

习 题 11

扫一扫

自测题

1. 在本章电子商务平台中是如何控制管理员登录权限的？
2. 在本章电子商务平台中有几对关联数据表？

学习目的与要求

本章以名片系统的设计与实现为综合案例，讲述如何使用 Spring Boot + Vue.js 3 + MyBatis-Plus 开发一个前后端分离的应用程序。通过本章的学习，读者应该掌握基于 Spring Boot+Vue.js 3+MyBatis-Plus 的前后端分离的应用程序的开发流程、方法以及技术。

本章主要内容
- 名片系统介绍
- 使用 IntelliJ IDEA 构建后端系统
- 使用 Vue CLI 构建前端系统

前后端分离的核心思想是前端页面通过 Ajax 调用后端的 RESTful API 进行数据交互。本章将使用 Spring Boot+MyBatis-Plus 实现后端系统，使用 Vue.js 3 实现前端系统，数据库使用的是 MySQL 8，后端集成开发环境为 IntelliJ IDEA，前端集成开发环境为 Visual Studio Code。另外，因篇幅受限，本章不涉及 Vue.js 3 的相关基础内容，读者可以参考编者的《Vue.js 3 从入门到实战（微课视频版）》学习 Vue.js 3 的相关内容。

12.1 系统设计

▶12.1.1 系统功能需求

名片系统是针对注册用户使用的系统。该系统提供的功能如下：
（1）非注册用户可以注册为注册用户。
（2）成功注册的用户可以登录系统。
（3）成功登录的用户可以添加、修改、删除以及浏览自己客户的名片信息。
（4）成功登录的用户可以修改密码。

▶12.1.2 系统模块划分

用户登录成功后进入管理主页面，可以对自己的客户名片进行管理。该系统的模块划分如图 12.1 所示。

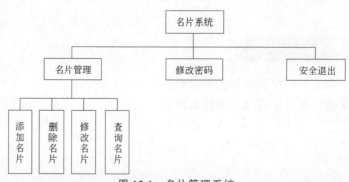

图 12.1 名片管理系统

12.2　数据库设计

在 MySQL 8.x 的数据库 ch12 中共创建两张与系统相关的数据表：usertable 和 cardtable。

▶12.2.1　数据库概念结构设计

根据系统设计与分析可以设计出如下数据结构：

❶ 用户

其包括 ID、用户名以及密码，用户名唯一。

❷ 名片

其包括 ID、姓名、电话、E-mail、单位、职务、地址、Logo 以及所属用户。其中，ID 唯一，"所属用户"与"1. 用户"的 ID 关联。

根据以上数据结构，结合数据库设计的特点，可以画出如图 12.2 所示的数据库概念结构图。

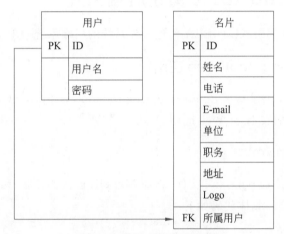

图 12.2　数据库概念结构图

其中，ID 为正整数，值是从 1 开始递增的序列。

▶12.2.2　数据库逻辑结构设计

将数据库概念结构图转换为 MySQL 数据库所支持的实际数据模型，即数据库的逻辑结构。

用户信息表（usertable）的设计如表 12.1 所示。

表 12.1　用户信息表

字　　段	含　　义	类　　型	长　　度	是否为空
id	ID（PK）	int	0	no
uname	用户名	varchar	50	no
upwd	密码	varchar	32	no

名片信息表（cardtable）的设计如表 12.2 所示。

表 12.2 名片信息表

字　段	含　义	类　型	长　度	是否为空
id	ID(PK)	int	0	no
name	姓名	varchar	50	no
telephone	电话	varchar	20	no
email	E-mail	varchar	50	
company	单位	varchar	50	
post	职务	varchar	50	
address	地址	varchar	50	
logoName	Logo	varchar	30	
userId	所属用户	int	0	no

12.3　使用 IntelliJ IDEA 构建后端系统

本节将讲解如何使用 IntelliJ IDEA 构建名片系统的后端系统 ch12,具体步骤如下。

▶12.3.1　创建 Spring Boot Web 应用

使用 IntelliJ IDEA 创建基于 Lombok、Spring Data Redis、Spring Cache Abstraction 以及 Spring Web 依赖的 Spring Boot Web 应用 ch12。

▶12.3.2　修改 pom.xml

修改后端系统 ch12 的 pom.xml 文件,添加 MySQL 连接器依赖、MyBatis-Plus 依赖以及 Java 工具类 Hutool 依赖,具体代码如下:

```
<!--MySQL 连接器依赖-->
<dependency>
    <groupId>mysql</groupId>
    <artifactId>mysql-connector-java</artifactId>
    <version>8.0.29</version>
</dependency>
<dependency>
    <groupId>com.baomidou</groupId>
    <artifactId>mybatis-plus-boot-starter</artifactId>
    <version>3.5.3.1</version>
</dependency>
<dependency>
    <groupId>cn.hutool</groupId>
    <artifactId>hutool-all</artifactId>
    <version>5.8.11</version>
</dependency>
```

▶12.3.3　配置数据源等信息

在后端系统 ch12 的配置文件 application.properties 中配置端口号、数据源以及文件上传等信息,具体内容如下:

```
server.servlet.context-path=/cardmis
spring.servlet.multipart.location=D:/data/apps/temp
server.port=8443
#数据库地址
spring.datasource.url=jdbc:mysql://localhost:3306/ch12?useUnicode=
true&characterEncoding=UTF-8&allowMultiQueries=true&serverTimezone=GMT%2B8
#数据库用户名
spring.datasource.username=root
#数据库密码
spring.datasource.password=root
#数据库驱动
spring.datasource.driver-class-name=com.mysql.cj.jdbc.Driver
#设置包的别名(在 Mapper 映射文件中直接使用实体类名)
mybatis-plus.type-aliases-package=com.ch.h12.entity
#在控制台输出 SQL 语句日志
logging.level.com.ch.ch12.mapper=debug
#让控制器输出的 JSON 字符串格式更美观
spring.jackson.serialization.indent-output=true
```

▶12.3.4　创建持久化实体类

根据名片系统的功能可知，该系统共有两个实体用户（User）和卡片（Card），因此需要在 ch12 的 src/main/java 目录下创建 com.ch.ch12.entity 包，并在该包中创建 User 和 Card 实体类。

User 实体类的核心代码如下：

```
@Data
@TableName("usertable")
public class User {
    @TableId(value = "id", type = IdType.AUTO)
    private Integer id;
    private String uname;
    private String upwd;
    //表示该属性不为数据库表字段,但又是必须使用的
    @TableField(exist = false)
    private String code;
    @TableField(exist = false)
    private String reupwd;
}
```

Card 实体类的核心代码如下：

```
@Data
@TableName("cardtable")
public class Card {
    @TableId(value = "id", type = IdType.AUTO)
    private Integer id;
    private String name;
    private String telephone;
    private String email;
    private String company;
    private String post;
    private String address;
    //表示该属性不为数据库表字段,但又是必须使用的
    @TableField(exist = false)
    private byte[] logoFile;
```

```
@TableField(exist = false)
private String fileName;
@TableField(exist = false)
private String act;
@TableField(exist = false)
private Integer currentPage;
private String logoName;
private Integer userId;
}
```

▶12.3.5 创建 Mapper 接口

在后端系统 ch12 中使用 MyBatis Plus 进行数据访问,因此在 ch12 的 src/main/java 目录下创建 com.ch.ch12.mapper 包,在该包中针对两个实体类创建数据访问接口 UserMapper 和 CardMapper,并分别继承 BaseMapper 接口。UserMapper 和 CardMapper 接口的代码参见本书提供的源程序 ch12。

▶12.3.6 创建业务层

在 Spring 框架中提倡使用接口,因此在后端系统 ch12 的业务层中涉及 Service 接口和 Service 实现类。Service 接口继承 IService 接口,Service 实现类继承 ServiceImpl 类。

在 ch12 的 src/main/java 目录下创建 com.ch.ch12.service 包,并在该包中创建 Service 接口(CardService 与 UserService)和实现类(CardServiceImpl 和 UserServiceImpl)。

CardService 的代码如下:

```
package com.ch.ch12.service;
import com.baomidou.mybatisplus.extension.service.IService;
import com.ch.ch12.common.http.ResponseResult;
import com.ch.ch12.entity.Card;
import java.util.Map;
public interface CardService extends IService<Card> {
    ResponseResult<Map<String, String>> add(Card card);
    ResponseResult<Map<String, Object>> getCards(Card card);
    ResponseResult<Map<String, String>> delete(Integer id);
}
```

CardServiceImpl 的核心代码如下:

```
@Service
public class CardServiceImpl extends ServiceImpl< CardMapper, Card> implements
CardService{
    @Override
    public ResponseResult<Map<String, String>> add(Card card){
        byte[] myfile = card.getLogoFile();
        //如果选择了上传文件
        if(myfile != null && myfile.length > 0) {
            String path = "D:\\idea-workspace\\cardmis-vue\\src\\assets";
            //获得上传文件的原名
            String fileName = card.getFileName();
            //对文件重命名
            String fileNewName = MyUtil.getNewFileName(fileName);
            File filePath = new File(path + File.separator + fileNewName);
            //如果文件目录不存在,创建目录
            if(!filePath.getParentFile().exists()) {
```

```
                filePath.getParentFile().mkdirs();
            }
            FileOutputStream out = null;
            try {
                out = new FileOutputStream(filePath);
                out.write(myfile);
            } catch (IOException e) {
                throw new RuntimeException(e);
            }
            //将重命名后的图片名存到 card 对象中,在添加时使用
            card.setLogoName(fileNewName);
        }
        if("add".equals(card.getAct())) {
            boolean result = save(card);
            if(result)          //成功
                return ResponseResult.getMessageResult(null, "A001");
            else
                return ResponseResult.getMessageResult(null, "A002");
        }else {                 //修改
            boolean result = updateById(card);
            if(result)
                return ResponseResult.getMessageResult(null, "A001");
            else
                return ResponseResult.getMessageResult(null, "A002");
        }
    }
    @Override
    public ResponseResult<Map<String, Object>> getCards(Card card) {
        //2 为每页大小
        IPage<Card> iPage = new Page<>(card.getCurrentPage(), 2);
        //条件构造器
        QueryWrapper<Card> wrapper = new QueryWrapper<>();
        wrapper.eq("user_id", card.getUserId());
        //分页查询
        IPage<Card> page = page(iPage, wrapper);
        Map<String, Object> myres = new HashMap<>();
        myres.put("allCards", page.getRecords());
        myres.put("totalPage", page.getPages());
        return ResponseResult.getSuccessResult(myres);
    }
    @Override
    public ResponseResult<Map<String, String>> delete(Integer id) {
        boolean result = removeById(id);
        if(result)
            return ResponseResult.getMessageResult(null, "A001");
        return ResponseResult.getMessageResult(null, "A002");
    }
}
```

UserService 的代码如下：

```
package com.ch.ch12.service;
import com.baomidou.mybatisplus.extension.service.IService;
import com.ch.ch12.common.http.ResponseResult;
import com.ch.ch12.entity.User;
import java.util.Map;
public interface UserService extends IService<User> {
    ResponseResult<Map<String, String>> register(User user);
```

```
    ResponseResult<Map<String, String>> login(User user);
    ResponseResult<Map<String, String>> updateUpwd(User user);
}
```

UserServiceImpl 的核心代码如下：

```
@Service
public class UserServiceImpl extends ServiceImpl<UserMapper, User> implements
UserService{
    @Autowired
    private JwtTokenUtil jwtUtil;
    @Autowired
    private RedisUtil redisUtil;
    @Autowired
    private ConfigurationBean config;
    @Override
    public ResponseResult<Map<String, String>> register(User user) {
        //条件构造器
        QueryWrapper<User> wrapper = new QueryWrapper<>();
        wrapper.eq("uname", user.getUname());
        List<User> userList = list(wrapper);
        if(userList.size() > 0)
            return ResponseResult.getMessageResult(null, "A003");
        user.setUpwd(MD5Util.MD5(user.getUpwd()));
        if(save(user))
            return ResponseResult.getMessageResult(null, "A001");
        return ResponseResult.getMessageResult(null, "A002");
    }
    @Override
    public ResponseResult<Map<String, String>> login(User user) {
        String rand = (String)redisUtil.get("code");
        if(!rand.equalsIgnoreCase(user.getCode())) {
            //验证码错误
            return ResponseResult.getMessageResult(null, "A000");
        }
        user.setUpwd(MD5Util.MD5(user.getUpwd()));
        //链式 query
        long res = query().eq("uname", user.getUname()).count();
        if(res == 0) {
            //用户名不存在
            return ResponseResult.getMessageResult(null, "A001");
        }
        Map<String, String> mapparam = new HashMap<>();
        mapparam.put("uname", user.getUname());
        mapparam.put("upwd", user.getUpwd());
        List<User> mu = query().allEq(mapparam).list();
        if(mu.size() > 0){    //登录成功
            String token = jwtUtil.createToken(user.getUname());
            //在签名时验证是否过期
            redisUtil.set("login_" + user.getUname(), user.getUname(),config.
            getRedisExpiration());
            Map<String, String> myres = new HashMap<>();
            myres.put("authtoken", token);
            myres.put("uname", user.getUname());
            myres.put("uid", mu.get(0).getId()+"");
            return ResponseResult.getSuccessResult(myres);
        }else{    //密码错误
            return ResponseResult.getMessageResult(null, "A002");
        }
```

```
    }
    @Override
    public ResponseResult<Map<String, String>> updateUpwd(User user) {
        user.setUpwd(MD5Util.MD5(user.getUpwd()));
        if(updateById(user)){
            return ResponseResult.getMessageResult(null, "A001");
        }
        return ResponseResult.getMessageResult(null, "A002");
    }
}
```

▶12.3.7 创建控制器层

在本章前后端系统中，使用 Hutool 的 JWTUtil 进行 Token 签名，并使用拦截器判断是否签名，在不需要签名的控制器方法上标注自定义注解@AuthIgnore。

在 ch12 的 src/main/java 目录下创建 com.ch.ch12.controller 包，并在该包中创建 UserController 和 CardController 控制器。

UserController 的核心代码如下：

```
@RestController
@RequestMapping("/api/user")
public class UserController {
    @Autowired
    private UserService userService;
    @Autowired
    private RedisUtil redisUtil;
    @Autowired
    private ConfigurationBean config;
    @AuthIgnore
    @PostMapping("/register")
    public ResponseResult<Map<String, String>> register(@RequestBody User user) {
        return userService.register(user);
    }
    @AuthIgnore
    @PostMapping("/login")
    public ResponseResult<Map<String, String>> login(@RequestBody User user) {
        return userService.login(user);
    }
    @AuthIgnore
    @GetMapping("/getcode")
    public void getcode(HttpServletResponse response) throws IOException {
        CircleCaptcha circleCaptcha = CaptchaUtil.createCircleCaptcha(116,30,4,10);
    redisUtil.set("code",circleCaptcha.getCode(), config.getRedisExpiration());
    //验证码存到 redis 缓存中
        ServletOutputStream outputStream = response.getOutputStream();
        circleCaptcha.write(outputStream);
        outputStream.close();
    }
    @PostMapping("/updateUpwd")
    public ResponseResult<Map<String, String>> updateUpwd(@RequestBody User user) {
        return userService.updateUpwd(user);
    }
}
```

CardController 的核心代码如下：

```
@RestController
@RequestMapping("/api/card")
public class CardController {
    @Autowired
    private CardService cardService;
    private static String fileName;
    private static byte[] filecontent;
    @AuthIgnore
    @PostMapping("/fileInit")
    public void fileInit(@RequestBody MultipartFile file) {
        //MultipartFile 对象不能在另一个方法中使用,所以把文件对象变成字节数组
        try {
            filecontent = file.getBytes();
        } catch (IOException e) {
            throw new RuntimeException(e);
        }
        fileName = file.getOriginalFilename();
    }
    @PostMapping("/getCards")
     public ResponseResult < Map < String, Object > > getCards (@ RequestBody Card
card) {
        return cardService.getCards(card);
    }
    @PostMapping("/add")
    public ResponseResult<Map<String, String>> add(@RequestBody Card card) {
        card.setFileName(fileName);
        card.setLogoFile(filecontent);
        return cardService.add(card);
    }
    @PostMapping("/delete")
    public ResponseResult<Map<String, String>> delete(@RequestBody Card card) {
        return cardService.delete(card.getId());
    }
}
```

▶12.3.8　创建跨域响应头设置过滤器

跨域访问涉及请求域名、请求方式、发送的内容类型以及携带证书式访问等问题。在后端系统中,将这些设置放在应用程序的主类中完成,主类 Ch12Application 的核心代码如下:

```
@SpringBootApplication
@MapperScan(basePackages={"com.ch.ch12.mapper"})
public class Ch12Application {
    public static void main(String[] args) {
        SpringApplication.run(Ch12Application.class, args);
    }
    //跨域设置
    private CorsConfiguration corsConfig() {
        CorsConfiguration corsConfiguration = new CorsConfiguration();
        //允许跨域请求的域名
        corsConfiguration.addAllowedOrigin("*");
        //允许发送的内容类型
        corsConfiguration.addAllowedHeader("*");
        //跨域请求允许的请求方式
        corsConfiguration.addAllowedMethod("*");
        corsConfiguration.setMaxAge(3600L);
```

```
        return corsConfiguration;
    }
    @Bean
    public CorsFilter corsFilter() {
        UrlBasedCorsConfigurationSource source = new UrlBasedCorsConfigurationSource();
        source.registerCorsConfiguration("/**", corsConfig());
        return new CorsFilter(source);
    }
}
```

▶12.3.9　创建工具类

在后端系统 ch12 中，使用工具类 MyUtil 的 getNewFileName 方法对文件进行重命名，使用工具类 MD5Util 的 MD5 方法对用户的密码进行加密。这里省略工具类 MyUtil 和 MD5Util 的代码，请读者参见本书提供的源程序 ch12。

▶12.3.10　MyBatis-Plus 分页插件、Redis 以及 Token 签名配置

在使用 MyBatis-Plus 访问数据库时，需要配置分页插件 MybatisPlusInterceptor 才能使用 MyBatis-Plus 的分页功能，因此在后端系统 ch12 中需要配置分页插件 MybatisPlusInterceptor，见 com.ch.ch12.common.config 包中的 MybatisPlusConfig 配置类，这里省略其具体代码，请读者参见本书提供的源程序 ch12。

在后端系统 ch12 中，使用 Redis 及 Spring Cache 缓存技术进行签名数据的存储。Redis 配置类 RedisConfig 和 Redis 工具类 RedisUtil 分别位于 com.ch.ch12.common.config 和 com.ch.ch12.common.security.utils 包中，这里省略其具体代码，请读者参见本书提供的源程序 ch12。

在后端系统 ch12 中，使用 Hutool 的 JWTUtil 进行 Token 签名，并使用拦截器 AuthInterceptor 判断是否签名，在不需要签名的控制器方法上标注自定义注解 @AuthIgnore。JWTUtil、AuthInterceptor 以及 AuthIgnore 的相关类位于 com.ch.ch12.common.security 包中，这里省略其具体代码，请读者参见本书提供的源程序 ch12。

12.4　使用 Vue CLI 构建前端系统

本节只是实现简单的名片系统的前端系统，注重功能的实现，旨在让读者了解前后端分离的应用程序的实现原理及开发流程。

▶12.4.1　安装 Node.js

使用 Vue CLI（Vue 脚手架）搭建名片系统的前端系统 cardmis-vue。因为需要使用 npm 安装 Vue CLI，而 npm 是集成在 Node.js 中的，所以需要首先安装 Node.js。通过访问官网"https://nodejs.org/en/"即可下载对应版本的 Node.js，本书下载的是"16.15.1 LTS"。

在下载完成后运行安装包 node-v16.15.1-x64.msi，一直单击"下一步"按钮即可完成安装。然后在命令行窗口中输入命令 node -v，检查是否安装成功，如图 12.3 所示。

如果出现了 Node.js 的版本号，说明 Node.js 已经安装成功。同时，npm 包管理器也已经安装成功，可以输入 npm -v 查看版本号。最后输入 npm -g install npm 命令，可以将 npm 更新至最新版本。

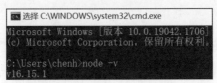

图 12.3　查看 Node.js 的版本

▶12.4.2　安装 Vue CLI 并构建前端系统 cardmis-vue

Vue CLI 致力于将 Vue.js 框架中的工具基础标准化,确保各种构建工具平稳衔接,让开发者专注在撰写应用上,而不必纠结配置的问题。下面讲解如何安装 Vue CLI 以及如何使用 Vue CLI 创建 Vue.js 项目,具体步骤如下。

❶ 全局安装 Vue CLI

打开 cmd 命令行窗口,输入命令 npm install -g @vue/cli 全局安装 Vue 脚手架,输入命令 vue - -version 查看版本(测试是否安装成功)。如果需要升级全局的 Vue CLI,在 cmd 命令行窗口中运行 npm update -g @vue/cli 命令即可。

❷ 打开图形化界面

安装成功后,在命令行窗口中输入命令 vue ui 打开一个浏览器窗口,并以图形化界面引导至项目创建的流程,如图 12.4 所示。

图 12.4　Vue CLI 图形化界面

❸ 创建项目

在图 12.4 中单击"创建"进入创建项目界面,如图 12.5 所示。

图 12.5　创建项目界面

在图 12.5 中输入并选择项目的位置信息,然后单击"+在此创建新项目"进入项目详情界面,如图 12.6 所示。

在图 12.6 中输入并选择项目的相关信息,然后单击"下一步"按钮进入项目预设界面,选择手动,单击"下一步"按钮进入项目功能界面,在项目功能界面中激活 Router 按钮,安装 vue-router 插件,如图 12.7 所示。

图 12.6　项目详情界面

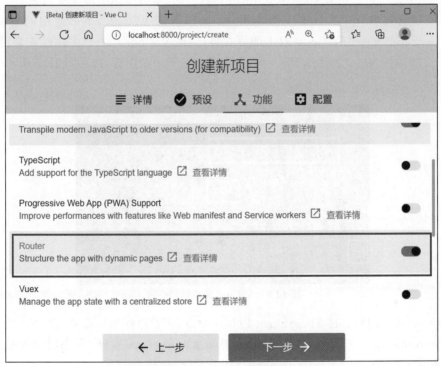

图 12.7　项目功能界面

在图 12.7 中单击"下一步"按钮进入项目配置界面，配置后单击"创建项目"按钮即可完成
cardmis-vue 的创建（可能需要一定的创建时间），如图 12.8 所示。

图 12.8　项目配置界面

▶12.4.3　使用 VSCode 打开前端系统

前端开发工具极少数人使用记事本，大多数程序员使用 JetBrains WebStorm 和 Visual Studio Code(VSCode)。JetBrains WebStorm 是收费的，本书推荐使用 VSCode。

用户可以通过"https://code.visualstudio.com"下载 VSCode，本书使用的安装文件是 VSCodeUserSetup-x64-1.52.1.exe(双击即可安装)。在 VSCode 中有许多插件需要用户安装，例如 Vue.js 的插件 Vetur。打开 VSCode，单击左侧最下面的图标，按照图 12.9 所示的步骤安装即可。

图 12.9　VSCode 的插件的安装

使用 VSCode 打开(选择 File→Open Folder 命令，然后选择项目目录)在 12.4.2 节创建的前端系统 cardmis-vue。打开后，在 Terminal 终端输入 npm run serve 命令启动服务。在浏览器的地址栏中访问"http://localhost:8080/"即可运行 cardmis-vue。

在通过"http://localhost:8080/"访问时，打开的页面是 public 目录下的 index.html。index.html 是一个普通的 HTML 文件，让它与众不同的是"<div id="app"></div>"这个语句，下面有一行注释，构建的文件将会被自动注入，也就是说用户编写的其他内容都将在这个

div 中展示。另外，整个项目只有这一个 HTML 文件，所以这是一个单页面应用，当用户打开这个应用，表面上可以看到很多页面，实际上它们都在这一个 div 中显示。

在 main.js 中创建了一个 Vue 对象。该 Vue 对象的挂载目标是"♯app"（与 index.html 中的 id＝"app"对应）；router 代表该对象包含 Vue Router，并使用项目中定义的路由（在 src/router 目录下的 index.js 文件中定义）。

综上所述，main.js 与 index.html 是项目启动的首加载页面资源与 JS 资源，App.vue 则是 Vue 页面资源的首加载项，称为根组件。Vue 项目的具体执行过程如下：首先启动项目，找到 index.html 与 main.js，执行 main.js（入口程序），根据 import 加载 App.vue 根组件；然后将组件内容渲染到 index.html 中 id＝"app"的 DOM 元素上。

▶12.4.4　安装 Element Plus 和@element-plus/icons-vue

Element Plus 是一套为开发者、设计师和产品经理准备的基于 Vue.js 3 的组件库，提供了配套设计资源，简化了常用组件的封装，大大降低了开发难度，帮助使用者的网站快速成型。Element Plus 目前还处于快速开发迭代中，官方文档可以参见官网（https://element-plus.gitee.io/zh-CN/）。在 Vue.js 项目中使用 Element Plus 的具体步骤如下。

首先使用 VSCode 打开 cardmis-vue，并进入 Terminal 终端，依次执行 npm install element-plus --save 和 npm install @element-plus/icons-vue 命令，进行 Element Plus 和@element-plus/icons-vue 的安装。

然后在 cardmis-vue 的 main.js 文件中完整引入 Element Plus，并注册图标组件 ElementPlusIconsVue，main.js 的代码如下。

```
import {createApp} from 'vue'
import App from './App.vue'
import router from './router'
import ElementPlus from 'element-plus'
import 'element-plus/dist/index.css'
import * as ElementPlusIconsVue from '@element-plus/icons-vue'
import "./index.css"
const app = createApp(App)
//跨域访问
const axios = require('axios')      //使用 Axios 来完成 Ajax 请求
//Axios 挂载到 Vue 实例,全局注册之后可在其他组件中通过 this.$axios 发送数据
axios.defaults.baseURL = 'http://localhost:8443/cardmis'
app.config.globalProperties.$axios = axios
//注册所有图标
for(const [key, component] of Object.entries(ElementPlusIconsVue)) {
    app.component(key, component)
}
//使用 Element Plus
app.use(ElementPlus).use(router).mount('#app')
```

经过上述两个步骤，开发者即可在 Vue 文件中使用 Element Plus 设计界面。

▶12.4.5　安装 Axios 模块并设置跨域访问

Axios 是一个基于 promise 的网络请求库，可以用于浏览器和 node.js。Axios 与原生的 XMLHttpRequest 对象相比，简单、易用，与 jQuery 相比，Axios 包较小且提供了易于扩展的接口，是专注于网络请求的库。

在前端系统 cardmis-vue 中使用 Axios 与后端程序进行 Web 数据交互,因此需要使用 VSCode 打开 cardmis-vue,并进入 Terminal 终端,执行 npm install - -save axios 命令安装该模块。安装成功后,在 main.js 文件中全局注册 Axios 实现跨域访问,具体代码见 12.4.4 节的 main.js。

▶12.4.6 开发前端页面

在开发的时候,前端用前端的服务器(如 Nginx),后端用后端的服务器(如 Tomcat)。在开发前端内容时,把前端的请求通过前端服务器转发给后端,即可实时观察结果,并且不需要知道后端怎么实现,只需要知道接口提供的功能,前后端的开发人员各司其职。

后端系统的开发已在 12.3 节中完成,本节开发前端页面,具体如下:

图 12.10 首页组件

❶ 登录组件

右击 src/views 文件夹,新建一个 LoginView. vue,即登录组件(也是首页组件)。在该组件中路由跳转到注册组件。通过"http://localhost:8080/cardmis-vue/"运行登录组件,效果如图 12.10 所示。

LoginView.vue 的代码如下:

```
<!--每个 Vue 文件包含 3 种类型的顶级语言块,即<template>、<script> 和<style>。这三部
分分别代表了 HTML、JS、CSS -->
<template>
  <el-dialog title="用户登录" v-model="dialogVisible" width="30%">
    <div class="box">
      <el-form ref="loginFormRef":model="loginForm":rules="rules" style=
      "width:100%;" label-width="20%">
      <el-form-item label="用户名" prop="uname">
        <el-input v-model="loginForm.uname" placeholder="请输入用户名"></el-input>
      </el-form-item>
      <el-form-item label="密码" prop="upwd">
        <el-input show-password v-model="loginForm.upwd" placeholder="请输入
        密码"></el-input>
      </el-form-item>
      <el-form-item label="验证码" prop="code">
          <el-input placeholder="请输入验证码" v-model="loginForm.code"></el-
          input>
          <img:src="checkcodeurl" @click="getcode">
      </el-form-item>
      <el-form-item>
        <el-button type="primary" @click="login(loginFormRef)">{
        {loadingbuttext}}</el-button>
        <el-button type="danger" @click="cancel">重置</el-button>
        <el-button type="success" plain @click="openRegister">去注册</el-
        button>
        </el-form-item>
      </el-form>
    </div>
  </el-dialog>
</template>
```

```
<script setup>
//1. 在 script 标签上添加 setup 属性即变为糖衣语法(又称语法糖),相当于整个 script 是组件
    的 setup 函数
//2. 在语法糖中省略了导出 export default(),省略了 setup 函数,省略了 return()
//3. 定义的数据无须 return 即可在模板和样式中调用
//4. 在语法糖中子组件导入即可使用,无须在 components 中注册
//5. 不能使用 this
import {reactive, ref} from 'vue'
import {ElMessage} from 'element-plus'
import {useRouter} from 'vue-router'
import {getCurrentInstance} from 'vue'
//获取全局变量$axios
const axios = getCurrentInstance().appContext.config.globalProperties.$axios
const router = useRouter()
let loginForm = reactive({})
let loginFormRef = reactive({})
//验证规则
const rules = reactive({
    uname: [{required: true, message: '请输入用户名', trigger: 'blur'}],
    upwd: [{required: true, message: '请输入密码', trigger: 'blur'}],
    code: [{required: true, message: '请输入验证码', trigger: 'blur'}]
    })
let loadingbuttext = ref('登录')
let dialogVisible = ref(true)
const checkcodeurl = ref("http://localhost:8443/cardmis/api/user/getcode?"+new
Date().getTime())
const getcode = ()=>{
    checkcodeurl.value="http://localhost:8443/cardmis/api/user/getcode?"+new
Date().getTime()
}
const login = async (formEl) => {        //formEl 为 ref 值
  if(!formEl) return
  await formEl.validate((valid) => {
    if(valid) {
      axios.post('/api/user/login', loginForm)
      .then(res => {
          if(res.data.msgId  === "A000") {
            ElMessage.error('验证码错误！')
          } else if(res.data.msgId  === "A001"){
            ElMessage.error('用户名错误！')
          } else if(res.data.msgId  === "A002"){
            ElMessage.error('密码错误！')
          }else{
            ElMessage.success({message: '登录成功',type: 'success'})
            sessionStorage.setItem("authtoken", res.data.result.authtoken);
                    sessionStorage.setItem("uname", res.data.result.uname);
            sessionStorage.setItem("uid", res.data.result.uid);
            router.replace('/home')
          }
      })
      .catch(() => {
          ElMessage.error('访问异常')
      })
    } else {
      ElMessage.error('表单验证失败')
    }
  })
}
```

```
const cancel = ()=> {
  loginFormRef.resetFields()
}
const openRegister = ()=> {
  router.replace('/register')
}
</script>
<style scoped>
.box {
  width: 100%;
  height: 200px;
}
</style>
```

单击图 12.10 中的"去注册"按钮跳转到注册组件。

❷ 注册组件

右击 src/views 文件夹,新建一个 RegisterView.vue,即注册组件。在用户注册时,检查用户名是否已注册。注册组件的运行效果如图 12.11 所示。

图 12.11　注册组件

RegisterView.vue 的代码如下:

```
<template>
  <el-dialog title="用户注册" v-model="dialogVisible" width="30%">
    <div class="box">
      <el-form ref="registerRefForm":model="registerForm":rules="rules"
      style="width:100%;" label-width="25%">
        <el-form-item label="用户名" prop="uname">
          <el-input v-model="registerForm.uname" placeholder="请输入用户名">
          </el-input>
        </el-form-item>
        <el-form-item label="密码" prop="upwd">
        <el-input show-password v-model="registerForm.upwd" placeholder="请输入
        密码"></el-input>
        </el-form-item>
         <el-form-item label="确认密码" prop="reupwd">
      <el-input show-password v-model="registerForm.reupwd" placeholder="请再次输
    入密码"></el-input>
        </el-form-item>
        <el-form-item>
        <el-button type="primary" @click="register(registerForm)":loading=
        "loadingbut">{{loadingbuttext}}</el-button>
          <el-button type="danger" @click="cancel">重置</el-button>
        </el-form-item>
      </el-form>
    </div>
  </el-dialog>
```

```
</template>
<script>
/* eslint-disable */
export default {
  name: 'RegisterView',
  data() {
    return {
      registerForm: {},
      //验证规则
      rules: {
        uname: [{required: true, message: '请输入用户名', trigger: 'blur'}],
        upwd: [{required: true, message: '请输入密码', trigger: 'blur'}],
        reupwd: [{required: true, message: '请再次输入密码', trigger: 'blur'}]
      },
      loadingbut: false,
      loadingbuttext: '注册',
      dialogVisible: true
    }
  },
  methods: {
    register(registerForm) {
      this.$refs['registerRefForm'].validate((valid) => {
        if(valid) {
          if(registerForm.upwd != registerForm.reupwd ) {
            this.$alert('密码不一致', {confirmButtonText: '确定'})
          } else {
            this.loadingbut = true
            this.loadingbuttext = '注册中...'
            this.$axios.post('/api/user/register', registerForm)
            .then(successResponse => {
              if(successResponse.data.msgId  === "A001") {
                alert('注册成功')
                this.$router.replace('/')
              } else if(successResponse.data.msgId  === "A003"){
                this.$alert('用户名已存在！', {confirmButtonText: '确定'})
                this.loadingbut = false;
                this.loadingbuttext = '注册';
              } else {
                this.$alert('注册失败！', {confirmButtonText: '确定'})
                this.loadingbut = false;
                this.loadingbuttext = '注册';
              }
            })
            .catch(() => {
              alert('访问异常！')
            })
          }
        }else {
          this.$alert('表单验证失败', {confirmButtonText: '确定'})
          return false;
        }
      })
    },
    cancel() {
      this.$refs['registerRefForm'].resetFields()
    }
  }
}
</script>
```

```
<style scoped>
.box {
  width: 100%;
  height: 200px;
}
</style>
```

在 RegisterView.vue 的<template>标签中编写了一个注册界面,methods 中定义了注册按钮的处理方法 register,即向后端 api/user/register 接口发送数据,当获得成功的响应后,页面跳转到登录页面。在前端组件中都是通过 Axios 向后端提交 Ajax 请求。对于 Axios 模块的安装请读者参见 12.4.5 节。

❸ 主界面组件

成功注册的用户可以通过登录组件登录名片系统。在登录成功后,进入 HomeView.vue。右击 src/views 文件夹,新建一个 HomeView.vue,即主界面组件。在主界面组件中使用 HeaderCom.vue 和 SidebarCom.vue 两个子组件实现导航功能。

主界面组件的运行效果如图 12.12 所示。

图 12.12　主界面

HomeView.vue 的代码如下:

```
<template>
    <div>
        <Header/>
        <Sidebar/>
        <div class="content-box">
            <div class="content">
                <router-view></router-view>
            </div>
        </div>
    </div>
</template>
<script setup>
    import Header from "../components/HeaderCom.vue";
    import Sidebar from "../components/SidebarCom.vue";
</script>
<style scoped>
    .content-box {
        position: absolute;
        left: 250px;
        right: 0;
        top: 70px;
        bottom: 0;
        padding-bottom: 30px;
        -webkit-transition: left 0.3s ease-in-out;
```

```
        transition: left 0.3s ease-in-out;
        background: #f0f0f0;
    }
    .content-collapse {
        left: 65px;
    }
    .content {
        width: auto;
        height: 99%;
        padding: 10px;
        box-sizing: border-box;
        background: #efefef;
        overflow-y: auto;
    }
</style>
```

HeaderCom.vue 的核心代码如下：

```
<template>
    <div class="header">
        <div class="logo">名片管理系统</div>
        <div class="mytime">今天是 {{fullyear}} 年 {{month}} 月 {{datet}} 日　星期
        {{weekstr}}</div>
        <div class="header-right">
            <div class="header-user-con">
                <!-- 用户头像 -->
                <div class="user-avator">
                    <img src="../assets/mylogo.png"/>
                </div>
                <!-- 用户名下拉菜单 -->
                <el-dropdown class="user-name" trigger="click" @command=
                "handleCommand">
                    <span class="el-dropdown-link">
                        {{userName}}
                        <i class="el-icon-caret-bottom"></i>
                    </span>
                    <template #dropdown>
                        <el-dropdown-menu>
                    <el-dropdown-item divided command="loginout">退出登录
                    </el-dropdown-item>
                        </el-dropdown-menu>
                    </template>
                </el-dropdown>
            </div>
        </div>
    </div>
</template>
<script setup>
    import {useRouter} from "vue-router"
    const Router = useRouter()
    const userName = sessionStorage.getItem("uname")
    const handleCommand = (e) => {
        if(e == "loginout") {
            sessionStorage.removeItem("uname")
            sessionStorage.removeItem("uid")
            sessionStorage.removeItem("authtoken")
            Router.push('/')
        }
    }
```

```
    const myDate = new Date()
    const fullyear = myDate.getFullYear()
    const month = myDate.getMonth() + 1
    const datet = myDate.getDate()
    const Week = ['日','一','二','三','四','五','六']
    const weekstr = Week[myDate.getDay()]
</script>
```

SidebarCom.vue 的代码如下：

```
<template>
    <div class="sidebar">
        <el-menu class="sidebar-el-menu" background-color="#324157"
            text-color="#bfcbd9" active-text-color="#20a0ff"
            unique-opened router>
            <template v-for="item in state.items">
                <template v-if="item.subs">
                    <el-sub-menu :index="item.index" :key="item.index">
                        <template #title>
                            <el-icon><Menu/></el-icon>
                            {{item.title}}
                        </template>
                        <template v-for="subItem in item.subs">
            <el-sub-menu v-if="subItem.subs" :index="subItem.index" :key=
            "subItem.index">
                            <template #title>
                                <ElIcon><edit/></ElIcon>
                                {{subItem.title}}
                            </template>
            <el-menu-item v-for="(threeItem, i) in subItem.subs" :key="i"
            :index="threeItem.index">
                                <ElIcon><edit/></ElIcon>
                                {{threeItem.title}}
                            </el-menu-item>
                        </el-sub-menu>
            <el-menu-item v-else :index="subItem.index" :key="subItem.index + 1">
                                <ElIcon><edit/></ElIcon>
                                {{subItem.title}}
                            </el-menu-item>
                        </template>
                    </el-sub-menu>
                </template>
                <template v-else>
                    <el-menu-item :index="item.index" :key="item.index">
                        <template #title>
                            <el-icon><Menu/></el-icon>
                            {{item.title}}
                        </template>
                    </el-menu-item>
                </template>
            </template>
        </el-menu>
    </div>
</template>
<script setup>
import {reactive} from "vue";
const state = reactive({
    items: [
```

```
            {
                index: "1",
                title: "管理模块",
                subs: [
                    {
                        index: "cardmanage",
                        title: "名片管理"
                    }
                ]
            },
            {
                index: "2",
                title: "个人中心",
                subs: [
                    {
                        index: "userinfo",
                        title: "修改密码"
                    }
                ]
            }
        ]
    });
</script>
```

❹ 名片管理组件

成功登录的用户进入主界面，在主界面右侧位置显示名片管理组件，包括新增、修改、查询、删除名片等功能。右击 src/views 文件夹，新建一个 CardManageView.vue，即名片管理组件。本章前后端系统使用 Token 签名进行权限认证，也就是说只有成功登录的用户才可以管理自己的名片。在名片管理组件中任何与后端的数据交互都要进行 Token 签名，CardManageView.vue 的运行效果如图 12.13 所示。

图 12.13　名片管理界面

CardManageView.vue 的代码如下：

```
<template>
    <el-tabs type="border-card">
      <el-tab-pane label="名片管理">
        <div class="fl" style="margin-top: -10px;margin-bottom: 10px;">
          <el-button size="medium" type="success" @click="openadd()">增加</el-button>
        </div>
        <el-table:data="result" border:key="itemKey">
          <el-table-column type="index" label="序号" width="50"></el-table-
          column>
          <el-table-column prop="id" label="ID" width="100"></el-table-column>
          <el-table-column prop="name" label="姓名" width="150"></el-table-
          column>
```

```
                <el-table-column prop="telephone" label="电话" width="150"></el-table
                -column>
                <el-table-column prop="company" label="单位" width="200"></el-table-
                column>
                <el-table-column label="操作">
                  <template #default="scope">
                    <el-row>
         <el-button size="small" type="primary"  @click="handleEdit(scope.row,
    'detail')">详情</el-button>
         <el-button size="small" type="success"  @click="handleEdit(scope.row,
    'update')">编辑</el-button>
    <el-popconfirm confirm-button-text="是" cancel-button-text="否":icon=
    "InfoFilled" icon-color="#626aef"
    title="真的删除吗?" @confirm="confirmEvent(scope.row)" @cancel="cancelEvent">
                      <template #reference>
                        <el-button size="small" type="danger">删除
                        </el-button>
                      </template>
                    </el-popconfirm>
                  </el-row>
                </template>
              </el-table-column>
            </el-table>
            <div>
              <el-pagination background
              @current-change="handleCurrentChange"
              layout="total, prev, pager, next"
              v-model:currentPage="currentPage"
              :page-size="1":total="total"/>
            </div>
          </el-tab-pane>
        </el-tabs>
        <el-dialog v-model="addFormVisible" title="新增名片">
         <el-form:model="addForm" ref="addFormRef":rules="rules">
           <el-input v-model="addForm.userId" type="hidden"/>
           <el-input v-model="addForm.act" type="hidden"/>
           <el-form-item label="姓名" prop="name">
             <el-input v-model="addForm.name" placeholder="请输入姓名"/>
           </el-form-item>
           <el-form-item label="电话" prop="telephone">
             <el-input v-model="addForm.telephone" placeholder="请输入电话"/>
           </el-form-item>
           <el-form-item label="E-mail" prop="email">
             <el-input v-model="addForm.email" placeholder="请输入邮箱"/>
           </el-form-item>
           <el-form-item label="单位" prop="company">
             <el-input v-model="addForm.company" placeholder="请输入单位"/>
           </el-form-item>
           <el-form-item label="职务" prop="post">
             <el-input v-model="addForm.post" placeholder="请输入职务"/>
           </el-form-item>
           <el-form-item label="地址" prop="address">
             <el-input v-model="addForm.address" placeholder="请输入地址"/>
           </el-form-item>
           <el-form-item label="照片">
             <!--eslint-disable-->
             <template v-slot="scope">
               <el-upload
```

```
                  action="http://localhost:8443/cardmis/api/card/fileInit"
                  list-type="picture-card"
                  :on-change="changeFile"
                  :file-list="myFileList">
                  <i class="el-icon-plus"></i>
                  <template #tip>
                    <div style="font-size: 12px;color: #919191;">
                      单次限制上传一张照片
                    </div>
                  </template>
                </el-upload>
              </template>
            </el-form-item>
          </el-form>
          <template #footer>
            <span class="dialog-footer">
              <el-button @click="addCancel()">取消</el-button>
              <el-button type="primary" @click="add(addFormRef)">新增</el-button>
            </span>
          </template>
        </el-dialog>
        <el-dialog title="名片修改" v-model="updateFormVisible">
          <el-form ref="detailDataRef":model="detailData":rules="rules">
            <el-input v-model="detailData.act" type="hidden"/>
            <el-form-item label="ID" prop="id">
              <el-input v-model="detailData.id" disabled></el-input>
            </el-form-item>
            <el-form-item label="姓名" prop="name">
              <el-input v-model="detailData.name"></el-input>
            </el-form-item>
            <el-form-item label="电话" prop="telephone">
              <el-input v-model="detailData.telephone"/>
            </el-form-item>
            <el-form-item label="E-mail" prop="email">
              <el-input v-model="detailData.email"/>
            </el-form-item>
            <el-form-item label="单位" prop="company">
              <el-input v-model="detailData.company"/>
            </el-form-item>
            <el-form-item label="职务" prop="post">
              <el-input v-model="detailData.post"/>
            </el-form-item>
            <el-form-item label="地址" prop="address">
              <el-input v-model="detailData.address"/>
            </el-form-item>
            <el-input v-model="detailData.logoName" type="hidden"/>
            <el-form-item label="照片">
              <!--eslint-disable-->
              <template v-slot="scope">
                <el-image:src="imgurl" style="width: 100px; height: 100px"/>
                <el-upload
                  action="http://localhost:8443/cardmis/api/card/fileInit"
                  list-type="picture-card"
                  :on-change="changeFile"
                  :file-list="myFileList">
                  <i class="el-icon-plus"></i>
                  <template #tip>
                    <div style="font-size: 12px;color: #919191;">
```

```
                      单次限制上传一张照片
                  </div>
                </template>
              </el-upload>
            </template>
          </el-form-item>
        </el-form>
        <template #footer>
          <span class="dialog-footer">
            <el-button @click="updateCancel()">取消</el-button>
            <el-button type="primary" @click="update(detailDataRef)">修改</el-
            button>
          </span>
        </template>
      </el-dialog>
      <el-dialog title="名片详情" v-model="detailFormVisible">
        <el-form:model="detailData" disabled >
          <el-form-item label="ID" prop="id">
            <el-input v-model="detailData.id"></el-input>
          </el-form-item>
          <el-form-item label="姓名">
            <el-input v-model="detailData.name"></el-input>
          </el-form-item>
          <el-form-item label="电话">
            <el-input v-model="detailData.telephone"/>
          </el-form-item>
          <el-form-item label="E-mail">
            <el-input v-model="detailData.email"/>
          </el-form-item>
          <el-form-item label="单位">
            <el-input v-model="detailData.company"/>
          </el-form-item>
          <el-form-item label="职务">
            <el-input v-model="detailData.post"/>
          </el-form-item>
          <el-form-item label="地址">
            <el-input v-model="detailData.address"/>
          </el-form-item>
          <el-form-item label="照片">
              <el-image:src="imgurl" style="width: 100px; height: 100px"/>
          </el-form-item>
        </el-form>
      </el-dialog>
    </template>
<script setup>
  import {onMounted, reactive, ref} from 'vue'
  import {ElMessage} from 'element-plus'
  //import {useRouter} from 'vue-router'
  import {getCurrentInstance} from 'vue'
  //获取全局变量$axios
  const axios = getCurrentInstance().appContext.config.globalProperties.$axios
  //const router = useRouter()
  //reactive创建一个响应式数据对象,在使用 reactive 时,可以用 toRefs 解构导出,这样在
  //template 中就可以直接使用了
  let result = reactive([])
  //ref创建一个具有响应式的基本数据类型的数据
  let addFormVisible = ref(false)
  let updateFormVisible = ref(false)
  let detailFormVisible = ref(false)
```

```
let addFormRef = reactive({})
let addForm = reactive({})
//验证规则
const rules = reactive({
  name: [
    {required: true, message: '请输入姓名', trigger: 'blur'},
    {min: 2, max: 5, message: '姓名的长度为 3 到 5', trigger: 'blur'}
  ],
  telephone: [{required: true, message: '请输入电话', trigger: 'blur'}],
  email: [{required: true, message: '请输入邮箱', trigger: 'blur'}],
  company: [{required: true, message: '请输入单位', trigger: 'blur'}],
  post: [{required: true, message: '请输入职务', trigger: 'blur'}],
  address: [{required: true, message: '请输入地址', trigger: 'blur'}]
})
let detailDataRef = reactive({})
let detailData = reactive({})
let imgurl = ref('')
let total = ref(0)
let currentPage = ref(1)
/* eslint-disable */
let fileList = ref([])          //对应:file-list
let myFileList = ref([])
let itemKey = ref(0)
onMounted(() => {
    loadCards()
})
//加载名片查询信息
const loadCards = () => {
  axios.post('/api/card/getCards',
      {
        currentPage: currentPage.value,
        userId: sessionStorage.getItem("uid")
      },
      {
        headers: {
                'Authorization': sessionStorage.getItem('authtoken')
        }
      })
      .then(res => {
          result = res.data.result.allCards
          itemKey.value = Math.random() //刷新表格数据
          total.value = res.data.result.totalPage
      })
      .catch((error) => {
          ElMessage.error(error)
      })
}
//变换页码
const handleCurrentChange = (val) => {
    currentPage.value = val
    loadCards()
}
//打开新增窗口
const openadd = () => {
  //使用 ref 在 setup 读取的时候需要获取 xxx.value,但在 template 中不需要
  addFormVisible.value = true
  addForm.userId = sessionStorage.getItem("uid")
  addForm.act = 'add'
}
```

```javascript
        //在选择图片时保证只能选择一张
        const changeFile = (file, fileList) =>{        //file对象必须有,否则fileList找不到
          if(fileList.length > 1){
            fileList.splice(0,1);
          }
          myFileList = fileList;
        }
        //新增
        const add = async (formEl) => {
          if(!formEl) return
          await formEl.validate((valid) => {
            if(valid) {
              axios.post('/api/card/add', addForm,
                {
                  headers: {
                    'Authorization': sessionStorage.getItem('authtoken')
                  }
                }
                )
                .then(res => {
                  if(res.data.msgId  === "A001") {
                    //清空表单
                    addFormRef.resetFields()
                    addFormVisible.value = false
                    ElMessage.success({message: '名片添加成功',type: 'success'})
                    loadCards()
                  } else{
                    ElMessage.error(res.data.msgId + ': 添加失败')
                  }
                })
                .catch((error) => {
                  ElMessage.error(error)
                })
            } else {
              ElMessage.error('表单验证失败')
            }
          })
        }
        //新增对话框取消
        const addCancel = () => {
            addFormRef.resetFields()
            addFormVisible.value = false
        }
        //编辑与详情
        const handleEdit = (row, act) => {
          detailData = row
          //require必须是常量或常量加字符串
          imgurl.value = require('../assets/' + detailData.logoName)
          if(act === 'update'){
            detailData.act = 'update'
            updateFormVisible.value = true
          } else
            detailFormVisible.value = true
        }
        //修改按钮
        const update = async (formEl) => {
          if(!formEl) return
          await formEl.validate((valid) => {
            if(valid) {
```

```
        axios.post('/api/card/add', detailData,
          {
            headers: {
                'Authorization': sessionStorage.getItem('authtoken')
            }
          }
        )
        .then(res => {
            if(res.data.msgId  === "A001") {
                //清空表单
                detailDataRef.resetFields()
                updateFormVisible.value = false
                ElMessage.success({message: '名片修改成功',type: 'success'})
                loadCards()
            } else{
              ElMessage.error(res.data.msgId + ': 修改失败')
            }
        })
        .catch((error) => {
            ElMessage.error(error)
        })
    } else {
      ElMessage.error('表单验证失败')
    }
  })
}
//修改对话框取消
const updateCancel = () => {
    detailDataRef.resetFields()
    updateFormVisible.value = false
}
//删除
const confirmEvent = (row) => {
  axios.post('/api/card/delete', {id: row.id},
    {
      headers: {
        'Authorization': sessionStorage.getItem('authtoken')
      }
    })
    .then(res => {
      if(res.data.msgId === "A001") {
        ElMessage.success({message: '名片删除成功',type: 'success'})
        //删除成功后重新加载
        loadCards()
      } else {
        ElMessage.error(res.data.msgId + ': 删除失败')
      }
    })
    .catch((error) => {
        ElMessage.error(error)
    })
  }
  const cancelEvent = () => {}
</script>
```

❺ 修改密码组件

通过单击图 12.12 所示主界面左侧"个人中心"模块中的"修改密码"，打开修改密码组件
UserInfoView.vue，如图 12.14 所示。

图 12.14　修改密码界面

UserInfoView.vue 的代码如下：

```html
<template>
  <el-form ref="userFormRef":model="userForm":rules="rules" style="width:50%;"
  label-width="20%">
    <el-form-item label="用户名" prop="uname">
      <el-input v-model="userForm.uname" disabled></el-input>
    </el-form-item>
    <el-form-item label="密码" prop="upwd">
      <el-input show-password v-model="userForm.upwd" placeholder="请输入密码">
      </el-input>
    </el-form-item>
    <el-form-item>
      <el-input v-model="userForm.uid" type="hidden"></el-input>
    </el-form-item>
    <el-form-item>
      <el-button type="primary" @click="update(userFormRef)">
      {{loadingbuttext}}</el-button>
      <el-button type="danger" @click="cancel">重置</el-button>
    </el-form-item>
  </el-form>
</template>
<script setup>
import {reactive, ref} from 'vue'
import {ElMessage} from 'element-plus'
import {useRouter} from 'vue-router'
import {getCurrentInstance} from 'vue'
//获取全局变量$axios
const axios = getCurrentInstance().appContext.config.globalProperties.$axios
const router = useRouter()
let userForm = reactive({
    uname:sessionStorage.getItem("uname"),
    id:sessionStorage.getItem("uid")
})
let userFormRef = reactive({})
//验证规则
const rules = reactive({
    upwd: [{required: true, message: '请输入密码', trigger: 'blur'}]
})
let loadingbuttext = ref('修改')
const update = async (formEl) => {        //formEl 为 ref 值
  if(!formEl) return
  await formEl.validate((valid) => {
    if(valid) {
      axios.post('/api/user/updateUpwd', userForm,
          {
            headers: {
                'Authorization': sessionStorage.getItem('authtoken')
```

```
            }
        }
        ).then(res => {
            if(res.data.msgId  === "A001") {
                ElMessage.success({message: '密码修改成功',type: 'success'})
                router.replace('/')
            } else{
              ElMessage.error(res.data.msgId + ': 修改失败')
            }
        })
        .catch((error) => {
            ElMessage.error(error)
        })
    } else {
      ElMessage.error('表单验证失败')
    }
  })
}
const cancel = ()=> {
  userFormRef.resetFields()
}
</script>
```

▶12.4.7　配置路由

在前端系统 cardmis-vue 的 src/router/index.js 文件中配置路由信息，具体配置内容如下：

```
import {createRouter, createWebHistory} from 'vue-router'
import LoginView from '../views/LoginView.vue'
import RegisterView from '../views/RegisterView.vue'
import CardManage from '../views/CardManageView.vue'
import HomeView from '../views/HomeView.vue'
import UserInfo from '../views/UserInfoView.vue'
const routes = [
    {
        path: '/',
        component: LoginView
    },
    {
        path: '/register',
        component: RegisterView
    },
    {
        path: '/home',
        name: 'home',
        component: HomeView,
        redirect: '/home/cardmanage',
        children: [
            {
                path: '/home/cardmanage',
                component: CardManage
            },
            {
                path: '/home/userinfo',
                component: UserInfo
            }
```

```
        ]
    }
]
const router = createRouter({
    //推荐使用 HTML 5 模式
    history: createWebHistory(process.env.BASE_URL),
    routes
})
export default router
```

12.5　测试运行

首先运行后端系统的主类 Ch12Application 启动后端系统,然后在 VSCode 的 Terminal 终端运行 npm run serve 命令启动前端系统 cardmis-vue。

在前后端系统同时启动后,即可通过"http://localhost:8080/cardmis-vue/"测试运行。

12.6　本章小结

本章通过一个业务简单的名片系统讲述了前后端分离开发的具体过程,旨在让读者了解使用 Vue.js+Spring Boot 实现前后端分离开发的流程。

扫一扫

自测题

习题 12

1. 在 Vue 文件中使用 setup 语法糖时,不能使用 this 获得 main.js 中注册的全局变量(如 this.$axios)。请问在使用 setup 语法糖时如何获得 main.js 中注册的全局变量?

2. 在 Vue 项目中如何安装并引入 Element Plus?

图书资源支持

感谢您一直以来对清华版图书的支持和爱护。为了配合本书的使用,本书提供配套的资源,有需求的读者请扫描下方的"书圈"微信公众号二维码,在图书专区下载,也可以拨打电话或发送电子邮件咨询。

如果您在使用本书的过程中遇到了什么问题,或者有相关图书出版计划,也请您发邮件告诉我们,以便我们更好地为您服务。

我们的联系方式:

清华大学出版社计算机与信息分社网站:https://www.shuimushuhui.com/

地　　址:北京市海淀区双清路学研大厦 A 座 714

邮　　编:100084

电　　话:010-83470236　010-83470237

客服邮箱:2301891038@qq.com

QQ:2301891038(请写明您的单位和姓名)

资源下载: 关注公众号"书圈"下载配套资源。

资源下载、样书申请

书 圈

图书案例

清华计算机学堂

观看课程直播